JN274771

「エナジーデバイス」の信頼性入門

二次電池、パワー半導体、太陽電池の特性改善と信頼性試験

編著者代表　エスベック㈱ 信頼性試験本部　**髙橋 邦明**
編著者　群馬大学　**鳶島 真一**
富士電機㈱　**高橋 良和**
㈱産業技術総合研究所　**土井 卓也**

日刊工業新聞社

まえがき

　これからの工業製品領域において注目すべき技術領域のひとつは、エネルギー関係であることは間違いない。そのエネルギー領域の中にもさまざまな技術があるが、電力を蓄電するための技術として二次電池技術がある。特にリチウム二次電池に代表される高エネルギー密度二次電池はモバイルIT端末用には既に多くの実績があるが、今後は電気自動車（EV、HEVなど）、電動車両、あるいはスマートグリッド用の蓄電装置などへの展開が期待されている。

　発電や蓄電されたエネルギーを効率的に使うための技術としてパワー半導体がある。電力制御のかなめとして電流、電圧、周波数などの変換と制御をパワー半導体が担っており、エネルギー分野では必要不可欠なキーデバイスである。

　ほぼ全量を輸入に依存している石化エネルギーに頼らないエネルギー源として太陽電池パネル技術がある。自然エネルギーを有効活用する上でも今後も注目される。

　ただし、これらの技術もグローバルな世界競争の中で、一時でも研究開発を怠れば、すぐに他国に追い抜かれてしまう。これを阻止するには、素材・材料・部品・工法・接続条件・モジュール・組立プロセス制御・測定・安全性・耐久性・試験・評価などあらゆる要素の改良や新規提案が常に必要である。しかしながら、その改良技術や新規技術の効果を明確に確認しないと顧客への価値の提案につながらない。この効果確認は各種測定器と環境試験器を組み合わせた試験で確認することが多い。また製品寿命は近年長期化しているので、耐久性や信頼性試験を目的にした確認試験も必要不可欠となっている。本書では開発現場での実務に役立つ信頼性の考え方、二次電池・パワー半導体・太陽電池の原理、それぞれの信頼性試験方法をわかりやすくまとめた。

　本書が新しいエネルギー技術と社会の発展に少しでも貢献できることを願うものである。

　最後に、本書の編集・校正作業を担当していただいたエスペック(株)戸井恵子氏、小林晶子氏、(株)日刊工業出版プロダクション北川元氏に謝意を表します。
　平成24年11月吉日

髙橋　邦明

「エナジーデバイス」の信頼性入門

目　　次

第1章　製品開発に役立つ実用的な信頼性試験と加速性の考え方
1.1　はじめに：開発・設計者に求められる信頼性設計とは／7
　1.1.1　バスタブカーブ（故障率曲線）／8
1.2　今後日本の電子機器には何が求められているか？／10
1.3　加速試験の考え方／12
　1.3.1　製品の信頼性を左右する「はんだ付け」／12
　1.3.2　高信頼性を目指すためのアプローチと試験の加速性／13
　1.3.3　故障を再現できる加速試験の考え方：加速試験で故障モードを再現させる／13
1.4　寿命予測の考え方／15
1.5　試料数の考え方／22
1.6　まとめ　基本に立ち戻って原理／原則を理解／24

第2章　二次電池
2　はじめに／25
2.1　電池の基礎理論／26
　2.1.1　電池のエネルギー（熱力学論的取り扱い）／27
　2.1.2　電池の取得電流（速度論的取り扱い）／32
2.2　市販二次電池の特徴／36
　2.2.1　リチウムイオン電池の動作原理と特性／36
　2.2.2　市販二次電池の特性比較／38
2.3　電池基本特性の測定方法／44
　2.3.1　公称電圧／44
　2.3.2　放電容量の測定／45
　2.3.3　電流取得性能／47
　2.3.4　放電（充電）特性の環境温度変化／48

2.3.5　充放電サイクル寿命／49

   2.3.6　自己放電率／49

   2.3.7　電池の性能劣化評価／50

 2.4　リチウムイオン二次電池の安全性評価方法／56

   2.4.1　リチウムイオン電池の安全性劣化機構と要因／56

   2.4.2　市販リチウムイオン電池の安全性確保策／57

   2.4.3　リチウムイオン電池の安全性の現状／59

   2.4.4　リチウムイオン電池の安全性評価ガイドライン／62

   2.4.5　安全性試験前の電池の充放電状態／69

   2.4.6　電池の安全性評価試験方法概要／70

   2.4.7　小型リチウムイオン電池の安全性試験方法／70

   2.4.8　大型電池の安全性試験／85

   2.4.9　電池の安全性向上のための取り組み／86

 2.5　リチウムイオン二次電池の評価・試験方法／88

   2.5.1　リチウムイオン二次電池の試験規格／88

   2.5.2　リチウムイオン二次電池の評価試験／90

   2.5.3　リチウムイオン二次電池の劣化モードと加速試験方法／105

   2.5.4　リチウムイオン二次電池の測定・解析方法／110

   2.5.5　評価試験における作業環境への安全性／113

 2.6　おわりに／121

第3章　パワー半導体

 3.1　パワー半導体の構成／125

   3.1.1　はじめに／125

   3.1.2　パワー半導体とは／125

   3.1.3　主要パワー半導体の解説／134

   3.1.4　IGBTデバイス製品／138

 3.2　パワー半導体の特性／140

   3.2.1　静特性／140

   3.2.2　動特性（スイッチング特性）／141

3.3 パワー半導体の信頼性試験／146
　3.3.1 パワー半導体の信頼性／146
　3.3.2 絶縁・放熱部品材料／147
　3.3.3 接合・接続部品材料／148
　3.3.4 保護・封止材料／149
　3.3.5 パワー半導体モジュールの信頼性と故障モード／149
　3.3.6 パワー半導体の信頼性評価／153
　3.3.7 パワー半導体の信頼性向上手法／156
3.4 パワー半導体の環境試験規格と装置／161
　3.4.1 パワー半導体関連の環境試験／161
　3.4.2 環境試験／161
　3.4.3 信頼性試験／164
　3.4.4 その他の試験／168
3.5 パワー半導体モジュールの改善・改良の方向性／172
　3.5.1 今後の要求性能向上ポイント／172
　3.5.2 研究・技術開発の方向性／172

第4章　太陽電池

4.1 はじめに／195
4.2 太陽電池の原理／196
4.3 セル形成〜モジュール化工程／199
　4.3.1 セル化工程／199
　4.3.2 モジュール化工程／200
4.4 セル，モジュールの電気的特性測定方法／205
4.5 劣化・不具合事例，劣化・故障モード／210
　4.5.1 屋外運転中の劣化・不具合事例／210
　4.5.2 海外での不具合事例報告／214
4.6 加速劣化試験と評価技術／217
　4.6.1 温度サイクル試験 Thermal cycling test ［TC50, TC200］／217
　4.6.2 結露凍結試験 Humidity-freeze test ［HF］／218

  4.6.3 高湿試験 Damp-heat test［DH］／219
  4.6.4 紫外線前処理試験 UV preconditioning test［UV］／219
 4.7 長期信頼性と加速試験（研究事例）／221
  4.7.1 温度と光照射の複合加速試験／221
  4.7.2 順方向・逆方向の電圧・電流サイクリック試験／224
 4.8 太陽電池モジュール信頼性試験の歴史と今後の動向・可能性／235
  4.8.1 太陽電池モジュール信頼性試験：事始めから現在まで／235
  4.8.2 太陽電池モジュールの試験装置／238
  4.8.3 次世代のモジュール信頼性試験をめざして／240
 4.9 太陽電池の改善改良の方向性／247
 4.10 おわりに／249

索　引／251

第1章　製品開発に役立つ実用的な信頼性試験と加速性の考え方

▶1.1　はじめに：開発・設計者に求められる信頼性設計とは

　電子機器／電子デバイスの開発・設計者に要求されることは何か？
　電子機器やその内部を構成する電子デバイスの開発・設計者には、その性能が正しく動作されることに責任を負う。二次電池、パワー半導体、太陽電池の設計者も同様である。
　性能とは何であろうか？　実際に使用される環境下で設計仕様通りに動作し機能が正常に動作することである。例えば、電池であれば、出力電圧・電流特性、充電・放電特性、充電時間、価格・コストなどが設計仕様を満足しているか？　が挙げられる。性能の中には安全性・耐久性・寿命など品質や信頼性に関わる項目（品質基準や品質信頼性）も含まれており、その設計確認手法として信頼性評価技術（信頼性評価試験）が実施されている。
　近年の電子機器では世界的に競争が激化しており、製品開発の期間短縮化が進んでいる。また市場へ出荷してからの事故が起こると、その対応に膨大な費用を負担しなければならないし、電池やパワー半導体などは重大な事故を起こす可能性があるので特に注意して安全性などの確認が必要であり、高い信頼性を出荷初期から想定する寿命まで確保することが不可欠である。
　これらの背景からデザイン・機能・品質・寿命・信頼性・保守メンテナンス性・安全性・製造容易性・検査容易性・保証も含めてすべての要求を開発・設計段階で盛り込むことが求められている。
　商品企画と開発設計時に商品の性能がほぼ決まることから、商品企画技術者と開発設計評価技術者への期待と負荷が増大している。
　出力電圧特性や安全性などに代表されるいわゆる性能確認試験は測定器や装

置さえ揃っていれば比較的短時間で確認できるものが多い。ところが耐久性や寿命を確認しようとすると、さまざまな視点から耐久性試験を実施しなければならないし、寿命を確認するためには長時間の試験期間も必要となる。

しかしながら機器の開発期間は限られており、今後もさらなる開発期間の短縮が求められている。

このため、効率的な試験手順や試験方法を設計し、できるだけ短期間に耐久性や寿命を確認することが設計課題である。また試験からの加速寿命を推定して機器の寿命推定を算定することも重要な設計課題となっている。

1.1.1 バスタブカーブ（故障率曲線）

故障、不良、不具合品などは顧客視点で考えると、お客様が電子機器を購入された直後にその商品が初期故障を発生させてしまうと、その不具合対応処理がいくら良くても次回購入時には故障したメーカを選ばない確率が高くなるであろう。さらに仕様、価格、品質において競合メーカと争っている状況からも初期故障を発生させると販売店側も販売に対して消極的になってしまう。このような販売競争に負けないためには、少なくとも初期不良を徹底的に低減あるいは排除しなければならない。

初期不良の低減アプローチは2つある。1つは製造工程での作り込みや製造条件の最適化を行い製造直行率を低減させ製造歩留まりを向上させる。2つ目は製造直後に各種のスクリーニング試験（不具合品や初期故障を起こしそうな製品を取り除く）を実施する（図1.1）。このようにして不具合品をふるい分けして市場に不良品を出荷しない対処・対策を実施している。

この初期故障率を低減することは比較的に簡単であるが、最大の課題はバスタブカーブにおける摩耗故障領域の耐久性や寿命の見積もりをいかに精度良く設計できるか？である。

この見積もりを検討するためには、正確なデータが必要であり、耐久性試験や寿命試験を実施して設計寿命の確認や壊れる箇所、部品や材料を特定していく。

耐用寿命を延命化するには、①点検などで故障を引き起こす部品を交換するなどのアフターサービスで故障率を減少させる。②研究開発成果や設計改善を

第 1 章　製品開発に役立つ実用的な信頼性試験と加速性の考え方

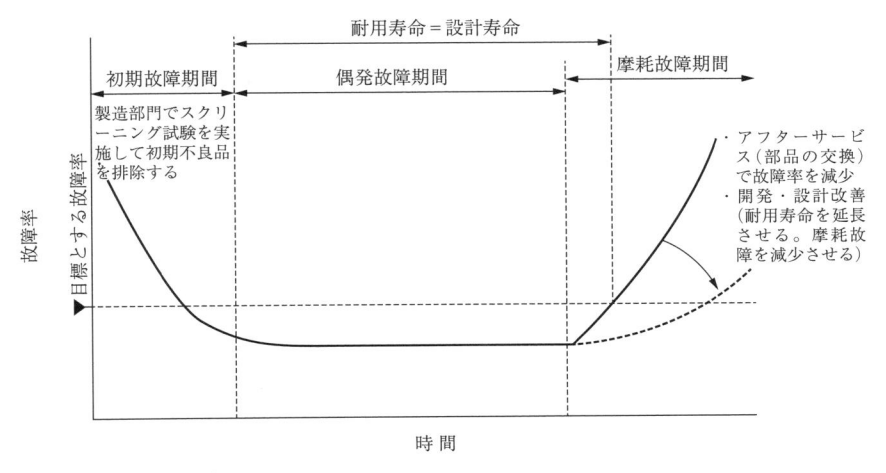

図1.1　バスタブカーブ（故障率曲線）

実施して耐用寿命を延長させる、あるいは摩耗故障を減少させる、などの取組みが行われている。

　バスタブカーブにおける商品の設計寿命を満足して寿命推定を正確に見積もることは、その商品の利益貢献がどの程度になるのか？を想定・算定することができるため重要である。

　特に本書で取り上げている二次電池やパワー半導体など戦略商品の収益確保は経営戦略上においても最も重要な課題となっている。

　耐久性試験や寿命試験などの信頼性試験を設計検討する上で、機器の基本原理を理解し、その弱点を予想・推測しながら試験内容を設計しなければ効率的な試験とはならない。

　このような背景から本書では基本原理を理解してから機器の信頼性を評価できるように具体的な試験方法を記載するようにした。

▶1.2 今後日本の電子機器には何が求められているか？

　世界競争の中での高い付加価値が求められているのではないか？　その付加価値の中にはさまざまな項目があるが、単純なスペック比較では新興国から同様の機器や商品が出されている。このため高いクオリティーと納得できる価格の両立を訴求することになろう。高いクオリティーを実現するためには、安心・安全で、耐久性が高く寿命が長い、など従来に増して信頼性向上や耐久性の確保（安心・安全を訴求する）が必要ではないか。

①ちょっとしたことでは壊れない　→　商品の使用環境の多様化（携帯機器の増加）　→　温度、湿度、結露、水没、振動、衝撃、落下、ねじり、こじり、加圧、気圧の変化、塵埃、腐食性ガス、塩害、静電気耐圧など、多面的な耐久性／耐環境特性に耐えられることが必要となっている。

②機器使用期間（寿命）の長期化への対応　→　設計時に故障寿命を延命化（1年→3年→5年→？年へ、太陽光パネルでは10年→20年→30年目標を掲げて延命化を検討している）する取組みが必要となっている。

③発火・破裂などの危険性や安全性を含む生産者責任強化（PL法）への対処　→　ひとたび事故を発生させると企業のブランドイメージが失墜してしまう。また事故／事後対応へのコスト削減（リコールを起こすと利益が吹き飛ぶ）や機会損失の未然防止も重要な課題である。

④商品開発の期間短縮化（競争激化）への対応　→　品質／信頼性を確保する基本的な要素をモジュール化（設計アーキテクチャーのプラットフォーム化）して設計標準・製造標準化しておく。標準化することで、個別設計時には信頼性確認しなくても良くなり、効率的な設計ができる。ただし最終的に各モジュールを組み合わせたときの信頼性確認は必要になるが、確認項目や試験時間は大幅に少なくできる。

⑤加速試験の妥当性を検証する。　→　商品企画／仕様／設計の工程で品質信頼性設計を実施する（上流工程での設計改革／Design for Reliability での品質信頼性を設計段階で作り込む）など。

　このように商品設計時に各設計要素（仕様／コスト／製造／納期／品質／耐

久性／保証）の余裕（マージン）が無くなってきたのが現状であるため、確認時間がどうしても長期化する耐久性試験・寿命試験・信頼性試験に関しては特に効率的な設計や手法の検討が求められている。必要最低限の試験期間はしかたないとしても、後戻り試験などはできるだけ避けなければならない。

▶1.3 加速試験の考え方

前述のように製品開発、設計時における経済性が求められており、具体的には設計段階で製品の信頼性保障までを盛り込む（寿命予測、寿命推定）ことが必要となる。
この課題に対処するにはどうすれば良いのか？

1.3.1 製品の信頼性を左右する「はんだ付け」

ここでは電子機器を構成する中で常に弱点部分である「はんだ付け」に焦点をあてて解説する。この理由は、従来の経験や実績から、電子機器の故障は、はんだ付け部分が原因であることが多いからである。また、はんだ付けでの事例は、その他の材料にも応用展開できる部分も多いと思うからである。

電子機器を構成する電子部品実装基板ユニットの中で弱点である部品はんだ付け実装部（ソルダリング実装部）の耐久性能向上や品質信頼性向上が従来から求められている。過去古くから信頼性向上が取り組まれているが、なかなか解決しない理由として以下が考えられる。

①部品技術の進歩として微小化・微細化が進んでおり、はんだ付け体積がますます少なくなっており、旧来の設計基準では品質上必要であるはんだ付け強度を満足することができなくなってきた。

②半導体パッケージの主流がリード付き部品（SOP、QFPなど）からリードレス部品（BGA、CSP、LGAなど）へ代わってきている。従来パッケージではリードの変形で応力緩和ができていたが、現在主流になっているリードレスパッケージではリードが無い構造であるためにパッケージリード部分での応力緩和作用が無く、外部からの応力や半導体素子が発熱することが原因である熱応力によって発生した応力・ひずみがダイレクトに、はんだ付け部に作用してしまい、はんだ付け部の疲労破壊などが生じる頻度が多くなってきた。

③従来の設計では使用を想定していた環境温度が例えばアプリケーションが変わることで、従来に比較して高温領域が要求されており、従来に比較してさらに厳密な限界設計とその信頼性確保が要求されている。

上記の背景から、はんだ付け実装部の信頼性向上を目指すためには、既に解決したと思っていることでも原点から見直して改善する必要がある。

1.3.2　高信頼性を目指すためのアプローチと試験の加速性

以下にそのアプローチを示す。
①市場故障（故障のメカニズム）と試験の再現性・実製品の故障データ取得の精度向上が必要

市場故障で電子機器が壊れるのはどこか？　どこで、どのように、どのくらいで壊れるのか？を正確に把握して、市場故障をいかに再現させるか？が最初の改善への入り口である。

代表的な故障原因は機械的な故障と電気化学的な故障に大きく分類できる。
①-①機械的な故障：はんだ付け部の破断／オープン不良
- VTR、DVD、HDDレコーダ、TV、PCなどでは熱サイクルストレスが原因となることが多い。
- 携帯電話では落下衝撃でのストレスが原因となることが多い。
- タブレットPC、モバイルIT製品では落下衝撃＋熱サイクルのどちらか弱い部分が原因となる。

①-②電気化学的な故障：電極間のリーク／絶縁不良
- 商品分類に依存せずに故障が発生するが、高湿度環境や結露しやすい環境で故障することが多い。
- 電圧印加＋高温高湿試験で再現することが多い。

1.3.3　故障を再現できる加速試験の考え方：加速試験で故障モードを再現させる

次のステップでは故障を再現できる加速試験条件を見出すことが必要となる。

製品を構成する部分の中で故障が発生しやすい部分が必ず存在する。この弱点部分（ウィークポイント）を特定していくことが必要となる。その弱点部分が故障していくプロセスを明らかにする。

そして弱点部分の故障プロセスを再現させられる試験条件を探すのである。このときに加速試験条件を設定する上で注意しなければならないポイントは、

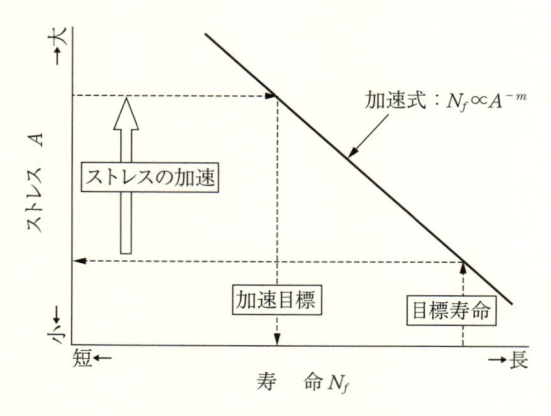

図1.2　加速試験の考え方

市場故障条件との相関性（直線性など）を有する試験条件を設計・設定しなければならないことである（図1.2）。

　加速試験のストレスを過剰に厳しくして短時間化を優先させると市場故障との相関性が無くなってしまい加速式・加速モデルを適用することができず、寿命推定や故障率を精度良く求めることができなくなる。注意しなければならないポイントは2つある。

①同じ現象の故障モードが再現されること
　　→外に現れた現象の形態（オープン／ショート／リーク／機能不良／電源電流不良／etc）が再現される。
②その現象に至るメカニズムが同じであること
　　→内に隠れた変化の過程：構成要素・作用因子とその強度・順序が同じである。
　　→故障メカニズムを確認するためには、故障（不良）解析を実施する。例としては、導通不良であれば破断場所や破断方向、クラック進展方向、破断面フラクトグラフィーなどを一致させる、など。

　このように加速試験条件が見出せたならば、加速試験での目標寿命を設定する。

　最後に、改善した設計で確認試験を実施し、効果を確認／評価し、改善設計の妥当性を検証する。

第1章　製品開発に役立つ実用的な信頼性試験と加速性の考え方

▶1.4　寿命予測の考え方

　加速性や寿命予測に関してはさまざまな研究が実施されており、また品質管理工学や統計学としての専門的かつ数学的に難解な解釈も多いが、商品開発や設計者において実務的で具体的な解説は少ない。本節では開発に携わる設計者が理解して実施できるように図・グラフに示すことで視覚的・直観的に理解できる実用的な寿命予測の考え方を示す。このため専門家の目で見ると正確性に欠けたり、定義が異なる部分もあるがご容赦願いたい。

　メカ・機械的・構造物などの加速性と寿命予測は従来からの研究成果として、応力(正確には応力振幅 σ_a)と破壊・破断に達するまでの繰り返し数 N_f (寿命)の関係を示す S-N 曲線(Stress-Number curve)(図 1.3)から求めることが基本的な考え方である。

　応力振幅を変えながら材料が破壊されたサイクル数データをプロットした S-N 曲線はマイナー則と呼ばれ、主に鉄鋼材料で取得されたデータが多いために応力振幅が小さくなると、それ以下の荷重では破壊が起こらない「耐久限度」または「疲労限度」(経済的な有限寿命領域では破壊が起こらないという意味)が示される。

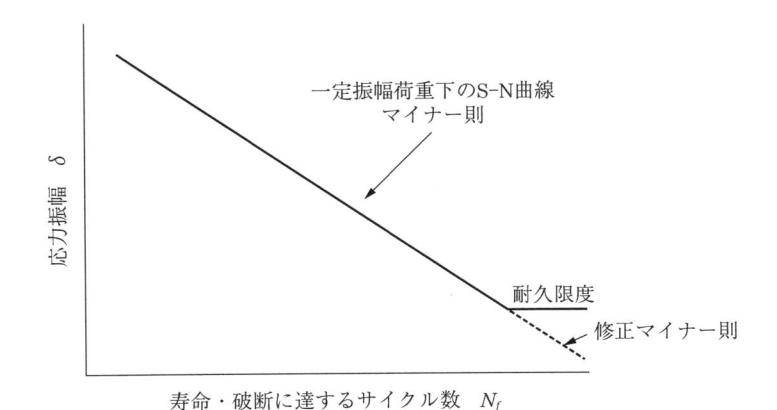

図 1.3　S-N 曲線を応用した加速性と寿命予測

しかし、電気・電子機器に使われる材料（はんだ材、有機材料、樹脂など）ではむしろ「耐久限度」を持つ材料は少ない。

このことから電子機器の場合は修正マイナー則を使って破壊限度以下の応力に対して仮想的な破壊サイクル数を見積もることが実用的に用いられている。また電子機器の使用環境における破壊現象は、落下衝撃などを除けば低サイクル疲労領域で起こることが多いので、S-N 曲線の応力振幅は塑性ひずみ幅$\Delta\varepsilon$に置き換えることができる。

この低サイクル疲労である塑性ひずみ幅と破壊までの繰り返し数の関係は両対数グラフ上で直線関係となるため、加速性として Coffin-Manson 則が成り立ち、この加速性を利用して寿命予測や寿命推定が行われている。

$$\Delta\varepsilon_{in} N_f \alpha = C \qquad \cdots\cdots \text{Coffin-Manson 則}$$
$$N_f = \beta(\Delta\varepsilon_{in})^{-m}$$

$\Delta\varepsilon_{in}$：非弾性ひずみ範囲、N_f＝破壊に至る繰り返し数（寿命サイクル数）、α：直線の傾きから決まる定数（例えば Sn-3Ag-0.5Cu はんだ材は 0.5 ± 0.1 など）、C、β、m：疲労強度に関係する材料定数。

では実際に、この加速性を利用して評価試験結果から寿命予測を試みてみよう。

縦軸である応力振幅は塑性ひずみ幅に置き換えることができるが、さらに簡略的には温度差（ΔT）に置き換えることができる。

ひずみゲージが貼れて直接に応力振幅や塑性ひずみ幅を計測できる物は良いが、ひずみゲージを貼ることができないような微小部や電子部品などでは、直接ひずみを計測することは相当な苦労・困難を伴う。しかし温度差に変換してしまうことでこの問題を解決することができる。つまり環境試験器を用いて温度負荷を与えることで応力振幅を与えることと同等の負荷を与えているとみなすのである。

図 1.4 に示すように、低温⇔高温の温度差を試験品に繰り返し与えて故障・破壊が起こったサイクル数を対数グラフにプロットしていく。これはワイブル分布あるいはワイブル解析と呼ばれている。ワイブル分布は寿命推定が比較的簡単に行え、その適用範囲が広いので電子・電気分野では多用されている。

例えば大きな温度差（ここでは$\Delta T = 165$℃）を与えると試験にさらされた

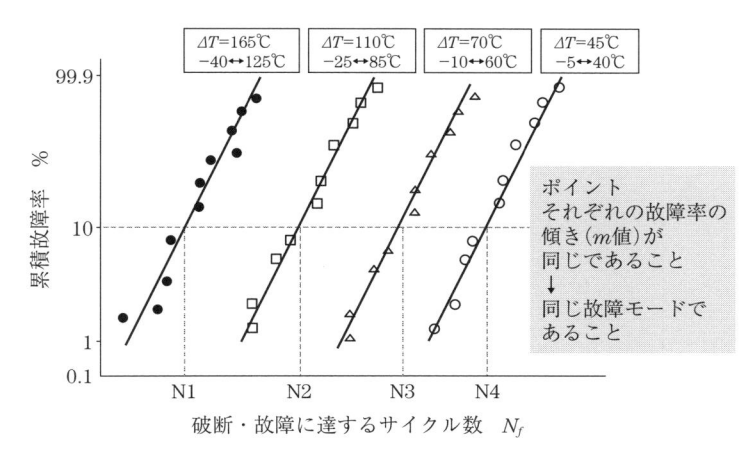

第 1 章　製品開発に役立つ実用的な信頼性試験と加速性の考え方

図 1.4　故障を再現できる加速試験の考え方

商品（試験用の評価試作品なども含めて）は市場環境に比較すれば相当早く壊れるはずである（図 1.4 の N1）。この温度差はできるだけ多くの水準で試験した方が正確な加速性データが得られるが、最低でも 3 水準の試験温度差を実施することを薦める。このように環境試験温度の設定を変えながら図 1.4 の ΔT ＝ 110 ℃の N2、ΔT ＝ 70 ℃の N3 のデータを取得することができる。

さらに可能であるならば市場環境条件に近い試験水準（図 1.4 の ΔT ＝ 45 ℃の N4）のデータが得られれば寿命予測の精度が格段に向上できる。

このワイブル解析での注意点は、累積故障率として対数グラフにプロットした故障率の傾き（専門的には形状パラメータ m 値と呼ばれる）が同じであること。この理由は同じ故障モードであれば、故障率も同じ傾きになる。

逆に異なる傾きであれば、異なる故障モードで破壊が起こっていることを示している。

ここで相関性（直線性、線形、リニアリティーなど）が無ければ加速性や寿命予測を簡便に実施することが難しくなる。

世の中の加速性や寿命予測の多くは線形解析が基本である。

CAE を活用したさまざまな非線形解析が実用化されてはいるが、投入コストとの比較や寿命予測精度（確度）、解が得られるまでの時間や簡便さ、容易さの点では線形解析が有利である。

17

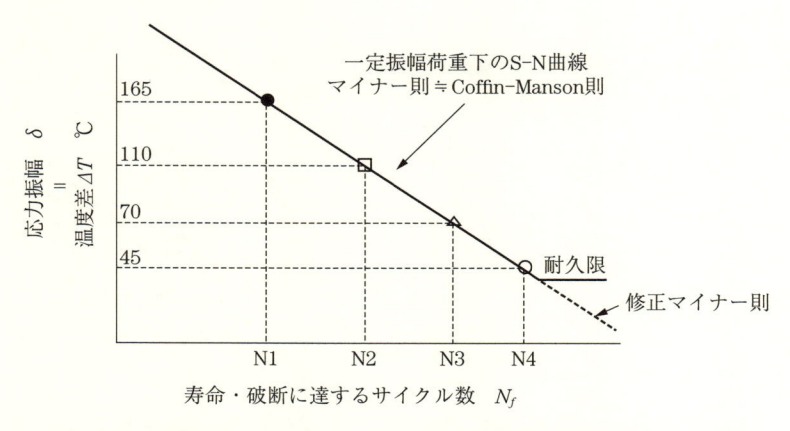

図1.5　S-N曲線を応用した加速性と寿命予測（故障率10％を基にして推定）

　また、実使用環境下を模試した環境試験とは言っても、あまりにも複雑な要因を与えすぎると、不具合を起こす支配的な要因を特定していくことが難しくなる。このため実際の市場状況とは異なり複雑性をできるだけ排除し、ある程度単純化して条件を制御しながら試験を実施することが実用的である。実務上もその方が結果の理解がしやすいし、開発設計現場ではスピード重視であるので、厳密な精度を要求されるケースは頻度が少なく、それなりの見積もり精度であれば実務上問題にはならない場合が多い。
　これらの理由のため、試験データからはできるだけ非線形データを排除する方が実用的には得策である。
　図1.4のような各温度差での累積故障率のデータが得られたならば、このデータを用いて寿命予測をしてみよう。
　例えば累積故障率10％での故障サイクル数（図1.4のN1、N2、N3、N4）をS-N曲線へ当てはめてみると図1.5になる。すると温度差（ΔT）による破断寿命サイクル数（N1からN4の故障率10％をプロットする）の直線が得られる。ここでN1からN4の直線内にあれば内挿データであるので、高い確度で寿命予測ができる。
　温度差が少ない（実使用環境条件を想定して）条件での故障サイクル数を見積もる場合はN1からN4までの直線をさらに引き伸ばした（修正マイナー則）

第1章 製品開発に役立つ実用的な信頼性試験と加速性の考え方

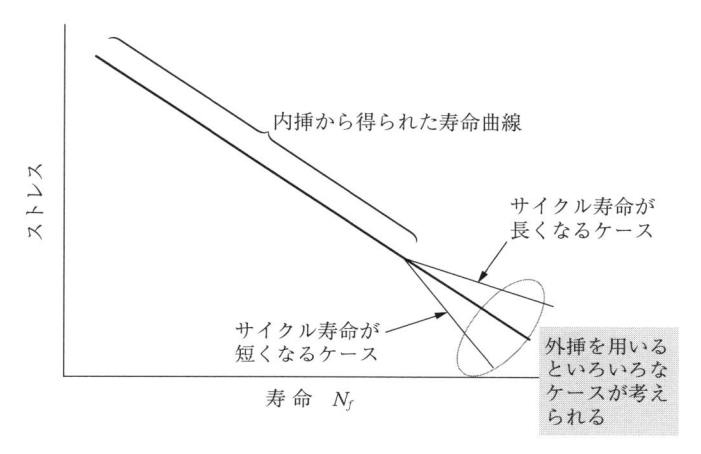

図1.6 外挿を用いて寿命予測する上での考え方

外挿直線を用いて寿命サイクル数を推定する。外挿から推定するので、寿命予測の確度は低くなるが、ある程度の目安となる寿命サイクル数を導き出せる（図1.6）。

外挿直線を用いて寿命サイクル数を推定するときに課題となるのは、ストレスパラメータである温度差が現実の実使用環境温度差（値）に近くなった場合に直線の傾きがどうなるか？　を見積もることである。

次の3パターンが考えられる。
①内挿直線の延長上に直線性がある。直線的である。
②どこかで直線性を外れてサイクル寿命が短くなる。
③どこかで直線性を外れてサイクル寿命が長くなる。

温度差を実使用環境に近づけて試験を実施し、寿命曲線がどのようなパターンになるか？　が現実的な時間の中で取得できれば、かなり高精度な寿命推定が可能であるが、一般的に試験時間が長大になってしまいデータの取得は難しい。

それでは、どのように寿命推定を考えれば良いのか？

商品はいろいろなプロセスにおいてバラツキが発生する（図1.7）。設計上でのバラツキ、材料のバラツキ、部品特性バラツキ、部品組み合わせでのバラツキ、製造でのバラツキ、試験でのバラツキなどがあり、このバラツキを最小限

19

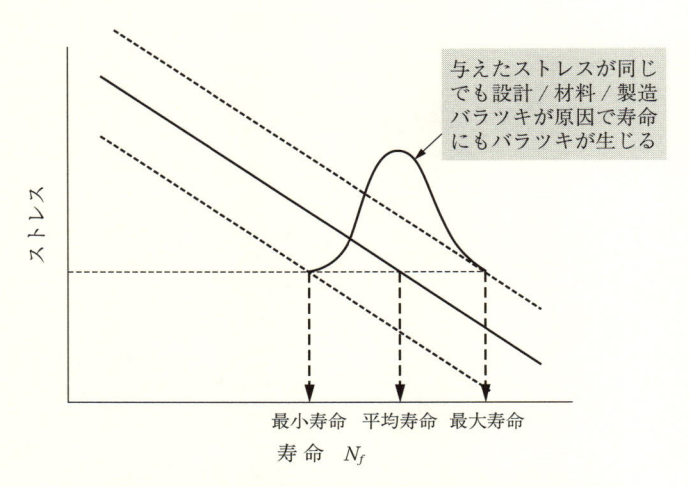

図1.7 バラツキ（設計／材料／製造等）と寿命の関係

に制御する努力はもちろん必要なのだが、すべてのバラツキを完全に無くすことは不可能である。

具体的な例として電子部品のはんだ付けを取り上げてみると、現実のはんだ付けはバラツキだらけである。

【例 1】はんだ付け強度バラツキの原因として考えられるパラメータ → はんだ付け形状・量のバラツキ、位置ズレ、ハンダペースト印刷量、パターンCu箔厚さ、ビルドアップと貫通T. H、部品-PWB間平坦性、はんだ付け時に発生するボイドの大小、形状や位置、めっきとの界面強度、など多数ある。

【例 2】採用するはんだ材料特性データの違い → 大型試験片での強度データと超小型試験片での強度データでは数値が変化する。

【例 3】はんだと部品めっきとの界面強度の正確な把握 → 必要な強度は何か？ 引張速度が変わると強度値も変化する。強度測定は正しくできているか？

【例 4】相性の悪い部品・めっきの改善 → PWBのデータは信頼できるか？（素材、ピール強度、反り）など。

このように「はんだ付け」だけを考えてみても実に多くのバラツキ要因が存在する。

第1章　製品開発に役立つ実用的な信頼性試験と加速性の考え方

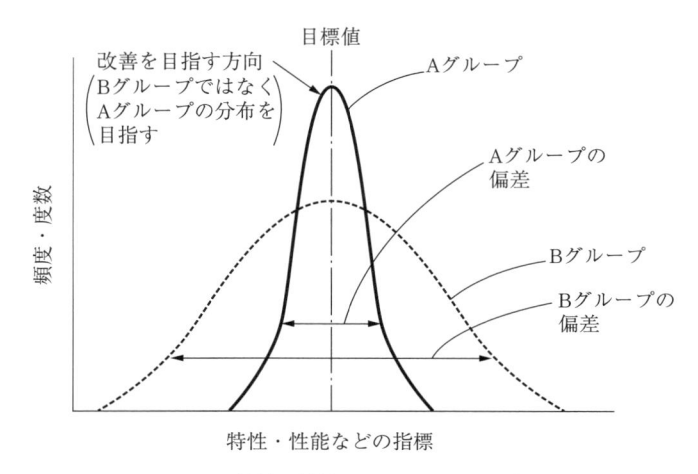

図1.8　特性・性能などのバラツキ分布図

　以上のように、さまざまなバラツキを含んでいる材料の集合体であるモジュール製品では寿命にもバラツキの分布を持っていると考えるべきである。
　改善の方向性としては、偏差のバラツキを図1.8中のBグループではなくAグループのような分布を目指すことである。本来望む目標値や設計値に対してのバラツキ偏差を限りなく少なくするのである。このバラツキ偏差を抑える取組みを材料レベル→部品レベル→モジュールレベル→モジュールのアセンブリレベルへと展開することが必要である。

▶1.5　試料数の考え方

　試験・評価する上での試料数（サンプル数）はどのように考えるか？
　組み合わせ要素が無い単純な素材の優劣を求めるような試験であれば、結果のバラツキは少なくなるので、試験サンプル数（n）は3から5程度でも有意差が得られる。しかし部品レベルやモジュールレベルとなると、内在する部材に試験結果を左右するような組み合わせ要素が多くなる。この場合にサンプル数は最低でも10程度が必要である。
　統計的な裏付けが必要な場合に有意差検定などを実施しようとするとサンプル数は最低でも22以上（44など）が必要である。この理由は、サンプルのバラツキが正規分布していると限定して「データの2群に差がない」という帰無仮説（H_0）に対して有意差検定での必要サンプル数から求められる。
　有意確率5％以下（5％以下の確率しかないので経験上めったに起こらない値という意味）かつ検出力10％の場合に、2群の平均値に比較的大きな差がある場合は効果量を0.65とすると証明に耐えうるサンプル数は22必要となり、中程度の差であれば効果量を0.45とするとサンプル数は44となり、少ない差であれば効果量を0.25とするとサンプル数は139必要となる。効果量1とは、2群の平均値が1標準偏差、離れていることを意味する。
　この統計的仮説検定からわかるように、必要サンプル数を減らすにはサンプル作成のプロセスをある程度確立させてサンプルデータのバラツキを減らす必要がある（図1.9、図1.10）。

第 1 章　製品開発に役立つ実用的な信頼性試験と加速性の考え方

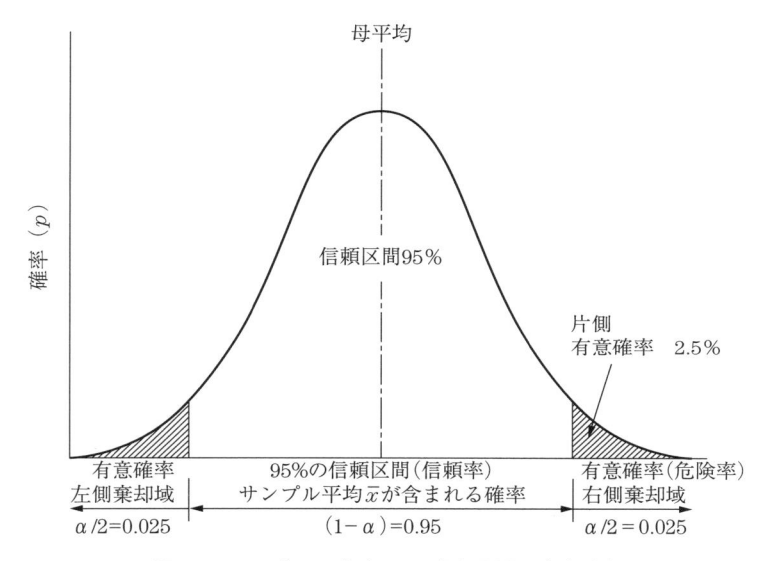

図 1.9　サンプリングデータの信頼区間と有意確率

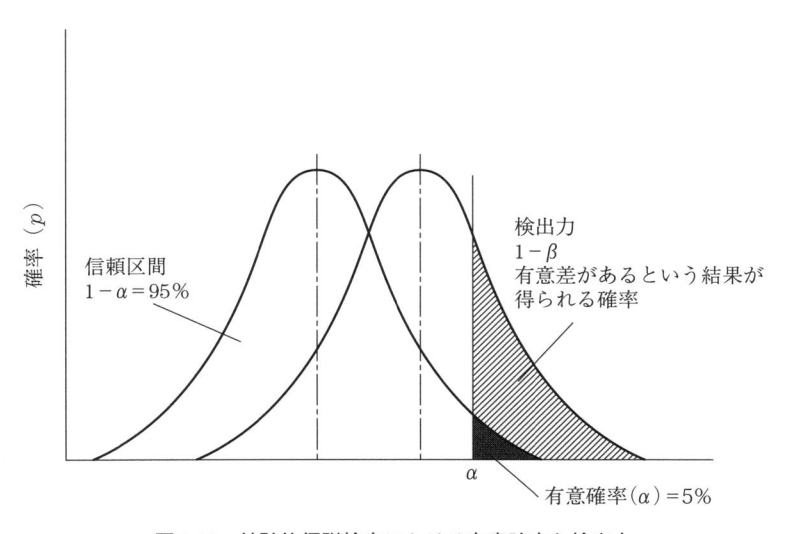

図 1.10　統計的仮説検定における有意確率と検出力

▶**1.6　まとめ　基本に立ち戻って原理／原則を理解**

　今後の日本製品の差異化技術を支える上で重要である耐久性や品質信頼性の確保を行うには、単純に「〇〇規格に書いてあるからそのまま実施する」のではなく、基本に立ち戻って原理／原則を理解してその弱点を予想・推測しながら自分たちが必要とするモノは何か？　を明確に定めて試験・評価をデザインする。そして、新たなチャレンジとして試験／評価／解析／改善／検証を行い、その結果を設計／製造情報へ反映させることが肝要である。

第2章　二次電池

▶2　はじめに

　本章では二次電池の信頼性評価方法について概説する。電池として特に最近注目されている成長産業であるリチウムイオン二次電池を中心に説明する。リチウムイオン電池は携帯機器を中心に世界で年間約50億個生産されている。今後、電気自動車や光や風力発電と組み合わされた系統連携電力供給システム等の電力貯蔵装置等、幅広い用途が検討されている。2009年を1とすると2014年にリチウム使用量は90倍になり、2019年には400〜500倍になるとの経済予測もある。一方、日本ではモバイル機器用リチウムイオン電池は安全性確保が法的に義務付けられている特定工業製品でもある。

　工業製品としての市販電池の信頼性は大別して2点に分類できる。つまり、カタログの電池性能が実際に得られるのかどうかということと安全性がどうなのかということである。本章では、電池の信頼性評価の中で特に評価が難しく、今後益々重要になる安全性評価方法に重点をおいて説明する。

▶2.1 電池の基礎理論

電池はあるエネルギーを電気エネルギーに変換するエネルギー変換装置である。元になるエネルギーが化学反応エネルギーである場合、化学電池という。民生用市販電池（表 2.1）の殆どが化学電池である。本節では化学電池を取り扱うため、これ以後、単純に電池と表記する。なお、シリコンを使った太陽電池は物理電池である。電池には充電可能な二次電池と充電できない一次電池がある。電池の歴史では、マンガン乾電池が 1864 年、鉛蓄電池が 1859 年と鉛蓄電池の方が先に発見されている。商用電力が普及していなかった当時、鉛電池を既存の一次電池（例えば、ダニエル電池等）で充電したため充電できない電池を一次電池（一次電源）、充電可能な電池を二次電池と言ったという説がある。英語でも一次電池および二次電池を、それぞれ primary および secondary cell という。cell は単電池のことでありバッテリー（battery）とは単電池を複数

表 2.1　主な市販電池の例

電池分類	電池	負極	正極	電解液	公称電圧/V
一次電池	マンガン乾電池	Zn	MnO_2	$ZnCl_2$、NH_4Cl 水溶液	1.5
	アルカリマンガン乾電池	Zn	MnO_2	KOH 水溶液	1.5
	ニッケル乾電池	Zn	NiOOH	KOH 水溶液	1.5
	酸化銀電池	Zn	AgO	KOH 水溶液	1.6
	空気電池	Zn	空気(O_2)	KOH 水溶液	1.4
	燃料電池	H_2	空気(O_2)	H_3PO_4 水溶液等	1.2
	リチウム電池	Li	MnO_2	$LiClO_4$-PC/DME 等[a]	3.0
二次電池	鉛蓄電池	Pb	PbO_2	H_2SO_4 水溶液	2.0
	ニッケルカドミウム電池	Cd	NiOOH	KOH 水溶液	1.2
	ニッケル水素電池	MH[b]	NiOOH	KOH 水溶液	1.2
	リチウムイオン電池	C_6Li	$Li_{0.5}CoO_2$	$LiPF_6$-EC/DEC[c]	3.6
	ナトリウム硫黄電池	Na	S	$β''$-Al_2O_3 固体電解質	2.0

a) PC：プロピレンカーボネート、DME：1, 2-ジメトキシエタン、b) M：水素吸蔵合金、
c) EC：エチレンカーボネート、DEC：ジエチルカーボネート。

使用した組電池のことをいう。工業的には電池1本でもデバイス（電源装置）として取り扱うためバッテリーと称することも多い。さらに組電池の構成単電池数が多い電気自動車や発電装置等では、最終組電池の組立て単位（ユニット）である少数の単電池から構成される組電池をモジュール電池と称することも一般的になっている。本節では電池の基礎理論について極く簡単に以下に説明する。

2.1.1 電池のエネルギー（熱力学論的取り扱い）
(1) 電気化学反応と電池の動作原理

電池のエネルギーの元になっている化学反応とは酸化還元反応である。酸化は電子を放出する反応であり（負極、－極で起こる反応、アノード反応）、還元は電子を受容する反応（正極、＋極で起こる反応、カソード反応）である。相手の物質を酸化する物質が酸化剤（正極活物質）、還元する物質が還元剤（負極活物質）である。フラスコの中で酸化剤と還元剤を混合すると起こる反応が酸化還元反応（電子移動反応）である。これは自発的に進む反応で反応前後のエネルギーを比較すると反応後の方がエネルギーは低くなる。つまり反応することによりエネルギーを放出する。多くの場合、発熱する。電池は酸化剤と還元剤を直接接触しないように隔離板（セパレータ）を用いて電池内に配置し酸化還元反応で放出するエネルギーを電気エネルギーに変換するエネルギー変換装置である。電池の正極端子と負極端子が導線を介して外部回路につながっている時、放出された電子は外部回路を流れ仕事をする。電池内部の負極と正極の間はイオンが移動し電気的に導通している。イオンを溶媒（誘電体）に溶解させた溶液が電解液（電解質溶液）である。電解液はイオン伝導のみ行う。電解液に電子伝導性があると内部短絡してしまい所定の電気エネルギーを取り出せない。電池の負極は還元剤であり正極は酸化剤である。負極のように酸化反応を起こす電極をアノード、正極のように還元反応を起こす電極をカソードという。ただし、学術的には混乱するが、工業的には電池の充電をしている時（酸化還元反応が電極で放電と電流が逆向きの時）でも元のまま、正極および負極と慣用的に称している。

高校の化学の教科書に載っているダニエル電池を例にとり、図2.1に電池の

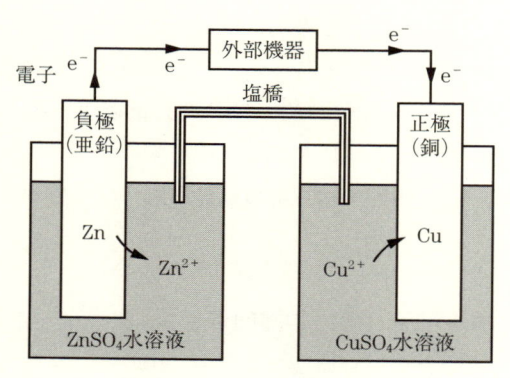

図2.1　ダニエル電池の構造

構成と動作原理を示す。ダニエル電池の構成は負極が亜鉛（Zn）、正極が銅（Cu）で電解液は負極側が硫酸亜鉛（$ZnSO_4$）水溶液、正極側が硫酸銅（$CuSO_4$）水溶液である。電解液が負極と正極で異なるため異種電解液間の電位差を低減する塩橋を用いている。ダニエル電池の放電反応を式(2.1)～(2.3)に示す。式において、e^-は電子を表す。

$$Zn \rightarrow Zn^{2+} + 2e^- （負極の反応） \quad (2.1)$$

$$Cu^{2+} + 2e^- \rightarrow Cu （正極の反応） \quad (2.2)$$

$$Zn + Cu^{2+} \rightarrow Zn^{2+} + Cu （電池の放電反応） \quad (2.3)$$

(2) 電池のエネルギー

化学反応のエネルギーは反応ギブズ自由エネルギー（ΔG）である。式(2.4)に示すようにΔGは発熱あるいは吸熱のエンタルピー（ΔH）と秩序性を反映した因子であるエントロピー（ΔS）と絶対温度（T）を含んでいる。創成される電気エネルギーは電気化学的反応量（nF）と電池電圧（E）の積になり、化学反応エネルギーと電気エネルギーの関係式は式(2.5)で表される。ここでnは酸化還元反応でやりとりする電子の数（反応関与電子数）でありFはファラディ定数である。上記のダニエル電池は$n=2$である。このnFの部分が市販電池の放電容量（Ah）に相当する。元になっている化学反応が可逆反応の時、この電池は充電可能となる。

$$\Delta G = \Delta H - T\Delta S \quad (2.4)$$

$$\Delta G = -nFE \tag{2.5}$$

(3) 電池の容量

電気化学的反応量はファラディの法則に従い決定される。ファラディの法則では1モル（6.02×10^{23}個）の電子が移動すると96500C電荷が移動する。96500C mol^{-1}をファラディ定数（F）という。C（クーロン）は電気量の単位で1Cが1秒（s）間動くと1A（アンペア）の電流になる。電気化学的反応量は実用電池では（放電）容量と称され通常Ahという単位で表される。Aは電流（アンペア）、hは時間である。ファラディの法則を電池の場合に書き換えると、1モルの電子が移動すると26.8Ahの容量が発現する。26.8Ahは96500Cを1時間（3600秒）で除した値である。物質によって電子を放出したり受容したりする力が違う。この力が電極電位である。

(4) 電池電圧

電極電位（単位はボルト、V）は1つの電極が示す電圧に相当する値であり単極電位、標準電位、平衡電位、標準還元電位、酸化還元電位等、種々の言われ方をする。電極電位は負極に水素電極を、正極に電位を知りたい物質を用いた電池を作製し電池電圧を測定する。つまり水素電極を0Vとした相対的な電圧である。電極電位が負の値を示す場合、水素よりイオン化傾向が強い、電子を放出する力が強い物質であり電池の負極に用いた方が良い（電池電圧が高い）電極材料ということになる。電極電位のイメージを図2.2に示す。水素電極を0とした物差しが電極電位の概念である。電極電位の例を表2.2に示す。Liは水素電極基準で-3.05Vと卑で元素の中では最も大きな値（還元力）を持つ。電池の電圧は正極と負極の電極電位の相対的な差であり、例えば、4Vの電圧を持つ電池は様々な材料の組み合わせで実現できることがわかる。電圧と放電容量の積が電気エネルギーであり、$1A \times 1V = 1W$（ワット）、$1Ws^{-1} = 1J$（ジュール）$= 4.2cal$（カロリー）である。電池のエネルギーは通常、放電容量（Ah）と電圧（E、単位はボルト、V）の積であるため、Whで表記される（式(2.6)）。電池のエネルギー（Wh）は電圧（V）と反応量（Ah）の積であり電圧が高いほど反応量が多いほどエネルギーは大きい。実用電池は重量当たり、あるいは体積当たりのエネルギー（エネルギー密度）が高いことが要求され、軽く小さい体積でWhを出せる電極材料を選択する。工業製品としての電池

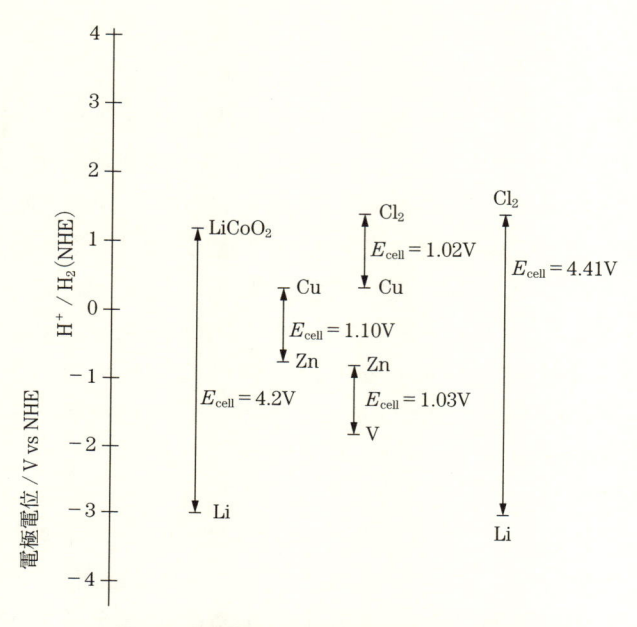

図 2.2　電極電位と電池電圧（E_{cell}）の関係

表 2.2　標準電極電位 E^0 の例

還元半反応	E^0/V vs 標準水素電極
$Li^+ + e^- \rightarrow Li$	-3.05
$Zn^{2+} + 2e^- \rightarrow Zn$	-0.76
$Cd^{2+} + 2e^- \rightarrow Cd$	-0.40
$Pb^{2+} + 2e^- \rightarrow Pb$	-0.13
$2H^+ + 2e^- \rightarrow H_2$	0
$Cu^{2+} + 2e^- \rightarrow Cu$	0.34
$Ag^+ + e^- \rightarrow Ag$	0.80
$O_2 + 4H^+ + 4e^- \rightarrow H_2O$	1.23

のエネルギー密度（Wh kg^{-1} および Wh L^{-1}）は実際の電池の重量と体積を用いて計算する。リチウムイオン電池は高エネルギー密度電池の代表例であり、特に重量当たりのエネルギー密度は高い（大きい）。

第 2 章　二次電池

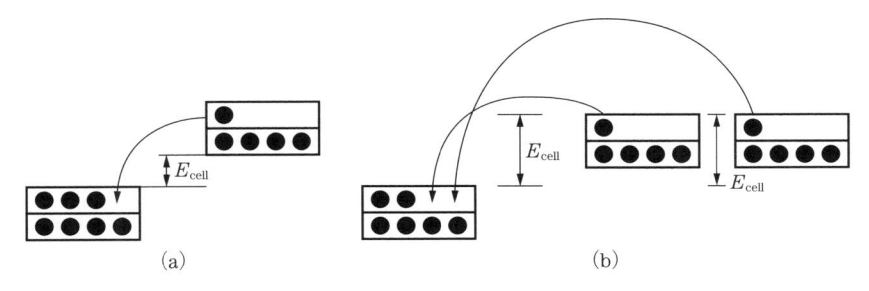

図 2.3　電気化学反応のイメージ図、●：電子、E_{cell}：電池電圧

$$Wh = Ah \times E \tag{2.6}$$

(5) 電池反応機構

電池反応（酸化還元反応）機構のイメージを図 2.3(a)および(b)に示す。化学物質は電子が入ることができる場所が決まっている。電子が入れる場所を二階建てのアパートで例えてみる。二階立ての各階には電子が 4 個入れるとする。4 個全て入るか、全く空の状態が安定な電子状態だとすると図 2.3(a)の負極活物質は電子を 1 個余分に持っているため電子を 1 個放つ（酸化反応）と安定になる。一方、正極活物質は 1 個電子をもらう（還元反応）と全ての部屋が電子で埋まり安定化する。酸化還元反応（放電反応）後の電子配置の一例は不活性ガスと呼ばれる安定なアルゴンのような物質である。何個の電子をやりとりするか（反応関与電子数）が放電容量であり、電圧（両極の電極電位差）は電子を放出する高さと電子を受容する高さの差である。図 2.3(b)のように 1 個電子を放出する物質と 2 個電子を受容する物質の組み合わせの電池の場合、電池反応を完結するためには電子を 1 個放出する物質は 2 倍必要になる。物質量を 2 倍用意しても電圧は変わらず、変わるのは（2 倍になるのは）電気化学的反応量（電子の数）である。

ここまで電池のエネルギーについて説明した。これは静的な世界の話である（熱力学論的取り扱い）。電池反応のもう 1 つの話題として、電池のエネルギーをどれだけの時間内に利用できるか、つまりどれだけ大きな電流を流すことができるのか、がある。これは動的な世界の話で電極反応速度（速度論的取り扱い）の議論である。

2.1.2 電池の取得電流（速度論的取り扱い）

電池の取得電流特性（電池がどれだけ大きな電流を流せるか）は重要である。特に電気モータを回転させるような電気車両、電動ツール等のように大電流を流す用途では出力（パワー、$W = IV$）特性は重要である。携帯電話のような通話や待ち受けモードでは大電流を使わないようなモバイル機器でも基地局との通信では瞬間的に大電流が流れる（パルス放電）。電池の電圧（E）と電流（I）と抵抗（R）は直流であるのでオームの法則に従い、$E = IR$ の関係が成り立つ。しかし、実際には電極反応速度は複雑な因子を含んでいる。以下に電流取得特性の基礎理論について概要を説明する。

(1) 電極／電解液界面と電極反応過程

電流の大きさは電極面積当たりの電流値（電流密度 j、mA cm^{-2}）で表される。電流密度は電極反応速度によって決定される。

電極反応は以下のような素過程を経て起こる。この過程のどこかに反応速度を決める律速過程（最も大きなエネルギーを必要とする過程）がある。図2.4に電極／電解液界面と反応過程のイメージ図を示す。電極反応には以下の過程がある。①電気化学的反応を起こすイオンの電極／電解液界面への移動、②電極／電解液界面で溶媒和されたイオンが電極と向かい合い平面で並ぶ（外部ヘルムホルツ面、outer Helmholtz plane、OHP）、③脱溶媒和した裸のイオンが

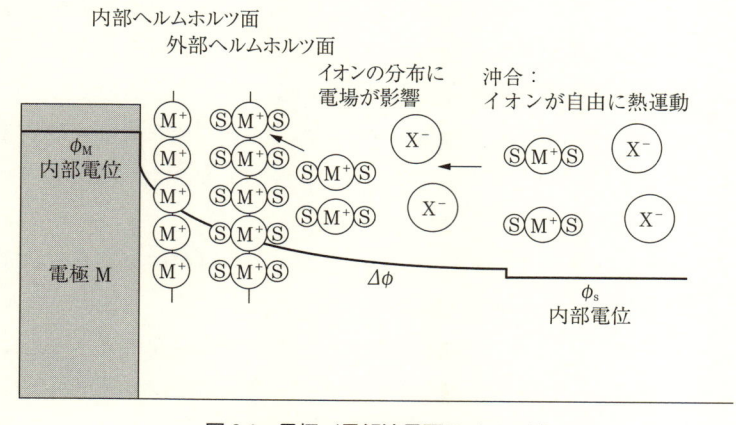

図2.4　電極／電解液界面のイメージ

平面で並ぶ（内部ヘルムホルツ面、inner Helmhortz plane、IHP）、④電極から（あるいは電極へ）電子移動を行う、⑤電子移動により生成した化学物質（酸化体あるいは還元体）が電極の内部の安定した配置に収まる。電解液と電解液の界面には電場（電位勾配）があり、界面ではイオンの分布が沖合（調整した電解液の組成）とは異なっている。この電位勾配が通常の化学反応における電子移動の活性錯合体（反応中間体、電極とイオンで電子を引っ張り合う中間状態）を形成するエネルギー（励起状態のギブズエネルギー、$\Delta G^{\ddagger}$）とともに影響する（図2.5）。電位勾配の最大値は電極の内部電位と電解液の内部電位の差になる。測定可能なのは電極表面の外部電位差であるが電池電圧の測定では理論的に問題はない。

(2) 電荷移動律速の電流

これらの電流密度への影響は式(2.7)に示すバトラーフォルマーの式で表される。jは電極の正味の電流密度（観測される電流密度）である。電極では見かけの電流が一方向（還元あるいは酸化）に流れているように観測される（正味の電流）。実際には電極では正方向と逆方向の反応が起こっており反応速度が速い方の電極反応が観測される。アノード反応（酸化反応、電子を放出する反応）に対応する電流値をj_a、カソード反応（還元反応、電子を受容する反応）に対応する電流密度をj_cとする。ここでは、j_aおよびj_cはいずれも正の値で正味の電流密度jは式(2.8)のように$j=j_a-i_c$と定義する。電極でアノード反応が主として起こっているとjは正の値になり、電極でカソード反応が主として起こっていると正味の電流密度jは負の値となる。式(2.7)の交換電流密度j_0は

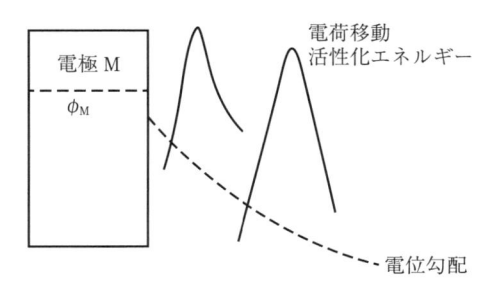

図2.5 電極／電解液界面の電位勾配と活性化エネルギーの関係のイメージ

正負方向の反応速度が同じになった時の電流値（つまり正味の電流は0）である。電位勾配によるエネルギーは既に述べたように関与電子数×F×電位差である。電位勾配と活性化エネルギーの極大値だけでなく、界面における活性化エネルギーの極大値（山）の位置と形状が反応速度に影響する（前述の図2.5）。この活性化エネルギーは電荷移動（電子移動）に必要な励起状態のエネルギーである。電極反応の粗過程の中で電池では一般的に電荷移動律速の場合が多いと言われるのはこの活性化エネルギーのことである。電位勾配に起因する電気エネルギーが活性化状態のエネルギーレベルを下げる触媒的効果をすれば電極反応抵抗が下がり電極反応速度は上昇する（大きな電流を取り出せる）。逆の場合には電極反応速度を遅くする。この反応抵抗は過電圧（η、単位：V）と称される。式にあるカソード移行係数αとはこの活性化の山が電極界面のどこにあるかを示す目安であり、0～1の間の値である。カソード移行係数が見積もれない場合、現実には半分とし$\alpha=0.5$で近似する。式(2.9)に示すように、無負荷状態（平衡電池電圧）の電池電圧がE（V）で負荷をつないで定常電流I（A）が流れているときの電圧をE'（V）とすると、この電位差の原因は負極の過電圧（η_a）と正極の過電圧（η_c）および電極間の直流抵抗（オームの法則、$E=IR$に従う抵抗R（Ω））である。正極と負極で過電圧の値は異なる。IR抵抗の主たる要因は電解液の電気抵抗である。電解液の抵抗は電極間距離に比例し、電極面積に反比例し電位勾配も影響する。

$$j = j_0(e^{(1-\alpha)f\eta} - e^{-\alpha f\eta}) \tag{2.7}$$

j：電流密度、j_0：交換電流密度、α：カソード移行係数、η：過電圧、$f=nF/RT$、R：気体定数、T：絶対温度、F：ファラディ定数。

$$j = j_a - j_c \tag{2.8}$$

$$E' = E - \eta_c - \eta_a - IR \tag{2.9}$$

E'：通電中の電池電圧、E：無負荷時の電池電圧、η_c：正極の過電圧、η_a：負極の過電圧。

バトラーフォルマーの式で電極がアノードで過電圧が正で大きい時（$\eta \geqslant 0.12$V）、カソード電流を表す第2項を0と近似できる。この時、式(2.7)は変形され、過電圧と電流密度の自然対数が直線関係になる（式(2.10)）。これがターフェルプロットである（図2.6）。y軸の切片が交換電流密度になり傾きが

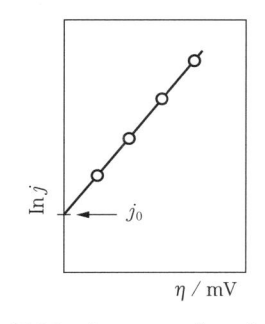

図 2.6 ターフェルプロット、
　　　j：電流密度/mAcm^{-2}、
　　　η：過電圧/mV

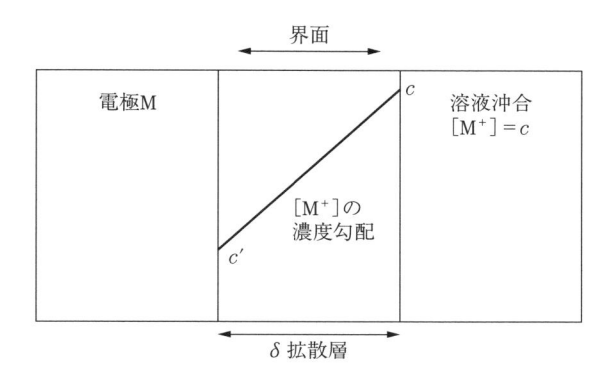

図 2.7 電極界面の濃度勾配イメージ

カソード移行係数になる。カソードでも同様の議論が可能である。
$$\ln j = \ln j_0 - (1-\alpha)f\eta \tag{2.10}$$

(3) 拡散律速の電流

　電荷移動律速の電極反応速度の議論を上に述べた。この議論は電極／電解液界面に反応物質が十分供給されている時の話である。もし電極界面へのイオン移動が極端に遅い場合や極端な大電流を流す場合、電極反応速度を決定するのは電極界面への反応物質の供給速度になる。いわゆる拡散律速になる。この場合の界面のイメージを図 2.7 に示す。この場合、電流値は式に示すようにフィックの拡散法則に従い式(2.11)で表される。つまり、電極界面における反応物質の濃度勾配によって電極反応速度が決定される。最大の濃度勾配は電極表面で反応物濃度が 0 になる時であり、これを限界電流密度という。この界面のイオン移動する場所を拡散層という。

$$j = nFD(c-c')/\delta \tag{2.11}$$

D：反応物の拡散係数、c：反応物の沖合濃度、c'：電極表面の反応物の濃度、δ：拡散層の厚さ。

▶2.2 市販二次電池の特徴

市販されている汎用電池は一次電池も含めて 15 種類程度ある。これらの電池が市場で共存している理由は電池特性が異なりオールマイティな電池がないためである。電池は使用する機器があって初めて商品価値を持つ工業製品である。機器から電池に要求される特性、性能は様々である。電圧、電流、価格、エネルギー密度、入手の利便性、使用環境温度、充電が必要なのかどうか、自己放電等、様々である。リチウムイオン電池は成長市場の工業製品であるがオールマイティで優れた電池だから売れているわけではない。本節ではリチウムイオン二次電池を中心に説明する。以下にリチウムイオン電池の動作原理と他の民生用二次電池、特にニッケルカドミウム電池およびニッケル水素電池との特性の違いについて説明する。

2.2.1 リチウムイオン電池の動作原理と特性

市販リチウムイオン電池の多くは、負極に炭素、正極に高電圧（4V 級）金属酸化物を使用している。モバイル機器用の殆どの製品が $LiCoO_2$ を正極に採用している。電気自動車や電力貯蔵装置用電池の正極はスピネル構造の $LiMn_2O_4$、岩塩型構造（層状化合物）の Li（$Ni_{0.8}Al_{0.05}Co_{0.15}$）$O_2$、層状超格子構造のいわゆる三元系正極、$Li$（$Co_{1/3}Ni_{1/3}Mn_{1/3}$）$O_2$ あるいはオリビン構造の $LiFePO_4$ 等を主体とするものが多い。有機溶媒（誘電体）にリチウム塩（溶解後、－イオンと＋イオンに解離する）を溶解させた電解液を使用している。電解液にゲル状電解質（高分子マトリックスに有機溶媒電解液を捕捉したもの）を使用した電池（リチウムイオンポリマー電池）も市販されている。ゲルとは液体と固体の中間物質で寒天やこんにゃく等もゲルである。

両極活物質はリチウムイオンの挿入脱離が可能であり、電池の放電時には炭素負極からリチウムイオンが放出され正極に挿入される。充電時には放電と逆の反応が起こり、正極からリチウムイオンが放出され負極に挿入される（図2.8）。つまり、電池の放電と充電時にリチウムイオンが両極間を行き来するだけなのでリチウムイオン電池と呼ばれる。なお、リチウムイオン電池という呼

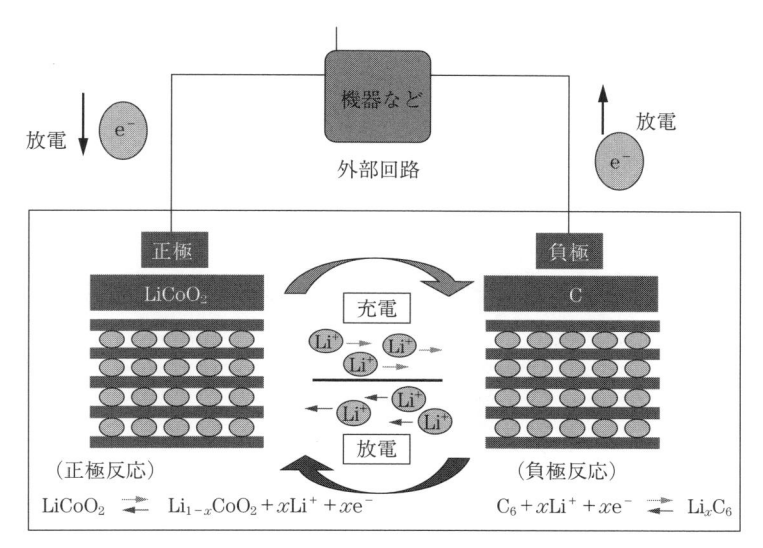

図2.8 リチウムイオン電池の動作原理

称は世界で最初にこの電池を商品化したソニーエナジーテック社が提案したもので広く新しい電池を普及させるため登録商標にはなっていない。国際的にもリチウムイオン電池と呼ぶ場合が一般的である。

リチウムイオン電池とニッカド電池、ニッケル水素電池の放電反応を模式的に式(2.12)〜(2.14)に示す。また、鉛蓄電池とナトリウム硫黄電池の放電反応式を式(2.15)と(2.16)に示す。これらの式において充電時は逆向きの反応が進行する。

$$Cd + 2NiOOH + 2H_2O \rightarrow Cd(OH)_2 + 2Ni(OH)_2 \tag{2.12}$$

$$MH + NiOOH \rightarrow M + Ni(OH)_2 \tag{2.13}$$

M：水素吸蔵合金

$$C_6Li + 2Li_{0.5}CoO_2 \rightarrow C_6 + 2LiCoO_2 \tag{2.14}$$

$$Pb + PbO_2 + 2H_2SO_4 \rightarrow 2PbSO_4 + 2H_2O \tag{2.15}$$

$$2Na + xS \rightarrow Na_2S_x (x = 2.7 \sim 5) \tag{2.16}$$

ニッケル水素電池はニッケルカドミウム電池の代替を目的にリチウムイオン電池と同時期（1991年）に商品化された電池である。負極に毒性が危惧され

るカドミウムの代わりに水素を使用している。水素は水素吸蔵合金内に水素原子の状態で吸蔵されている。電解液は高導電性の KOH 水溶液である。

鉛蓄電池（単電池電圧は 2V）は自動車用電源（特にスタータ用）と各種停電バックアップ用電源に使われている。信頼性とコストに優れるがエネルギー密度が低く重量が問題となるモバイル機器や電気自動車への適用は難しい。上記で説明した電池は室温作動であるがナトリウム硫黄電池（電圧は 2.1V）は 320℃程度で運転する。負極である Na も正極である硫黄も液体状態でナトリウムイオン伝導性のセラミックス固体電解質を用いて充放電する。ナトリウム硫黄電池はもともと電気自動車用高エネルギー密度電池として開発されたが現在では電力貯蔵装置用が主たる用途である。

毎年販売量が伸び続けている電池がリチウムイオン電池である。2011 年は世界的に年間 50 億個程度、リチウムイオン電池が生産されたと推定されている。リチウムイオン電池の特徴は、高電圧、高エネルギー密度で充電可能なことである。このため、小型電池（容量＜3〜3.5Ah）は、携帯電話、ノート PC、ビデオカメラ、液晶ゲーム機、デジタルオーディオプレイヤーなどのモバイル電源に使用されている。また、中型サイズの電池（3Ah＜容量＜15Ah）は、電動自転車、電動スクータ、一部の電気自動車、衛星電源などに使用されている。さらに、大型電池（単電池容量が 40〜120Ah）は停電バックアップ用電源、深海探査艇、工場ロボットなどにも使用されつつある。リチウムイオン電池は従来、市場で棲み分けしていた他電池の分野への進出が顕著である（**表 2.3**）。

携帯電話、ノートパソコン、電気自動車（650V 程度のモータを動かす）、電力貯蔵装置など作動電圧が 3V 以上で高エネルギー密度二次電池が即必要という短期的なニーズに応える量販電池は現時点ではリチウムイオン電池ということになる。

2.2.2 市販二次電池の特性比較

汎用型市販二次電池であるニッケルカドミウム電池、ニッケル水素電池およびリチウムイオン電池の特性について以下に比較説明する。表 2.4 に特性比較をまとめて示す。

第2章　二次電池

表2.3　リチウムイオン電池が使われ始めた機器

電池使用機器	従来主として使用されてきた電池
各種モバイル電子、電気機器	ニッケル水素電池、ニッケルカドミウム電池、アルカリ乾電池
ハイブリッド車	ニッケル水素電池
純電気自動車	燃料電池、鉛蓄電池、ニッケル水素電池
アイドリングストップ車	鉛蓄電池
停電バックアップ電源	鉛蓄電池、ニッケル水素電池
大型発電装置	鉛蓄電池、ナトリウム硫黄電池
深海探査艇	鉛蓄電池
衛星電源	ニッケル水素電池
電動ツール、電動ひげ剃り	ニッケルカドミウム電池

表2.4　各種二次電池の特性例（汎用品比較）

項目	ニッケルカドミウム電池	ニッケル水素電池	リチウムイオン電池
電圧/V	1、2	1.2	3.6
容量/Ah[a]	1.0	2.5	0.8
エネルギー/Wh[a]	1.2	2.9	2.9
価格（円/Wh）[a]	333	187	676
パワー	◎	○	△
充電時間/h	1	1	2.5
充放電回数	500	500	500
保存特性	○	○	◎
安全性	○	○	△
廃棄・リサイクル[b]	△	△	△

a) 単三電池
b) 回収後のリサイクル体制はほぼ確立。使用済み電池の回収率向上が課題。

(1) 電池電圧、容量およびエネルギー

　電池の放電曲線（電圧と容量の関係）を図2.9に示す。例えば、携帯電話は約3Vで動作するためリチウムイオン電池なら1本使用で済むが、ニッケルカドミウムやニッケル水素電池では3本直列が必要になる。ノートパソコンや電気自動車など、高電圧が必要な場合にはリチウムイオン電池が有利になる。

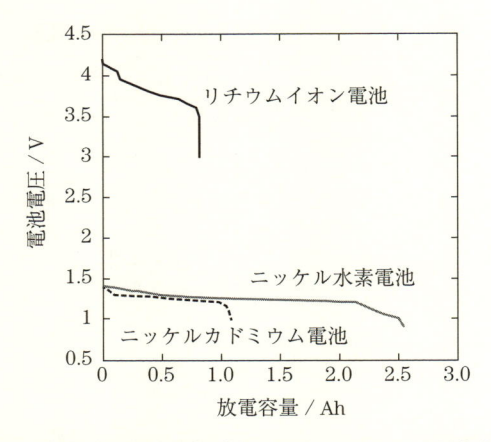

図 2.9 市販二次電池の放電曲線（単三電池、0.5C、2 時間率定電流放電）

同一サイズの電池（例えば単三電池）で比較した場合、放電容量（Ah）はニッケル水素電池が大きく、ニッケルカドミウム電池の 1.5～3 倍、リチウムイオン電池の 3 倍である。電圧の問題がなければ（例えば、1V 駆動機器等）ニッケル水素電池が有利になる。1V 駆動機器にリチウムイオン電池を使用すると発熱ばかりし耐電圧の関係で LSI を壊してしまう可能性もある。実際にはこれらの二次電池では同一サイズの電池でも様々な容量および特性を持つ製品が市販されており機器使用条件に合わせて最適製品を選択する必要がある。
図 2.10 に単三サイズの二次電池のエネルギー密度を示す。体積的にはニッケル水素電池とリチウムイオン電池は同等である。軽量化が必要な場合にはリチウムイオン電池が有利である。電池のエネルギー（Wh）は容量（Ah）と電圧（V）の積であり、ニッケル水素電池は Ah で、リチウムイオン電池は V で、高エネルギーを実現している。単三電池で比較すると、ニッケル水素電池の最高値はリチウムイオン電池とほぼ同等の値を示す。

(2) 出力と充電時間

大電流放電（出力、パワーは電圧×電流、すなわち W であり Wh、エネルギーではない）が必要な場合、ニッケルカドミウム電池が最も有利で、続いてニッケル水素電池であり、リチウムイオン電池は高エネルギー密度タイプだと大電流放電には不利である。電動ツール、ひげ剃り、電動車両用のリチウムイ

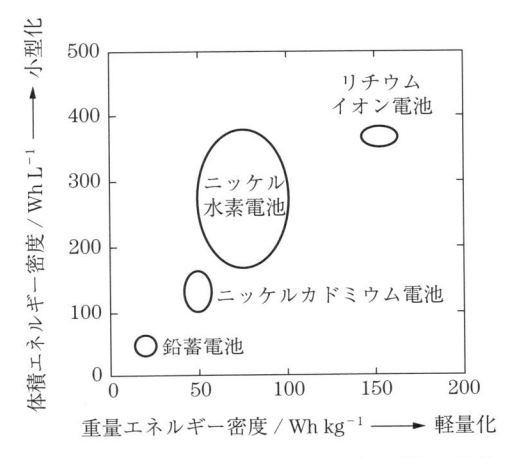

図 2.10　市販二次電池のエネルギー密度（単三電池）

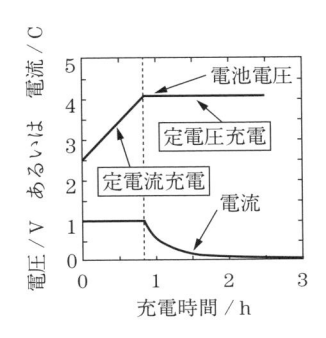

図 2.11　リチウムイオン電池の標準充電方法（定電流-定電圧充電）

オン電池はエネルギーを下げて大電流を流せるように、電極作製法の工夫がなされている。ニッケルカドミウム電池とニッケル水素電池は1時間で満充電可能なものが多い。充電時間が30分以内の製品もある。大電流の定電流充電が可能だからである。リチウムイオン電池は鉛蓄電池と同様、定電流（1C 程度）と定電圧（通常 4.2V）の組み合わせの充電方式を採用している（図 2.11）。このため、定電流で 90 % の充電も可能ではあるが、定電圧充電部の時間がかかるため、充電総時間は 2.5 時間程度を要する。なお、「C」は電池業界用語で充電や放電の電流値を表す単位である。C は Capacity に起因し、1C 放電とは電池容量を1時間で使い切る電流値である。電流の単位である A をつけて 1CA と表現する場合もある。2C なら 30 分、0.5C なら 2 時間放電の電流値となる。

(3) 充放電寿命

カタログ表示の充放電寿命は、リチウムイオン電池、ニッケル水素電池、ニッケルカドミウム電池ともに 500 回という製品が多い。サイクル寿命を重視した特殊製品もありこの場合エネルギーは小さくなる。ただし、重要な事実は電池のサイクル寿命は実際の使用モードで変動する。一般的には、高温環境下でのサイクル寿命は劣化する。リチウムイオン電池の場合、充放電深度が小さく低電流、低電圧領域で充放電した方がサイクル寿命は伸びる。

ニッケルカドミウム電池とニッケル水素電池の充放電特性の特徴としてメモリ効果がある。メモリ効果はリチウムイオン電池ではない。これは浅い深度の充放電を繰り返すと、その容量を記憶（メモリ）したかのように次に完全放電しようとしても小さい放電容量しか出ない現象である。この時、実は通常放電より低電圧部（＜1V）に容量が出現する。ただし、完全放電後、満充電すると放電容量は回復する。メモリ効果を除去するため、1回完全放電してから充電する機能（リフレッシュ）を採用した充電器もある。

(4) 保存特性

　電池の保存特性は機器の使用モードで異なるので注意が必要である。例えば、単純放置した場合の容量保持特性、つまり自己放電率はリチウムイオン電池が有利と言われている。自己放電後に充電した場合の回復容量で評価する場合もある。停電バックアップ電源やノートパソコンのようにトリクル充電（自己放電分を充電）あるいはフローテイング充電（放電しながら充電）する場合には、実使用モードにおける保存特性を事前に評価する必要がある。$LiCoO_2$系リチウムイオン電池では、保存期間が長いほど、電圧が高いほど、環境温度が高いほど、容量劣化率は大きく、満充電しても回復しない容量が生じる。

(5) コスト

　電池の価格は、一般的には、ニッケルカドミウム電池＜ニッケル水素電池＜リチウムイオン電池の順で、リチウムイオン電池が最も高い。ただし、市販電池では同一サイズでも容量が違う製品が存在しビジネスの因子もありエネルギー当たりの価格（¥/Wh）は必ずしもこの順にはならない。

(6) 安全性

　水溶液電解液を使用しているニッケルカドミウム電池とニッケル水素電池は単電池が燃え出すようなトラブルのモードは限られている。しかし、引火性の有機溶媒電解液を使用しているリチウムイオン電池では、製造不良や極端な誤使用があった場合には、電池1本使用でも、発火・破裂する可能性がある。携帯電話のように頭や顔の近くで使用するモバイル機器の場合には人身事故につながる危険性があるため慎重に考えるべき課題である。

(7) 廃棄・リサイクル

　二次電池は法的にリサイクルの対象製品である。回収後のリサイクル体制は

ほぼ確立されているが、使用済み電池の回収率をどう向上させるかが課題である。

▶2.3 電池基本特性の測定方法

市販電池のカタログには一般的に表2.5のような電池特性データ(電池性能値)が掲載されている。これらの電池の基本特性を測定するためには以下に述べる装置が必要になる。性能値は環境温度によって変化するため、電池は一定温度に環境温度を保持する恒温槽内に設置し測定を行う。民生用電池では室温(25℃:熱力学的標準値あるいは20℃:化学工学的標準値)の測定値が基本となる。電池の使用温度の上限値と下限値の特性をカタログに示している場合も多い。電池基本特性の簡易測定法について以下に述べる。

必要な装置:恒温槽、定電流源(ガルバノスタット)、定電圧源(ポテンショスタット)。

2.3.1 公称電圧

電池が流す電流は直流電流である(電流の向きが一定方向)。このため電池の電圧、電流および抵抗の関係はオームの法則(式(2.17))に従う。

$$V = IR \tag{2.17}$$

I:電流、V:電圧、R:電気抵抗。

市販電池の公称電圧とは機器を使用する時の目安となる値で測定方法は厳密

表2.5 製品カタログに掲載されている電池の基本特性
(リチウムイオン電池の例、イメージ)

特性	値
公称電圧/V	3.6
放電容量/Ah、0.2C放電	1.0
エネルギー/Wh	3.6
使用温度 放電 充電	$-20℃ \sim +60℃$ $+10℃ \sim +40℃$
サイクル寿命	500回
自己放電率 %/年	10%

には定義されていない。公称電圧はある電流を流した時の初期電圧、放電終了までの平均放電電圧あるいは回路電圧（無負荷の無電流時の電圧）である場合もある。ニッケルカドミウム電池やニッケル水素電池のように放電電圧が平坦な場合、公称電圧として平坦電圧を使用する場合が多い。多くのリチウムイオン電池のように放電していくと電圧が傾く場合は放電電圧の平均値で公称電圧を表す場合が多い。例えば、満充電時に4.2V、放電終止電圧が3Vの場合、多くのリチウムイオン電池の平均放電電圧は3.6〜3.8V程度である。電池の電圧は、オームの法則を活用し可変あるいは一定抵抗を有する電圧計で測定する。

2.3.2　放電容量の測定

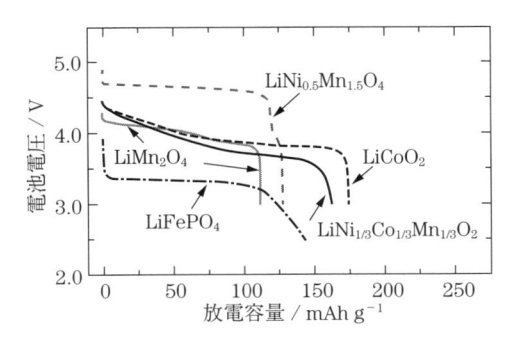

図2.12に正極が異なるリチウム電池を例に取り（負極はLi金属）、電池の放電曲線例を示す。放電曲線とは電圧と電池使用時間の関係を示した図である。電池の放電容量は電池を放電して電気量を測定する。容量はファラディの法則に従う。既に述べたようにファラディの法則は、1モルの電子（アボガドロ数である6.02×10^{23}個の電子）が移動すると96500C（クーロン、電気量の単位）の電荷が移動するというものである。1Cの電荷が1秒移動すると1Aの電流になる。この比例定数（$F = 95000 \mathrm{C\ mol^{-1}}$）がファラディ定数である。ファラディ定数の1モルは電子1モルであり反応物質1モルではない。例えば、Li金属1モルが反応すると式(2.18)のように1電子反応するため、1Fの電気量を発生する。ZnとAlが1モルの場合、それぞれ、2電子および3電子の反応

図2.12　種々の正極を用いたリチウム電池の放電曲線、負極：Li金属、充電電圧：4.2〜5.0V、電流密度：$0.5 \mathrm{mAcm^{-2}}$

をするので、それぞれ、2F および 3F の電気量が発生する（式(2.19)および(2.20)）。電池の電気量（放電容量）は通常、Ah の単位で表される。ファラディの法則は電池の容量に書き換えると電子1モルが反応すると 26.8Ah の電気量が動くことになる。つまり、Ah の h は時間であり A は電流であるため、96500Cmol^{-1}/3600 秒＝26.8Ah と換算される。Li 1 モルが反応すれば 26.8Ah であり、Zn および Al が 1 モル反応する場合、それぞれ 26.8×2＝63.6Ah および 26.8×3＝80.4Ah の容量になる。

$$Li \rightarrow Li^+ + e^- \tag{2.18}$$
$$Zn \rightarrow Zn^{2+} + 2e^- \tag{2.19}$$
$$Al \rightarrow Al^{3+} + 3e^- \tag{2.20}$$

測定装置は定電流電源（ガルバノスタット）あるいは定電圧電源（ポテンショスタット）を使用する。電池を放電した時にどれだけ容量を発生できるかを測定する方法は3つある。定電流放電、定抵抗放電および定電圧放電である。二次電池の場合は一定電流で放電する定電流放電で容量を示すことが一般的である。放電終止電圧を設定しその放電電圧が終止電圧に達したところを電池の放電容量とする。定電流法では放電容量が電流と放電時間の積になるので単純でわかりやすい。また、電池の電気エネルギー（Wh、仕事をするエネルギー）は放電容量と電圧の積であるため、定電流法で測定したデータを x 軸に放電容量、y 軸に電圧をプロットした放電曲線を書くと、その面積が Wh になるのも便利である。定電圧や定抵抗放電では電流が時間とともに変化するため電流値を積算することになる。懐中電灯等に使用するマンガン乾電池の場合は想定される電池使用法に基づき定抵抗放電の容量を示す場合も多い。

電流値に放電容量は依存し大きな電流を流すほど容量は小さくなる傾向を示す。二次電池の場合、一般的に放電容量を示すのに放電電流値は 0.2C（5時間率）を使用する。同じ大文字の C で表現されるのでまぎらわしいが、この「C」とは電流値を表しておりクーロンではない。「C」は capacity（容量）から派生した電池業界用語で学術用語ではない。1C とは 1 時間で電池が持っている電気化学的反応量（容量）を使い切る電流値である、1Ah の電池なら 1C は 1A になる。0.5C と 3C は、それぞれ、2 時間率（0.5A）と 1/3 時間率（20 分率、3A）である。0.5C や 2C を 0.5CA あるいは 2CA と表記することや I_t（t は時

間率）を用いて $I_{0.5}$ や I_2 と表現することもある。容量測定には環境温度が影響する。特殊な温度依存性の化学反応劣化モードがなければ低温ほど容量は減少する。温度の影響は大きいため、容量測定を正確に行うためには試験電池を恒温層に入れて実験する必要がある。

2.3.3 電流取得性能

電池の電流取得性能（レート特性）の測定は電流値を変えて放電容量を測定する。この特性を測定すると出力（パワー、W＝I×V）特性あるいは出力密度（W kg^{-1} あるいは W L^{-1}）特性がわかる。実用的には、出力密度とエネルギー密度をプロットした図を作成することも多い。レート特性の測定は電流ごとに新しい電池で放電終止電圧まで放電し容量を測定するのが基本である（図2.13）。しかし、実験室における電池試作段階、研究基礎段階等で同じ仕様の電池作製数が限られている場合には目安として以下の簡易測定法もある。例えば、話を単純化するため、0.2〜5C の範囲における電流値に対する放電容量を測定したい場合、1個の電池のみを使用して次の手順で測定する。まず、5Cで放電する。この時の放電容量を W Ah とする。次に、放電休止後、回路電圧が安定してから 5C で放電済の電池を 2C で放電する。この時得られた放電容量を X Ah とする。次に、2C で放電済の電池を 1C で放電する。この時得られた放電容量を Y Ah とする。最後に、5C、2C および 1C で放電済の電池を 0.2C で放電する。この時得られた放電容量を Z Ah とする。大電流ほど放電容量が低下する。このため、5C の放電容量は W Ah であるが、2C および

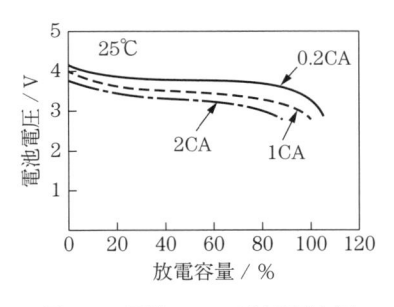

図 2.13 電池のレート特性測定例

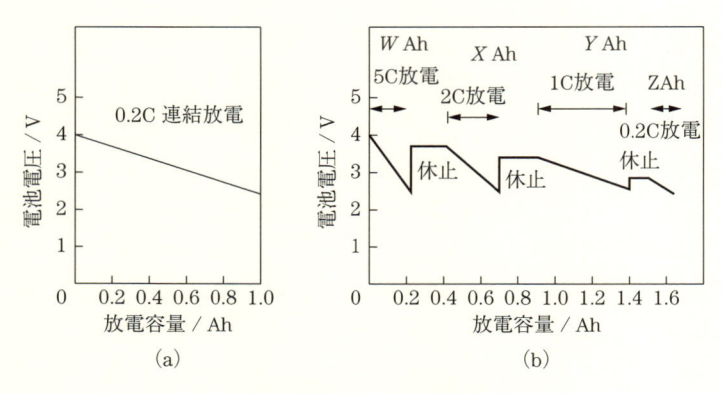

図 2.14　電池のレート特性測定例

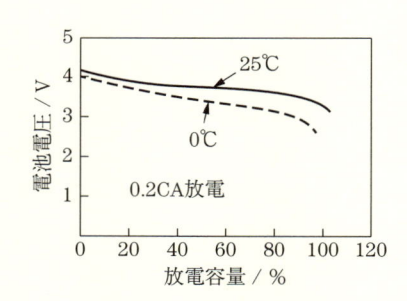

図 2.15　電池の放電特性の温度変化例

1C の放電容量は、それぞれ $(W+X)$Ah および $(W+X+Y)$Ah と近似でき、0.2C の放電容量は $(W+X+Y+Z)$Ah と近似できる。この方法だと1個の電池を用いて短時間で電流取得特性が得られる。このイメージを図 2.14 に示す。なお、サイクルを重ねると容量が劣化する電池では1個の電池を完全放電した後、充電して電流値を変えて1個の電池を使い回しして次に別の電流で放電する実験は容量劣化の因子が加わるため実験が難しい。

2.3.4　放電（充電）特性の環境温度変化

　リチウムイオン電池では放電温度が $-20 \sim +60$℃ である。充電温度は $10 \sim 40$℃ 程度である。電池の放電あるいは充電特性の温度依存性の測定は、一定温度に恒温槽を設定し、各温度で電池の放電（充電）特性を測定する。図 2.15

48

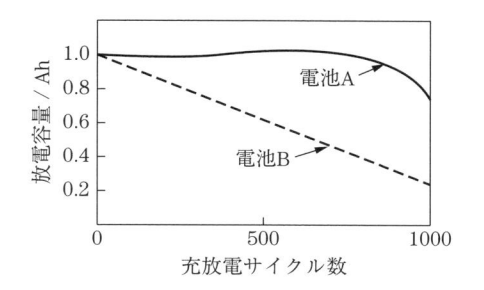

図 2.16　充放電サイクル試験のイメージ図

にイメージを示す。

2.3.5　充放電サイクル寿命

　電池の放電と充電を 1 サイクルとして充放電を繰り返し、1 サイクルごとの放電容量とサイクル数をプロットする（図 2.16）。放電容量が新品電池の容量 70 ％あるいは 50 ％になったサイクル数をサイクル寿命とすることが多い。具体的な使用機器が決まっていれば機器使用条件にあわせて寿命を定義する。

2.3.6　自己放電率

　電池の残存容量は電池ユーザが気にする基本特性の 1 つである。マンガン乾電池等の一次電池では消費期限（2～10 年）が明記されている製品が多い。二次電池の場合、製造日は記載されているが消費期限（使用保証期間）は表示されていない。二次電池の場合は電池の使い方（電池の充放電パターン）が個人で異なるため残存容量は保証できない。電池単体で機器に接続しない状態で保存した場合の保存期間に対する残存容量が最も基本的特性となる。新品の容量（公称容量）を 100 ％とした場合にある期間（例：1 カ月、1 年）放置しておいた場合に減った容量百分率を自己放電率という。電池を必要数用意し恒温槽に保存し所定の期間経った電池を放電させ容量を測定することにより自己放電率を決定する。自己放電率は充電できない一次電池では重要である。二次電池でも充電で容量が回復しない場合もある。ここで注意したいのは横軸に保存期間、縦軸に残存容量率（あるいは自己放電率）をプロットした時、直線関係にはな

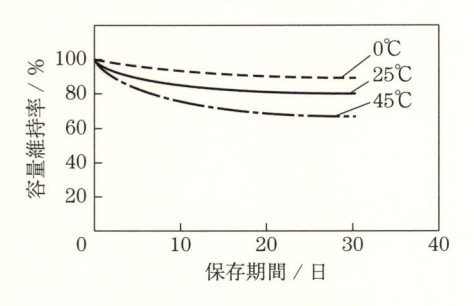

図 2.17　自己放電率の測定例

らない場合が一般的であることである。自己放電率の保存期間に対する変化の傾向は電池の種類によって違う。自己放電のイメージを図 2.17 に示す。

電池を機器に接続した場合の自己放電率は機器の使用条件に依存して変化する。このため個々の機器用途に応じた試験条件で残存容量と保存期間との関係を測定することになる。

2.3.7　電池の性能劣化評価

電池の性能劣化機構の把握は重要な課題であるが不明な点が多い。特にリチウムイオン電池の場合、化学反応が電池の性能劣化に関係しており複数の因子が関係する複雑な事象である。電池の寿命予測や加速寿命試験は実際の使用においても電池開発時にも必要である。以下に現在一般的に知られているリチウムイオン電池の劣化挙動について述べる。リチウムイオン電池の性能劣化の基礎ポイントを簡単に述べると以下のようになる。

電池の性能劣化とは、充放電サイクルあるいは保存後に電池の放電容量が減少すること、出力が減少すること。広義では安全性の劣化も性能劣化に含まれる。電池の性能劣化に伴う現象として電池の抵抗が上昇する、電池が膨れる。電池使用条件による劣化要因は、充放電サイクルによる劣化と保存（使用期間）による劣化が複合している。環境温度が高いほど劣化する傾向がある（低温でも劣化するが原因は別のモードもある）。リチウムイオン電池の性能劣化の根本的要因は化学反応によるものである。電解液の酸化還元耐性に余裕がなく化学反応には電解液が関与する。特に負極（Li）による電解液の還元反応

第 2 章　二次電池

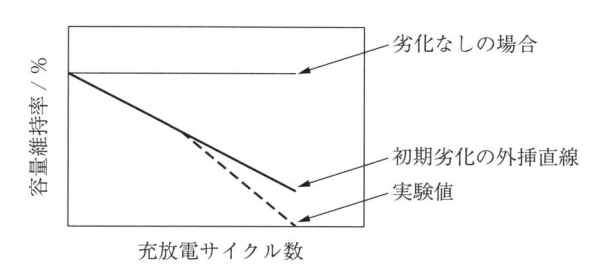

図 2.18　充放電に伴う電池性能劣化のイメージ

（負極表面膜の成長）は最も重要な因子である。

　一方、電池材料に起因する劣化以外に工業製品としてのモノづくりに関連する様々な劣化要因がある。典型例は塗布電極の剥がれ（電極活物質の脱落）である。また、リチウムイオン電池の性能は過充電に敏感である。電気自動車のように 60～100 本程度の単電池の直列使用（組電池）では各電池が過充電にならないよう制御が必要である。また単電池でも電極の一部が過充電になる可能性は常にある。

　劣化は複雑で完全には解明できていない。このため、加速寿命試験方法も完全なものはできていない。

(1) 電池の性能劣化試験方法

　リチウムイオン電池の性能劣化試験は、性能に大きく影響する因子を変えた実験を行う。因子は、充放電深度、保存期間あるいは充放電サイクル数（サイクル時間）および環境温度である。

　長期の充放電サイクル数と放電容量をプロットした場合、直線の途中からはずれる場合が多い（図 2.18）。この図の一般的な解釈は，充放電に伴う劣化と経過時間による劣化があり、この 2 つはモード（原因）が異なるか、同じ劣化モードでも充放電と経過時間に対して劣化速度が違うという解釈がある。劣化は充放電深度、サイクル数、環境温度などが影響する。最も大きく影響する劣化モードは様々な化学反応である。リチウムイオン電池の場合、電池を組み立てた時、負極は炭素のみで放電容量を決定するリチウムが基本的には正極にしか存在ない。例えば $LiCoO_2$ や $LiMn_2O_4$ である。充放電等の電池使用時にリチウムが負極と正極以外にトラップ（捕捉）されてしまい充電も放電もできなく

51

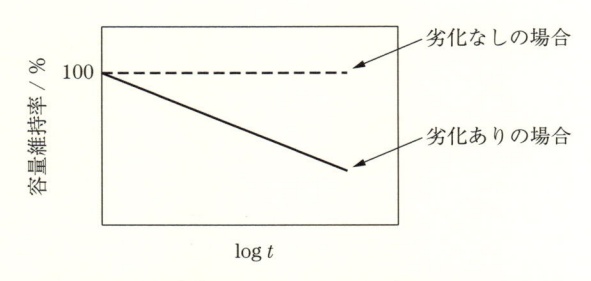

図 2.19 電池の放電容量維持率と保存時間の関係（イメージ図）

なると放電容量が減少する。特に大きな影響を与える化学反応はリチウムによる電解液の還元反応であると考えられている。この反応が進行することは言い換えると負極表面膜の厚さが増加する（SEI の成長）ことである。リチウムによる電解液の還元は熱力学的には自発的な反応である。反応生成物はリチウムアルキルカーボネート（$ROCO_2Li$）や炭酸リチウム（Li_2CO_3）等リチウムが Li^+ になっている化合物で放電も充電もできない。電気化学的には不活性（死んだ）リチウムである。この反応に対して 2 つの解析手法が提案されている。

1 つ目の手法は、式(2.21)のように電解液と Li の化学反応が一次反応式で進み電池容量が劣化する場合である。この場合、横軸に経過時間の対数（あるいは充放電回数でも可能）を縦軸に放電容量や放電容量維持率（1 回目の放電容量に対する放電容量の比率）をプロットすると直線関係になる（図 2.19）。反応速度定数は環境温度が上昇すると大きくなる。この解析手法はラフな加速劣化試験や寿命予想試験に使用できる。

もう 1 つの手法は負極表面膜の厚さが増えていくことに注目した解析（式(2.22)～(2.24)）でこの場合、横軸に経過時間の平方根（あるいは充放電回数でも可能）を縦軸に放電容量や放電容量維持率をプロットすると直線関係になる（式(2.24)および図 2.20）。どちらの手法も 1 つの目安になり両方の寄与の割合をパラメータとする複合解析も行われている。

$$d[Li]/dt = -k[Li] \quad つまり \quad \ln[Li]/[Li^0] - kt[Li] = [Li^0]e^{-kt} \tag{2.21}$$

k：速度定数、t：反応時間、$[Li]$：リチウム濃度、$[Li^0]$：$t=0$ の時のリチウム初期濃度。

第 2 章　二次電池

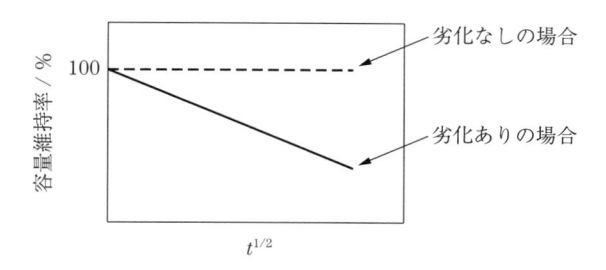

図 2.20　電池の放電容量維持率と保存時間の関係（イメージ図）

$$dx/dt = (-k_2\sigma s)/\varepsilon \tag{2.22}$$
$$\varepsilon = \varepsilon^0 + Ax \tag{2.23}$$
$$t = (A/2B)x^2 + (\varepsilon^0/B)x \tag{2.24}$$

x：Li の反応量，ε：負極表面膜の厚さ，ε^0：初期値，A：定数，$B = k_2\sigma s$，σ：導電率，s：反応面積。

(2) リチウムイオン電池の性能劣化試験例

　炭素負極と $LiCoO_2$ 正極から構成されるリチウムイオン電池を例に取ると満充電に近いほど一般的に安定性が劣化する傾向がある。この使い方（充電状態）で性能（容量維持）が確保されるのか、評価することが必要となる。以下に、トリクル充電（自己放電分を補償する充電、この場合、定電圧充電を用いた）保存後の容量保持率の測定結果の例を示す。試験電池には市販の円筒形リチウムイオン電池（直径 18mm、長さ 65mm、容量 1250mAh）を使用した。この電池は $LiCoO_2$ 正極と炭素負極を使用している。図 2.21 にトリクル充電時の容量保持率と保存期間の関係を示す。図 2.22 には参考例として充電を施さない単純放置の自己放電後の容量維持率および自己放電後の電池を充電した場合の容量維持率（回復容量維持率）を示す。図 2.21 における容量 100 ％は新品電池の放電容量である。トリクル充電後の容量保持率は、保存温度（20 ℃および 60 ℃）と充電電圧 [4.1V（80 ％充電）および 4.2V（100 ％充電）] をパラメータとして保存期間（1～12 カ月）に対する放電容量を測定した。容量測定は 0.7A の定電流放電で 3.0V を放電終止電圧とした。環境温度および充電電圧が高いほど、また保存期間が長いほど、容量保持率は低くなった。10 年後の容量保持率は 2 つの方法で推定している。方法 1 では、図 2.21 の外挿値

53

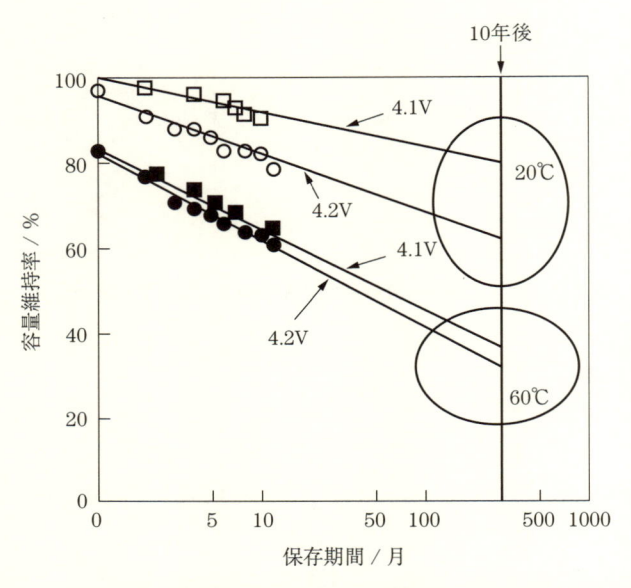

図 2.21　トリクル充電保存の容量維持率と保存期間、温度、充電電圧の関係

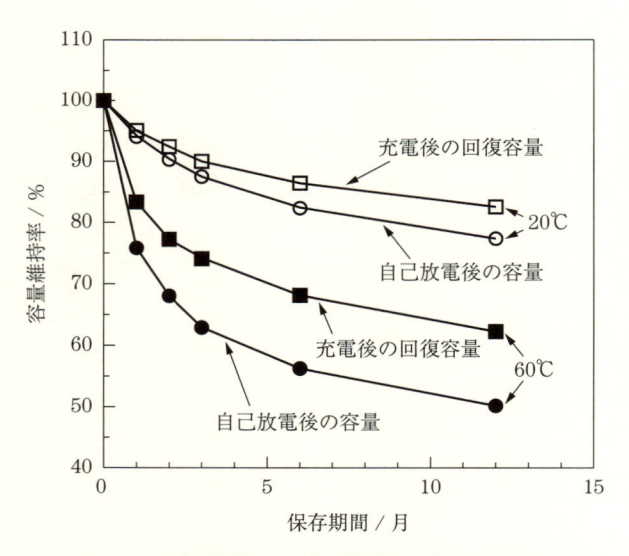

図 2.22　自己放電後の容量維持率と回復容量の関係

から算出している。また、方法 2 では、60 ℃、20 日保存を 20 ℃、1 年保存相当の加速試験とするリチウム一次電池の自己放電予想加速手法より算出している。いずれの推定方法を用いても、室温での 4.2V 充電時の 10 年後の容量保持率は約 65 % である。

▶2.4 リチウムイオン二次電池の安全性評価方法

　リチウムイオン電池はモバイル機器用小型電池を中心に年間50億個程度生産されている一般的な量販工業製品である。ただし、安全性の余裕度は小さい。電池の製造不良や極端な誤使用があった場合には発火、破裂する可能性があり電池に起因する市場トラブルは毎年起こっている。このため、日本ではモバイル機器用電池は2008年以降、法的に安全性確保が義務付けられている特定工業製品に指定されている。電気自動車や発電装置（電力貯蔵装置）用電池は組電池の大型化、長期使用等、電池の使用環境が厳しくなりモバイル用電池より工業製品としての高信頼性が要求されリチウムイオン電池の安全性は従来以上に重要な課題になる。

　本節ではリチウムイオン電池の安全性評価方法について概説する。

2.4.1　リチウムイオン電池の安全性劣化機構と要因

　リチウムイオン電池が非安全な状態になる基本的な原因は何らかのトリガーで電池温度が上昇し熱暴走に到ることである。電池の温度上昇を引き起こすトリガーは様々である。例えば、外部短絡、製造不良による内部短絡、落下、踏みつけ、高温環境、充電器故障、誤動作や専用外の充電器使用による過大電流あるいは過大電圧充電等である。電池温度が上昇すると、幾つかの発熱反応（電解液と負極の反応など）が電池内部で起こり、さらに電池温度は上昇する。この内部発熱は化学反応であり電流や電圧を遮断しても起こる。電池内部からの発熱速度が熱放散速度を上回り、与えられた電池の容積・圧力内で爆発的反応を起こさせる温度上昇速度まで到達すると、電池の熱暴走が起こる（図2.23）。リチウムイオン電池の安全性の特徴は、加熱と過充電に弱いことであり、この2つが重なると発火・破裂する可能性がある。例えば、過充電になった電池が内部短絡を起こす事象は典型例である。

　携帯電話に一般的に使用されている800mAh程度の容量の市販角形電池では、熱暴走を起こす環境温度が155℃程度の電池が多い。スマートフォン用の1600〜1800mAhやパソコン用の3Ah近く容量がある18650サイズの円筒形電

第 2 章 二次電池

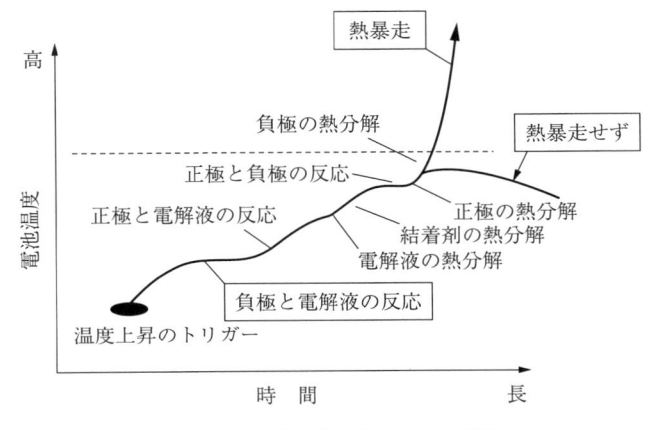

図 2.23 電池の熱暴走のイメージ図

池では熱暴走を起こす温度はさらに低くなる。電池の熱安定性は同一の電池では満充電状態に近くなるほど劣化し、過充電になるとさらに一段と劣化する。同一サイズ、同一電極構造の電池では、充電深度が同じ場合には、エネルギー密度が高い電池ほど熱安定性は低くなる。また、電池構造を相似的にスケールアップした大型電池では、大型電池ほど熱安定性が低くなる傾向がある。

2.4.2 市販リチウムイオン電池の安全性確保策

市販電池には様々な安全性確保策が施されている（図 2.24）。そのため、市販リチウムイオン電池パックは通常の使用範囲では安全性に問題はないはずである。しかし、極端な誤使用、保護回路が作動しない場合あるいは製造不良等が原因で、リチウムイオン電池は発火・発煙・破裂したり、極端な発熱をする可能性がある。市場事故の原因として、電池の製造不良が最も多く、次が過酷な使われ方、あるいは電池の設計不良である。事故原因として電池の内部短絡が最も多く、加熱、衝撃、過充電や電解液漏れと内部短絡が複合的に起こった時に発火や破裂に至る確率が高くなる。

リチウムイオン電池は 1 本使用の場合でも保護回路とセットで電池パックという形で商品化されている（図 2.25）。電池本体には、PTC（positive temperature coefficient resistance、温度ヒューズ）素子、安全弁、低融点セ

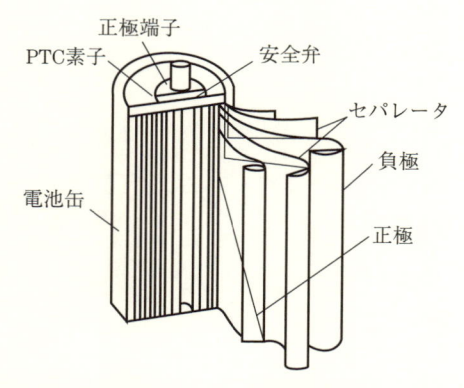

図 2.24　円筒形リチウムイオン電池の構造（イメージ図）

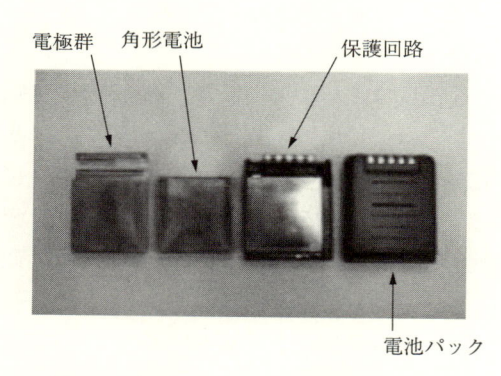

図 2.25　角形リチウムイオン電池パックの例

パレータが採用されている。セパレータは、一般的には、多孔性のポリエチレン（PE）、ポリプロピレン（PP）あるいはその複合膜を使用している。セパレータのおおよその融点は、PE で 125℃、PP で 155℃である。外部短絡等、大電流が流れ、温度上昇速度が適切な場合、セパレータの融点まで電池温度が上昇するとセパレータが目詰まりを起こし電流を遮断する（シャットダウン）。

電池パックには、過充電保護回路（図 2.26）や過放電保護回路があり過大電流対策の電流ヒューズあるいは温度ヒューズの保護対策がなされている。また、温度検出を行い、低温時や高温時の充電停止機能を有している。充電器には、電池パックの保護機能を活用したタイプや充電器自体に電池パックと同様の機

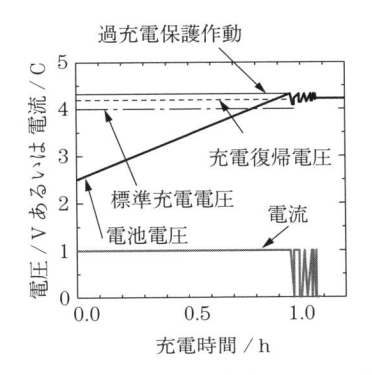

図2.26 過充電保護回路作動のイメージ図

能を持たせたもの等種々のタイプがある。電池パックはこれらの保護システムによって安全性を確保している。これらのシステムが正常に作動しなかった場合や、正常に作動しても防げない事象が起こった場合、電池が非安全になる危険性が生じる。

2.4.3 リチウムイオン電池の安全性の現状

リチウムイオン電池が大量（年間1億個以上）に使われ始めた1995年以降、現在まで、毎年、安全性に関わる電池の市場トラブルや電池のリコールが報道されている。表2.6に2006～2012年の電池に起因するリコールや報道の例を示す。

例えば、2006年には、複数社のノートパソコン（ノートPC）に使用されていた同一電池メーカの18650サイズの円筒形電池が発火事故を起こし960万個という大量の電池のリコールがなされた。この電池は負極が炭素、正極が$LiCoO_2$、有機溶媒電解液とポリオレフィンセパレータから構成されている。電池パックは3本直列2並列の6本構成である。発火の原因は、電池の製造工程で電池内に混入した小さな金属異物がセパレータを突抜けて電池の内部短絡が起こったためと当該電池メーカから報道発表された。内部短絡の場所は、渦巻き状電極群の最外周部（巻き終わり）である。可能性がある内部短絡は表2.7に示した4つのパターンがある。内部短絡すると内部短絡抵抗を介して短

表2.6 2006〜2012年のリチウムイオン電池のリコール、事故報道例

年	電池使用機器	リコール企業	トラブル現象
2006	ノートパソコン	Dell、Apple、NEC、東芝、富士通等	発熱・発火
	スクータ、電動車椅子	ヤマハ	発熱・発火
	携帯電話	NTTドコモ	発熱・発火
2007	PHS	ウイルコム	衝撃で発熱
	携帯電話	ノキア	充電中に電池パック異常発熱
2008	通信用停電バックアップ装置	ATT/Avestor（米国）	発火
	ノートパソコン	LG電子/LG化学（韓国）	発火
	プイステーションポータブル	Sony（米国）	発火
2010	ノートパソコン	HP	電池の発火
2011	plug-in HEV シボレーボルト	GM（米国）	衝突試験後、発火
	i-Pod	Apple	発火、内部短絡？
	携帯電話	au（NEC）	発火
	i-Phone4S	Apple（ブラジル、オーストラリア）	発火
2012	スマートフォン	三星（韓国）	発火破裂
	デジタルカメラ	ニコン	発火

表2.7 満充電状態の $C/LiCoO_2$ 電池の内部短絡のパターン

正極	負極
$Li_{0.5}CoO_2$	C_6Li
$Li_{0.5}CoO_2$	Cu（負極基板）
Al（正極基板）	C_6Li
Al（正極基板）	Cu（負極基板）

絡電流が流れる。この時に内部短絡場所を中心に局部発熱する。発熱は短絡電流によるジュール熱による。ジュール熱はオームの法則に従い電流値 I と電圧 ($V=IR$、R：抵抗) の積、つまり I^2R で電流は2乗で効く。このトラブルは正極塗布基板のアルミニウムと負極のリチウムイオンが挿入された炭素負極との間で起こったと発表されている。表2.7に示した内部短絡パターンの中でこの短絡が最も発熱量が大きいパターンである。つまり電池の内部抵抗と短絡抵抗が同じ値になった時にジュール発熱（I^2R）が極大値になる（式2.25）。この

事故が起こった後も電池の市場トラブルは止まらず、携帯電話、スマートフォン、ノートパソコン、デジタルオーディオ機器、液晶ゲーム機、電気自動車、船、電力貯蔵装置等、使用機器や電池製造メーカを問わずに世界中で事故は起こり続け、現在に至っている。

$$P_2 = I^2 R_2 = E^2 R_2 / (R_1 + R_2)^2 \tag{2.25}$$

P_2：内部短絡による発熱、R_2：内部短絡抵抗、R_1：電池内部抵抗、E：電圧、$R_1 = R_2$ の時、P_2 は極大。

2011年には量産電気自動車で初めてのリチウムイオン電池の発火に起因するリコールがなされた。対象となった電気自動車は GM（ゼネラルモーターズ、米国）の PHEV のシボレーボルト（日本には輸入されていない）である。単電池はラミネート外装缶のスピネル $LiMn_2O_4$ を正極に使用した韓国 LG 化学製リチウムイオン電池である。車載搭載用組電池化は GM の米国工場で行っている。電池発火の経緯は以下のように発表された。車の衝突試験後、駐車場で発火した。組電池は水冷であるが衝突試験により冷却水成分が漏れ電気回路上で短絡した。同様のトラブルは米国製（A123 システム社）のリチウムイオン電池は米国ベンチャーの Fisker Automotive 社の HEV、FIsker Karma（2011年7月リース開始）でも起こっている。電気自動車の衝突試験は国連の輸送規格でも必須の試験であり重要な検討課題であろう。長期間使用した電池のトラブル原因解析は難しい。原因が様々だからである。米国で起こった通信バックアップ用リチウム電池は設置からの期間が同じ頃、発火した。2011年の携帯電話のリコールは4年程度使用した電池が塗布電極の一部がはがれリチウム金属が析出したことが原因と発表されている。

欧米を含め、現在までのリコールや報道メディアで判明したトラブルの事例では、充電中の事故は圧倒的に多いが放電中あるいは保存中でも起こっている。圧倒的に製造不良による電池の内部短絡が多く製造不良の低減が最重要ポイントである。電池の内部短絡は既存の保護回路、保護素子では安全性を確保することが困難であり、充電する電池では製造品質管理を行っても不可避な事象である。このため、電池自体の内部短絡耐性を向上させる必要がある。

電池からの電解液の漏液も安全性の重要な課題である。液漏れは電池が作動しておりユーザが気付かない。また、電解液漏れセンサも開発されていない。

電解液が高電圧の回路上で突然、発熱し発火に至る実例はある。液漏れ開始から発火まで半年程度かかることもモバイル機器ではある。

　自動車用リチウムイオン電池では、電池の直列数が60〜100個と多く、熱が溜まりやすい温度環境で使用するため、温度制御、過充電、漏液に対する検出、制御のより一層の高精度化、高信頼性化が求められる。常時、リアルタイムで電池情報を通信により自動車メーカでモニタリングおよび制御したり、不具合解析のために電池の使用履歴を記録するレコーダの搭載も必要となると考えられる。今後、電池の高性能化や中型・大型化が進むと安全性の劣化が起こる可能性がある。月産2000万個程度（自動車20万台/月×組電池100本/台）なら不良率は0.05ppmの品質管理が要求される。単電池から電池パックに至るまで、全ての製造工程における品質管理の向上が必要とされる。

2.4.4　リチウムイオン電池の安全性評価ガイドライン

　現在、安全性を判断する理論方程式は確立されていない。そのため電池の安全性評価は乱暴な手法ではあるが安全性試験結果で判断している。安全性試験項目、具体的な試験方法がキーポイントである。表2.8にリチウムイオン電池の代表的な試験項目を示す。リチウムイオン電池の安全性評価方法に関するガイドライン、規格は多い。以下に代表的なものについて簡単に説明する。

(1) モバイル用小型電池の安全性ガイドライン

　モバイル機器用小型リチウムイオン電池は日本国内では法的に販売規制がかかっている。2006年にノートパソコン用リチウムイオン電池の発火事故が複数起こった。この状況のため、国内では経済産業省が、自主検査を義務付ける「特定製品」に指定し、2007年11月には、改正消費者生活用工業製品安全法（消安法）と改正電気用品安全法（電安法）が参院本会議で可決され、2008年11月20日以降、輸入品も含めてリチウムイオン電池という工業製品は国の安全性基準を満たさなければ販売ができないことになった。この安全性基準とは日本工業規格（JIS）の「携帯電子機器用リチウムイオン蓄電池の単電池及び組電池の安全性試験」（JIS C8714、2007年11月12日制定）である。

　モバイル機器用電源を念頭においたリチウムイオン電池の安全性に関連するガイドラインは、いくつかある。代表的なものを表2.9に示す。従来、リチウ

第 2 章　二次電池

表 2.8　リチウムイオン電池の安全性試験項目例

試験対象	安全性試験項目
単電池	外部短絡 内部短絡（釘刺し） 圧壊 過充電 過放電
モジュール電池*	振動 火炎 浸水 絶縁 過充電 過放電 事故波及観察**

＊　電気自動車用、電力貯蔵用等、各種用途で詳細は異なる。
＊＊　組電池中の中央の単電池1本を熱暴走させ、モジュール電池
　　　内の他の単電池への波及状況を観察する。

ムイオン電池の安全性ガイドラインとしては電池工業会の SBA G1101（リチウム二次電池安全性評価基準ガイドライン、1997年制定）があった。2006年のリチウムイオン電池の市場トラブルに対応して策定された2つのガイドライン、つまり「ノート型 PC におけるリチウムイオン二次電池の安全利用に関する手引書：（社団法人電子情報技術産業協会（JEITA）および電池工業会（BAJ）、2007年4月）と上述した JIS C8714「携帯電子機器用リチウムイオン蓄電池の単電池及び組電池の安全性試験」では、事故の原因で最も多く保護回路では防げない内部短絡試験は同様の方法であり、従来の金属の釘刺し試験とは異なる新手法である。図 2.27 に示したように金属異物を電極群の内部に挿入し圧力を加え強制的に内部短絡させる試験である。この試験方法は 2006 年のノート PC 用リチウムイオン電池の市場トラブルの原因を再現したものと考えられる。

　米国でもモバイル機器用リチウムイオン電池の安全性の問題に関して公式に消費者団体が動いている。UL（Underwriters Laboratories Inc.、米国）には、従来、リチウム電池規格（UL1642）と電池パック規格（UL2054）があるが、UL1642 に統一された。UL 規格は改訂を繰り返しており 2007 年にはリチウム

表2.9 モバイル機器用リチウムイオン電池の安全性ガイドラインの例

規格記号	ガイドライン名	提案団体	年
なし	カメラ用リチウム電池の安全性評価のためのガイドライン	電池工業会（BAJ）	1998年改訂
UL 1642	A safety standard for lithium batteries UL 1642	Underwriters Laboratories Inc.（UL）	2007年改訂
SBA G1101	リチウム二次電池安全性評価基準ガイドライン	電池工業会（BAJ）	1997年
JIS C8712	密閉形小形二次電池の安全性	日本工業規格（JIS）	2006年
JIS C8711	ポータブル機器用リチウム二次電池	日本工業規格	2006年
JIS C8713	密閉形小形二次電池の機械的試験	日本工業規格	2006年
JIS C8714	携帯電子機器用リチウムイオン蓄電池の単電池及び組電池の安全性試験	日本工業規格	2007年
なし	ノート型PCにおけるリチウムイオン二次電池の安全利用に関する手引書	電子情報技術産業協会（JEITA）、電池工業会（BAJ）	2007年

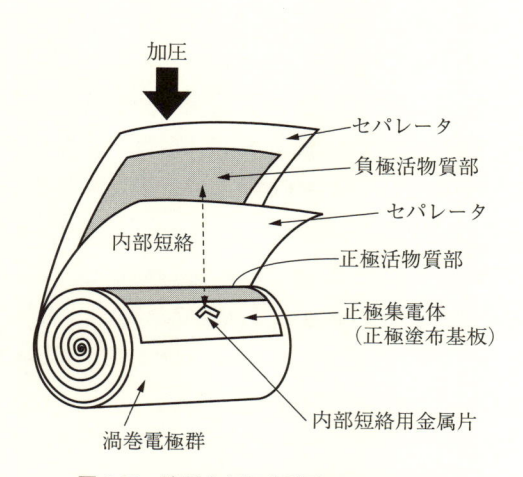

図2.27 強制内部短絡試験のイメージ図

電池の単体セルから電池パックまで UL 部品認定マークの表示が義務付けられた。

また、DOT（米国運輸省）、IATA（国際航空輸送協会）、UN（国連）等の輸送に関する規格もある。一方、日本国内では、製造、保管、輸送の面では消防法で規制される。消防法で定義される危険物に該当する主たる電池材料は電解液用引火性有機溶媒である。輸送や貯蔵については、ノートパソコンや携帯電話用小型電池では問題がない。発電用や電気自動車用大型電池では制約がかかる可能性がある。

欧州では、工業製品安全性保証の CE マークでは電池単体は対象になっていない。電池の安全性評価に関係するガイドラインは IEC（国際電気標準会議、International electrotechnical commission）規格（IEC62133 等）で評価している場合が多い。電池に関する JIS 規格は IEC 規格と同様の内容が多く、IEC62133 は、JIS C8712「密閉形小形二次電池の安全性 2006（制定）」、IEC61960 は、JIS C8711「ポータブル機器用リチウム二次電池 2006（改正）」、IEC61959 は、JIS C8713「密閉形小形二次電池の機械的試験 2006（制定）」に対応している。

組電池での使用を念頭に置いた大型電池においても、基本となるのは単電池レベルの試験で、そのために参考となるのは JIS や JEITA の提唱するモバイル機器用リチウムイオン電池の安全性ガイドラインであろう。

(2) 電気自動車用蓄電池の国際標準化、規制等

電気自動車用蓄電池の国際標準化に関しては、日本からは日本自動車研究所（JARI）が中心となり 3 つのワーキンググループ（WG）に分かれて国際標準化を進めてきた。WG は、①性能、安全性の評価などの電池の標準化、②国際規模の電池輸送、③コネクタの規格、充電方式などの充電標準化である。国際会議の議論がほぼ終了し IEC 規格や ISO 規格として順次成分化されてきている（表 2.10）。また、国連（UN）ではリチウムイオン電池を搭載した電気自動車の国際輸送規格も 2011 年末決着をめどに議論されてきた。電気自動車の衝突試験や電池の内部短絡試験（釘刺し試験）等の項目が含まれると言われている。ちなみに米国では SAE（Society of Automotive Engineers）では 2009 年 11 月に車載用電池の安全性試験ガイドラインを提案している（SAE J2464

表 2.10 車載用リチウムイオン電池の国際標準化の状況（2011 年 10 月末時点）

規　　格	年
IEC 62660-1 電動車車両用リチウムイオン電池セルの性能試験方法	2010 年 12 月発行
IEC 62660-2 電動車車両用リチウムイオン電池セルの信頼性、御用試験方法	2010 年 12 月発行
ISO 12405-1 電動車車両用リチウムイオン電池パック／システム試験方法：高出力用	2011 年 8 月発行
ISO 12405-1 電動車車両用リチウムイオン電池パック／システム試験方法：高エネルギー用	発行準備中
IEC 61851-1 電気自動車用コンダクティブ充電システム：一般要件	2010 年 11 月発行

＊電池関係、充電関係各種規格議論中。＊釘刺し試験なし、加熱試験：130℃、30 分。
＊リチウムイオン電池搭載自動車の国連輸送規格：衝突試験、火災試験等。
＊電力貯蔵リチウムイオン電池：消防法対応議論中。

Electric and hybrid electric vehicle rechargeable energy storage systems（RESS）safety and abuse tesing）。

　また、JARI は NEDO プロジェクト（Li-EAD プロジェクト、2007～2011 年度）では国際標準化とは別に独自の受託研究テーマとして車載用電池の安全性試験項目、試験方法を検討している。ここで提案されている電池の安全性評価項目を表 2.11 に示す。

(3) 電力貯蔵用蓄電池の標準化、規制等

　国内では電力貯蔵用リチウムイオン電池に関して、2011 年 7 月に電池工業会規格（SBAS1101、産業用リチウム二次電池の安全性試験）が制定された。しかし、電力貯蔵用リチウムイオン電池の国際標準化、規制はまだ確立されていない。既に国内ではナトリウム硫黄電池の消防法規制や電気事業法などの法的規制が確立されている。ナトリウム硫黄電池は欧州にも納入されテストが開始されており国際的な取り決めが決まるかもしれない。リチウムイオン電池の場合も標準化の際にはナトリウム硫黄電池の例は大いに参考になると考えられる。

表 2.11　電気自動車用電池の安全性評価試験標準化項目の調査（NEDO　2009 年 8 月公開資料、日本自動車研究所）

使用状態		想定される事象	想定される標準化項目	
輸送	車載状態 モジュール／ パック状態	振動（陸海輸送時） 振動（陸海空輸送時） 環境（温度湿度、気圧、腐食物） 積載条件（偏荷重負荷、振動） 輸送時加減速（急加減速、離着陸） 衝撃（落下、衝突、異物貫通）	過充電試験 過放電試験 外部短絡試験 大電流試験	電気的試験
			貫通試験 圧壊試験 振動試験 衝撃試験 （加減速負荷） 落下試験 転覆試験 （衝撃圧壊試験）	機械的試験
保管	車載状態 モジュール／ パック状態	環境（温度湿度、気圧、腐食物） 環境（温度湿度、気圧、腐食物） 積載条件（偏荷重負荷、振動）	水中投下試験 熱衝撃試験 結露試験 高温／腐食物暴露試験 低圧暴露試験	環境試験
通常使用	走行状態	環境（温度湿度、腐食物） 振動（走行振動） 発熱、膨張（内部短絡） 発熱（高温暴露による自己発熱） 過充電 過放電	火災暴露試験	類焼試験
駐車状態 （含む充電時）		環境（温度湿度、腐食物） 過充電 過電流 結露		
衝突事故	通常使用時 （含む　モジュール／パックまたは車両輸送時）	減速度、変形、異物貫通、外部短絡 火災 水没 転覆		

　ちなみに NEDO プロジェクト（系統連係円滑化蓄電システム技術開発、2007〜2010 年）では、三菱総合研究所が研究テーマとして電力貯蔵用電池の安全性評価方法について検討している。この研究では、ハザード分析というアプローチ手法で検討を進めている。単電池の試験項目は、必須項目として、加

表 2.12 系統連系円滑化蓄電システム技術開発における単電池の安全性評価方法の検討状況
（三菱総合研究所、第 50 回電池討論会予稿、3D22、2009 年）

項目	内容
アプローチ手法	ハザード分析
数値化するハザード分析因子	危険因子の抽出、危害の発生確率、ハザード回避の可能性、ステージ滞在時間、危害の程度など。
発生段階	（電池製造：対象外）電池製造工場からの輸送、電力貯蔵装置の設置、運用、定期点検、保守（解体・撤去・廃棄：対象外）。
単電池安全性試験項目	必須項目：加熱試験、外部短絡試験、内部短絡試験、過充電試験、過放電試験。 オプション項目：振動、衝撃、浸水など。

熱試験、内部短絡試験、過充電試験、過放電試験、必要に応じて、振動、衝撃、浸水などの追加項目が提案されている（表 2.12）。これは、工業化の可否判断をするための試験ではない。電池がどうような挙動を示すかを把握し、その結果を安全性確保策やバッテリーマネイジメントシステムの設計にフィードバックするための基礎データを取得するためのものである。

(4) リチウムイオン電池の安全性確保の考え方

理想は「燃えない電池」を作ること。これを目指す研究開発が正攻法である。世界的に電池の安全性を確保するための材料開発、保護手法、理論的考察など様々な研究が日々行われている。学会報告等を調査すると明らかに安全性の改善は進んでいることがわかる。電池材料の研究開発では、熱安定性の向上、難燃性の向上、内部短絡耐性の改善、過充電対策等が課題として挙げられる。

安全性評価の基本的考え方はモバイル用でも電気自動車用でも同様であろう。つまり、電池に異常が生じた場合、最も大切なことは人間が怪我をしないことである。できれば物的な損害も最小限に抑えたい。したがって、安全性の基準では、実際の使用条件下で、電池が発煙する、発火する、あるいは破裂することは許されない。電池の安全性は、単電池、電池パック（モジュールや組電池を含む）、充電器および機器本体を 1 つのセットとして、個々のケースで具体的に評価することが基本となろう。この場合、電池、電池パック、充電器および機器に用意されている保護回路や保護素子も 1 つのセットとして評価される。つまり、同一の電池でも、使用条件が変われば安全性評価は別に実施しなけれ

ばならなくなる。本稿では電池開発者よりの立場から、電池の安全性評価法について、以下に見解を述べる。

2.4.5 安全性試験前の電池の充放電状態

試験対象は新品および充放電後の単電池および電池パックである。電池パックは基本的には保護回路付きで専用充電器を使用して試験するが、必要に応じて保護回路や素子をはずして試験する場合もある。二次電池の場合、充放電サイクル後の安全性は慎重に検討する必要がある。安全性試験はサイクル寿命の中期および末期の電池および電池パックについて実行されなければならない。電池の種類および安全性試験項目によってはサイクル数の少ない時点で危険になることも、サイクル末期で危険になることもある。充放電後の安全性が低下する場合、より注意深い検討が要求され、試験項目の追加も必要となる。電池パックやモジュール電池の安全性試験は事実上、保護回路の動作確認試験になる場合が多い。

さらに、安全性試験は、充放電制御回路が壊れて、最初の保護回路あるいは保護素子が働いた場合まで、新品および充放電後の単電池および電池パックについて実行されなければならない。これは制御回路等の誤動作や不良の可能性がゼロではないためである。この典型的な例は「過充電電池」であり他のガイドラインでは安全性試験の対象にされていない。ここでいう「過充電電池」とは過充電保護が作動する電圧まで充電された電池であり過充電保護が作動する電圧も誤差を考慮した最大値を使用する。また、電池パックが電池直列使用の場合は電池の容量アンバランス、並列使用の場合は電池の電流の回り込み等に対する検討が必要になる。充電器に温度検出機能がある場合や電池の使用温度に制限がある場合、その上限（高温側）および下限値（低温側）での安全性の確認も必要になる。少なくとも1つの安全性試験について、最低でも5個以上の電池を試験することが望ましい。もし疑わしい結果が得られた場合には、電池の試験個数をさらに増やす必要がある。これらのイメージを図 2.28 に示す。

なお、JIS 規格の電池の過充電試験方法の抜粋を表 2.13 に示しておく。

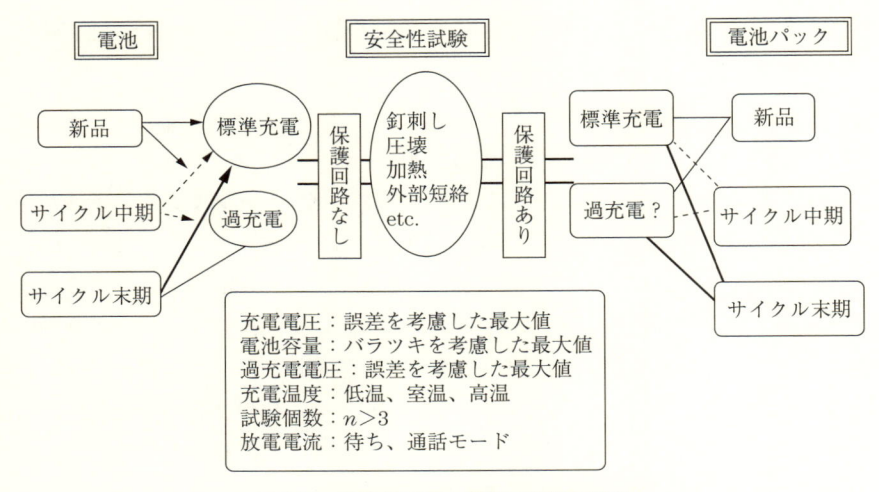

図 2.28 安全性試験と電池の状態の関係

2.4.6 電池の安全性評価試験方法概要

電池の安全性試験方法の確立も安全性確保のための取り組みの1つと言える。上述した複数の公的ガイドラインを参考にしながら、私たちは、独自の試験項目、方法を使用した安全性評価方法を提案している（**表 2.14**）。電池を中心に考えると特に重要な安全性試験項目は、外部短絡（実使用で起こる確率が高い）、加熱試験（熱安定性試験）、釘刺し試験（内部短絡試験）、および圧壊試験（物理的破壊）である。外部短絡以外は現状の保護素子、保護回路では防げない。つまり電池単体でこれらの試験に耐えなければならない。上述したように JIS C8714 では、従来の釘刺し試験と異なる新しい内部短絡試験方法を提案している。

2.4.7 小型リチウムイオン電池の安全性試験方法

重要試験項目の試験方法について、まず小型電池の場合について具体的な試験例を示しながら以下に説明する。特に断らない限り試験対象は炭素負極、$LiCoO_2$ 正極、有機溶媒電解液を用いた市販リチウムイオン電池である。リチウムイオン電池の安全性試験では発火、破裂が起こる場合があるため人的被害、物的被害のない環境を用意する。屋内で試験する場合には耐火煉瓦等の壁で覆

表2.13 公的ガイドラインの過充電試験方法の例

1. JIS C8712（2006年）「密閉型小型二次電池の安全性」
4.3.9　過充電（リチウム系） 　a) 要求事項　製造業者が推奨する充電時間よりも長時間充電しても、発火又は破裂を引き起こさない。 　b) 試験　放電した単電池に対し、10V以上で使用できる電源を用いて製造業者が推奨する充電電流 Irec によって定格容量の250％まで充電する。 　c) 判断基準：発火又は破裂があってはならない。
4.3.11　高率充電（リチウム系だけ） 　a) 要求事項　充電器の故障で、単電池を、並列に接続した組電池に過剰な電流が流れても、単電池が発火又は破裂を引き起こさない。 　b) 試験　放電した単電池を、製造業者が推奨する最大充電電流の3倍の充電電流で完全充電する。又は、完全充電する前に内部に設けられた安全装置が作動して充電電流を遮断するまで充電を行う。 　c) 判断基準：発火又は破裂があってはならない。
2. JIS C8714（2007年）「携帯電子機器用リチウムイオン蓄電池の単電池及び組電池の安全性試験」 　上限充電電圧　4.25V　最大充電電流　単電池製造業者指定値 　上限試験温度　45℃、下限試験温度　10℃、電池ブロック：組電池内において、並列接続された1個又は複数個の単電池の集まり。
5.8　組電池の過充電保護の確認試験
5.8.1　要求事項　組電池内の単電池又は単電池を並列に接続した電池ブロックが上限充電電圧を超えない。ただし、携帯電子機器等において、上限充電電圧を超えないよう制御を行う場合にはこの限りではない。

われ可燃物への延焼、二次災害が起こらないように試験室を設置する。人体に影響を及ぼす毒性のガスが電池から放出される可能性があるため排ガス処理装置（酸およびアルカリ両方に対応したスクラバ）が必要である。安全性試験装置の操作はリモートコントロールが基本になり試験状態と試験室の状況を監視するビデオモニタも用意する。

(1) 加熱試験

　加熱試験温度の設定はセパレータの融点を越え電極活物質の内部短絡が起こる温度が1つの目安になる。リチウムイオン電池のセパレータ材料は、ポリエチレン（PE、融点：約125℃）、ポリプロピレン（PP、融点：約155℃）およびその複合膜が一般的である。既存のガイドラインでは加熱温度は1点であり保持時間も10分、30分あるいは60分である。加熱温度は自動車も含めて

表 2.14 モバイル機器用リチウム二次電池安全性評価基準ガイドラインと提案する試験方法の比較例

安全性試験項目	（ガイドライン）	提案する試験方法
加熱	130℃、60min（A） 130℃、10min（B、C） 150℃、10min（D、E） 165℃、10min（F、G） 判断基準：破裂・発火のないこと	発煙しない最高温度の決定 5℃刻みで加熱温度を変化、3h 以上保持 発煙しない最高温度の決定
圧壊	電池を鉄製平板にはさみ 13kN の力を加える	直径 10〜15mm 丸棒で 1/2 厚さ以下に圧壊
釘刺し	直径 2.5〜5mm の釘で貫通（室温）	直径 2.5〜3mm 釘で全貫通 高温・低温釘刺し、充電後即釘刺し
外部短絡	50mΩ以下	電池抵抗以下、PTC なしも実施
液体浸漬	水道水	水道水、各種飲料、洗剤、海水（電池パック）
試験対象	単電池 標準充電（室温） 充電温度（低温、室温、高温） 新品、サイクル末期（40〜60％容量）	単電池、電池パック 標準充電（最大値）、過充電（最大値） 充電温度（低温、室温、高温） 新品、サイクル中期、サイクル末期

(A) SBA G1101（1997 年）、(B) UL1642 第 4 版（2007 年）、(C) JIS C8714（2007 年）、(D) UL1642 第 3 版（1995 年）、(E) カメラ用リチウム電池の安全性評価のためのガイドライン第 2 版（1998 年）、(F) UL1642 第 1 版改訂版（1985 年）、(G) カメラ用リチウム電池の安全性評価のためのガイドライン第 1 版（1991 年）。

130℃が圧倒的に多い。UL 規格（UL 1642）はリチウム金属一次電池しかなかった頃に制定された歴史がある規格であるが、加熱試験温度は改訂の度に低下してきた。つまり、180℃（リチウムの融点）→ 165℃（PP の融点以上）→ 150℃ → 130℃（PE の融点以上）である。この歴史的経緯は高エネルギー密度化が年々進む電池に対する現実的対応（妥協）と言えるかもしれない。

　私たちが提案している加熱試験方法では 3 時間以上の加熱を行い発煙しない最高温度を決定し、その温度を電池の熱安定性と判断している。24 時間以上の加熱をした試験では 1 つの発熱ピークが出た後（発火はしていない）、2 度目の発熱が起こり発火した例があり 3 時間（最低でも 30 分）を提案している。昇温速度はガイドラインに従い 5℃ min^{-1} としている。俗にホットボックス

試験と称される加熱試験は恒温槽を所定温度にしてから電池を恒温槽に入れる試験でこの試験の方が電池にとってはきつい。徐々に昇温するとゆっくり発熱反応と放熱が起こり徐々に電池がおとなしく不活性化するためである。実はホットボックス試験の方が現実の電池の状態に近い。試験電池が均一に作製できていれば加熱試験は再現性の良い試験であり電池の安全性を数値で定量的に評価できる有用な試験である。電池の発煙しない最高温度（あるいは発煙開始の最低温度）を決定すると、電池開発者なら従来の電池と改良型あるいは新型電池の熱安定性の比較ができる。同一電池で充放電前後や低温充電や高温充電した場合の熱安定性変化の傾向を把握できる。電池ユーザなら A 社の電池と B 社の電池の熱安定性比較ができる。

加熱試験には恒温槽が必要である。電池の爆発力は大きいので圧力ベント付きの恒温槽を使用しないと 1 回の試験で恒温槽を買い替えることになる。試験に使用する恒温槽の例を図 2.29 に示す。加熱試験では電池電圧や電池温度を測定する。動画記録をする場合、使い捨て覚悟で小さな安価の記録カメラを恒温槽に入れて動画記録をする。防爆透明窓付きの照明付き恒温槽の外から記録する場合は発火や発煙の詳細状況がわからない場合が多い。本格的に発煙、発火、破裂の状況を観測するには高価な高速度カメラで測定する。高速度カメラを使用すると安全弁が開く前に電池内部で火が出ている状況等が記録できる。この場合、屋外で試験することもあろう。

図 2.30 に市販円筒形リチウムイオン電池（C/LiCoO$_2$ 電池、1200mAh）の加熱試験の結果例を示す。電池は 0.5C（2 時間率）の定電流充電後、推奨充電電圧（4.2V）で充電開始から 3 時間充電したものである。この電池は 155℃では発煙しないが 160℃では発煙する。つまり、この電池の熱安定性は 155℃ということになる。充放電後にこの熱安定性が低下する場合には、実使用すると安全性が低下する可能性があるため、より注意が必要である。図 2.31 に角形電池（C/LiCoO$_2$ 電池、600mAh）の加熱試験後の写真を示す。図 2.32 に角形電池（C/LiCoO$_2$ 電池、600mAh）の充電温度と熱安定性（発煙しない加熱試験最高温度）の関係の例を示す。

なお、恒温槽ではなく加速速度熱量計（ARC、accelerating rate calorimeter）という熱量測定計を使う電池の加熱試験方法がある。ARC はも

●安全扉(爆発ベント)動作図

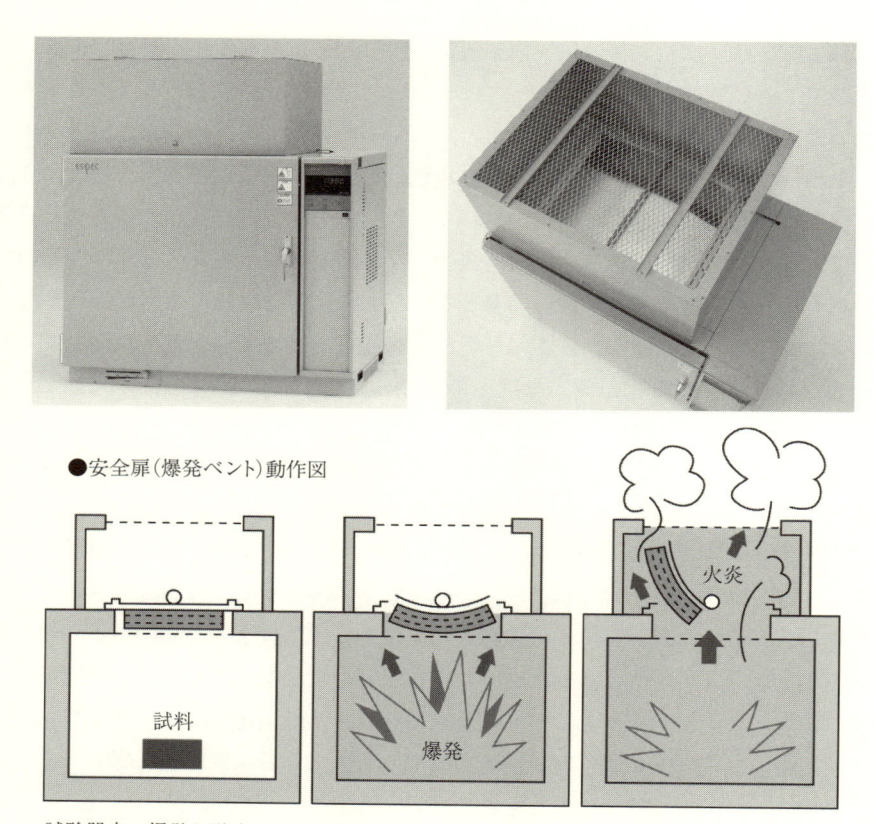

試験器内で爆発が発生した時、爆圧により天井部の断熱材を湾曲させ、上部の金網まで吹きとばし、爆圧を上部金網から外部へ逃がします。SPH(H)-402は背面の断熱材を湾曲させ、上部から爆圧を外部へ逃がします。

図 2.29　加熱試験用恒温槽（安全扉付）の例
　　　　（エスペック(株)製　安全扉（爆発ベント）つき高温恒温器　セーフティーオーブン）

ともと化学製品の輸送や貯蔵のための条件を得るために開発された断熱熱量計である。ARC は断熱環境下における発熱反応と時間、温度、圧力の関係を試験的に測定する装置である。ARC 測定の鍵である断熱条件を達成するために試料容器（bomb、爆弾）はニッケル被覆したジャケットの内側に置かれ均一なジャケット温度を作るための試料容器とジャケットとの温度差を 0 に保つための熱電対と加熱素子を備えている。ARC の測定は試料温度と自己発熱速度

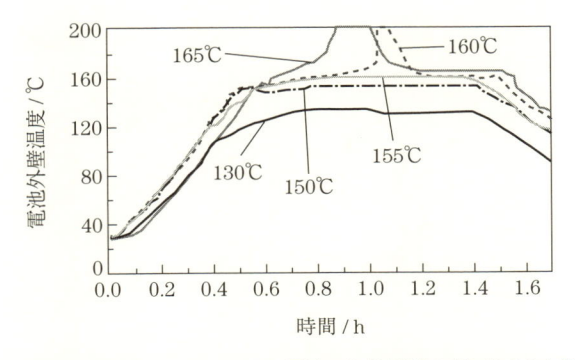

図2.30　円筒形リチウムイオン電池の加熱試験の例（4.2V 充電）

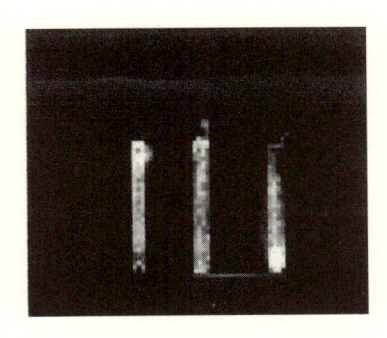

図2.31　加熱試験後の角形リチウムイオン電池の例

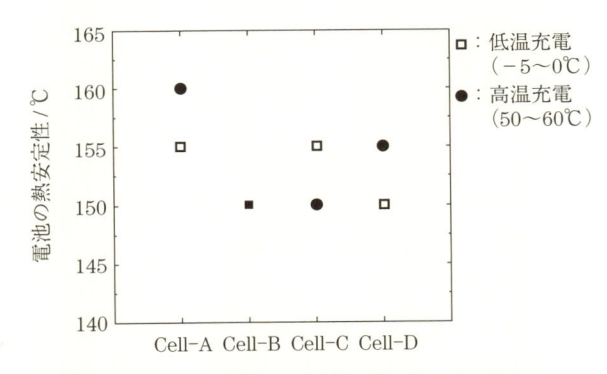

図2.32　角形リチウムイオン電池（600mAh）の充電温度と熱安定性（発煙しない加熱試験最高温度）の関係の例

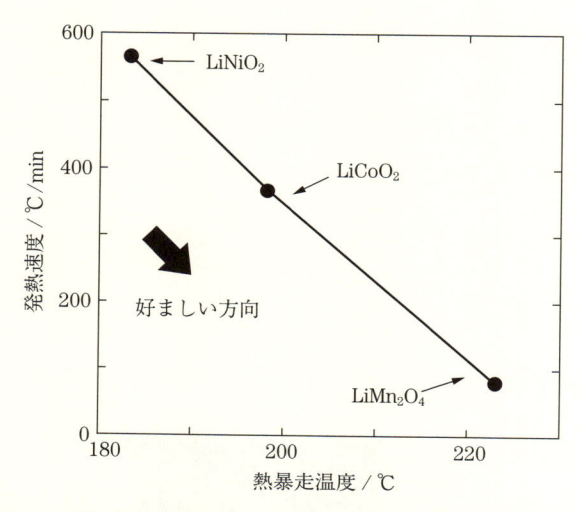

図2.33 異なる正極を用いた円筒形リチウムイオン電池（負極：炭素）のARCによる熱安定性測定例

があらかじめ設定された初期値以上であることが検出されると試料は自動的に発熱の継続中、断熱条件に保たれる。また、圧力センサが試料圧力の測定を可能にする。ARCは電池材料の熱安定性の研究に使われることが多いが、18650サイズの電池を使用できる試料容器もあり電池の模擬的加熱試験も実施可能である。断熱条件を維持するため工学的基礎データを収集できるが実際の電池環境と異なる点は注意が必要である。図2.33に黒鉛負極と異なる正極からなる18650サイズの円筒形リチウムイオン電池の満充電状態の電池を用いてARCで正極の熱暴走温度を測定した結果の例を示す。正極の熱安定性が$LiMn_2O_4$＞$LiCoO_2$＞$LiNiO_2$であることがわかる。

(2) 内部短絡試験

釘刺し試験は、内部短絡を模した試験で非常に重要な試験である。リチウム一次あるいは二次電池の実際の事故は内部短絡が原因であることが多い。内部短絡は電極群に電子伝導性の小さな異物が混入する、セパレータのしわ、電極巻き取りのアライメントの狂い等の電池製造品質管理上の問題から発生する危険性がある。保護素子で内部短絡は防げないため、電池自体がこの試験をパスしなければならない。負極の安定性が劣化すると発煙する確率が増加する。

内部短絡模擬試験として、従来、リチウム金属電池しかなかった時代から釘刺し試験は行われており膨大なデータベースが電池研究開発者にはある。このデータベースを活用するためにも今後も公的ガイドラインの試験方法に関係なく釘刺し試験を併用する必要があろう。携帯機器用小型電池の釘刺し試験では直径 2.5～3.0mm の金属釘を電池に全貫通している。釘刺し試験は釘の材質や形状、釘刺し速度に試験結果が影響される試験である。言い換えると結果を意図的に操作できる可能性がある。このため、試験結果は確率論になり、工業製品の信頼性試験としては試験個数を増やす必要がある。3～5 個の電池を試験して発煙しない場合は、個人的な経験から試験個数を 30～50 個に増やすことが必要だと考える。普通の金属釘を使用している場合が一般的である。私たちが使用している釘刺し試験治具、装置および釘の例を図 2.34 に示す。釘は基本的には公的ガイドラインに従って金属製である。私たちはステンレススチール製で先端にテーパが付いているオリジナルの釘（基本は 2.5mm 径）を使用している。必要な時には放熱や電流の回り込みがない電気的に絶縁体の釘を使用する。この方が熱がこもりやすく電池にはきつい条件である。セラミックスや高分子材料で釘を成形することは可能である。図 2.35 にセラミックス製電気絶縁性釘を使用した場合と金属製釘を使用した場合の釘刺し試験の結果の比較例を示す。セラミックス製の釘を用いた方が電池温度上昇（内部発熱）が高いことがわかる。ここでは、釘刺し試験は 2cm s^{-1} 程度の釘刺し試験結果を示したが、釘刺し速度が遅いほど試験結果は厳しくなるとの意見が多い。

　図 2.36 には釘刺し試験結果の例を示す。電池は角形電池であり、釘の直径は 2.5mm である。電池は 0.5C の定電流後、定電圧充電を行っており、充電トータル時間は 2.5 時間である。過充電電池は標準充電電圧（4.10V）より 30mV 高い電圧（4.13V）で充電した電池であり、充電容量は標準充電の 107% であった。釘刺し試験の結果、標準充電電池は発煙しなかった。しかし、過充電電池は発煙した。この電池の安定性は過充電に非常に敏感である。30mV は充電電圧制御している IC の誤差範囲である場合もある。したがって、この電池の場合、充電電圧は厳密に制御されなければならない。さらに言えば商品として販売することは無理であろう。

　既に述べたように 2007 年発行の JIS 規格では新しい内部短絡試験方法が提

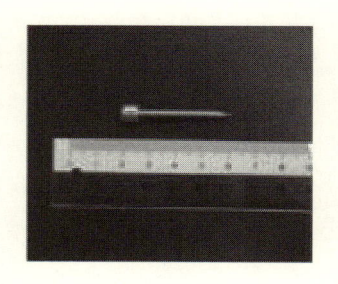

釘刺し治具

圧壊治具

圧壊・釘刺しプレス機

図 2.34　釘刺しあるいは圧壊試験装置と治具の例

案されており、この試験も釘刺しと併用する必要がある。この試験には充放電した後、水や空気に触れさせないで電極群に内部短絡用（セパレータを突き破る）金属片を入れる作業をするためアルゴンガス雰囲気のグローブボックス等

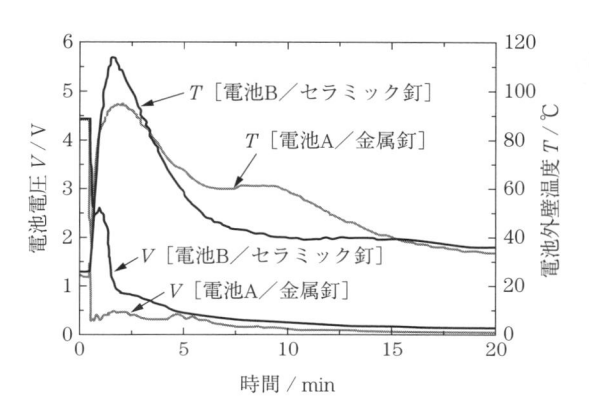

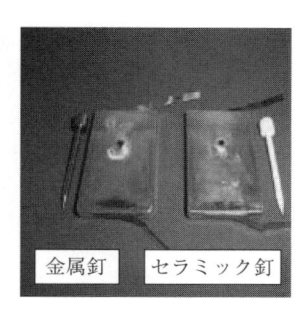

図 2.35　材質の異なる釘を用いた釘刺し試験の結果の例

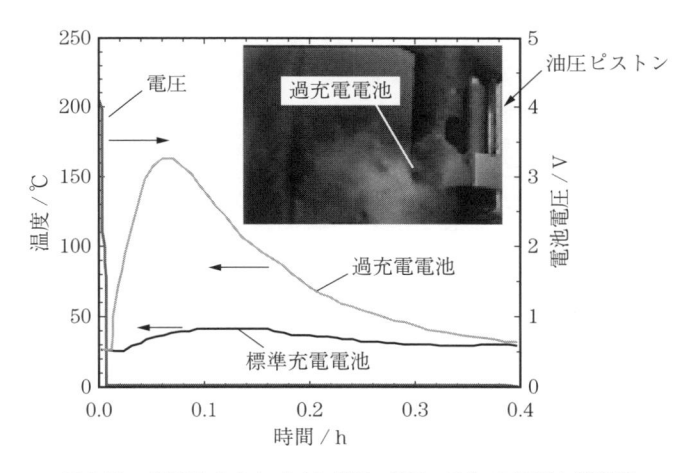

図 2.36　角形リチウムイオン電池（800mAh）の釘刺し試験例

の装置が必要である。この試験の方が釘刺し試験より電池には厳しいという意見もあるが定かではない。

(3) 圧壊試験

電池は、釘刺し試験同様、圧壊試験もパスしなければならない。なぜなら有効な保護素子がないからである。圧壊試験は他のガイドラインでは事実上平板で電池を圧壊する。この圧壊方法は電池にとっては温和な試験条件である。こ

こで議論している圧壊試験ではより電池に対して厳しい直径 10〜15mm の丸棒で 1/2 以下の厚さまで圧壊することを標準試験条件としている。現実の使用条件で電池が破壊される可能性があるため、電池の破壊時の安全性を事前に把握しておく必要がある。$LiCoO_2$ 正極を使用した電池では釘刺し試験がきつく $LiNiO_2$ 正極を使用した電池では圧壊試験が厳しいという結果もある（図 2.37）。

図 2.38 は円筒形電池の圧壊試験で発火した場合の例を示している。この電池は標準充放電を 800 サイクル繰り返した後に過充電した電池である。標準充

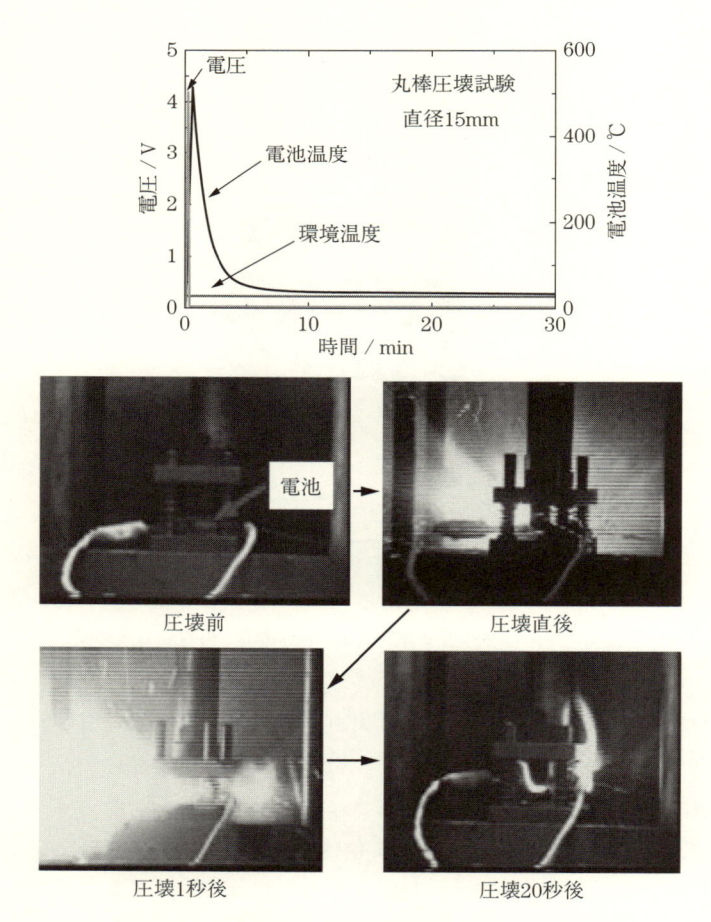

図 2.37　リチウムイオン電池（$LiNiO_2$ 系正極、750mAh）の圧壊試験例

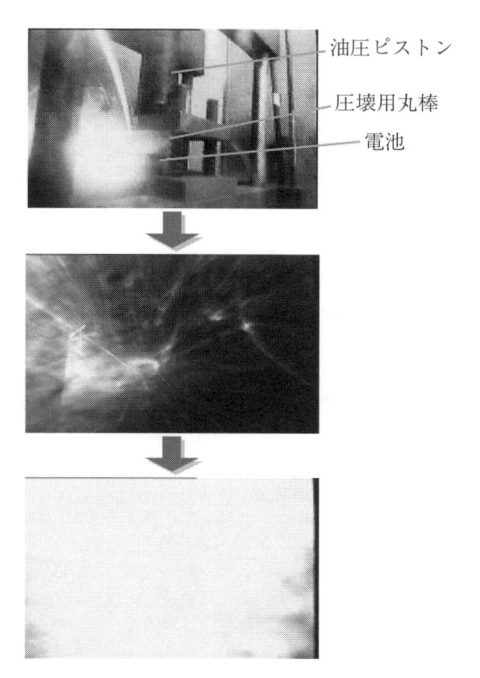

図2.38 円筒形リチウムイオン電池の圧壊試験例

電した電池は発煙しなかった。しかし、過充電した電池では微粒子状に金属リチウムが炭素負極に析出しており発火した。

(4) 外部短絡試験

リチウムイオン電池の現実の使用で、外部短絡が問題になることは殆どない（全ての場合ではない）。電池内部あるいは外部にPTC素子や、過電流保護回路、温度ヒューズ等、複数の対策が施されているからである。しかし、基本的には保護素子なしに外部短絡をパスすることが望ましい。なぜなら、外部短絡は実使用で起こる確率が高いからである。電池の短絡試験は電池の内部抵抗より低い抵抗を介して電池を短絡する。短絡抵抗が電池より高いと電池の大電流放電をしているだけで極限電流値には到達しないからである。

図2.39に角形電池の外部短絡試験の例を示す。短絡後、短時間、大電流が流れ電池電圧は0Vになる。これは電気二重層キャパシタのように電極／電解液界面の電気二重層容量が放電したためで、ジュール熱I^2Rにより電池温度

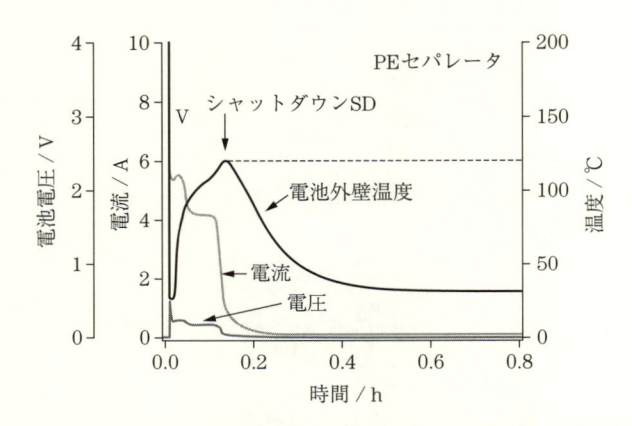

図 2.39 リチウムイオン電池（角形 800mAh）の外部短絡試験結果の例

表 2.15 公的ガイドライン記載の電池からの液漏れに関する試験例

(1) JIS C8712　密閉型小型二次電池の安全性（2006 年）抜粋 温度サイクル：75℃、4 時間→ 30 分以内に 20℃、2 時間以上→ 30 分以内に－20℃、4 時間→ 20℃、2 時間以上。これを 4 回繰り返す。その後 7 日間放置、検査。 低圧：20℃、11.6kPa（15240m 相当に減圧）6 時間。 判断基準：破裂、発火、漏れる液があってはならない。
(2) SBA G1101　リチウム二次電池安全性評価基準ガイドライン（1995 年第 1 版）： 高温貯蔵試験：(a) 100℃、5 時間→ 20℃、24 時間以上放置、60℃、30 日間→ 20℃、24 時間以上放置。
(3) その他：65℃、相対湿度 90 %、96 時間保存等。

は上昇する。その後、高温環境で抵抗が下がり短絡電流が流れジュール発熱でさらに電池温度が上昇し電池外壁温度が110℃程度（電池内部は130℃程度）になったところで短絡電流が止まる。その後、電池温度が低下し発火しなかった。これはセパレータの目詰まり（シャットダウン）が起こったためである。

(5) その他の試験

a）液漏れ試験

既に述べたように電池からの電解液漏れは安全性に関して深刻な課題である。液漏れ試験方法の例を表 2.15 に示しておく。図には液漏れした場合の問題点の一例を示す。電池電圧は抵抗を介して電池電圧を検知している。液漏れが起こると液が抵抗となり電池電圧を実際の値より低く認識する場合がある。例え

第2章　二次電池

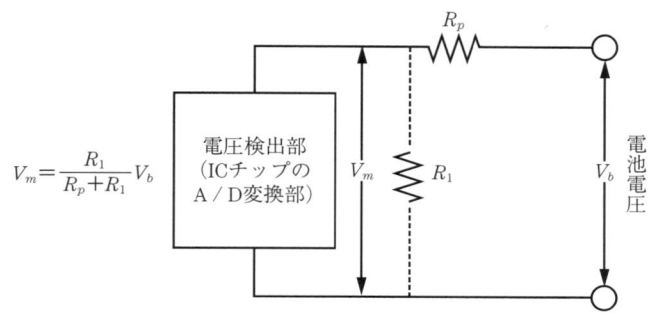

$$V_m = \frac{R_1}{R_p + R_1} V_b$$

（凡例）
V_b：電池端子電圧　　R_p：検出部入力保護抵抗
V_m：検出電圧　　　　R_1：リーク抵抗（水漏れ等）

図 2.40　液漏れによる電池電圧の誤認識の例

ば図 2.40 に示すように、充電中、実際の電池電圧が 4.2V であるにもかかわらず 4.0V（0.2V 低い）と検知すると充電器は最大出力で 4.2V まで充電するが実際には電池電圧は 4.4V と安全性が大きく劣化する過充電になっており、この状態で電池に振動や衝撃が加わると発火する確率が高くなる。電解液漏れセンサは事実上なく電池は動作しておりユーザは液漏れに気付かないので液漏れ対策はきちんとやっておく必要がある。

b) 過充電および過放電試験

リチウムイオン電池は過充電と加熱に対する耐性が低い。既に述べたように公的ガイドラインでは様々な過充電試験があり、これらの試験の実施は必須である。

事前の安全性試験では複数の要因が重なった実験条件として、例えば、過充電状態の電池を圧壊する、釘刺しをする、あるいは保護回路なしで大電流（温度上昇が大きい）過充電した場合等では、発火・発煙・破裂することもある。図 2.41 に保護回路なしで充電電圧 10V（標準電圧：4.2V）、充電電流を変えたリチウムイオン電池（角形電池）の過充電試験の結果の例を示す。大電流（2Cレート電流以上）で過充電した場合、発火した。現実使用では複数の保護システムが故障しないと起こらない劣化モードであり、あくまでもリチウムイオン電池の耐性を知るための限界参考試験である。

過充電試験結果例、10V

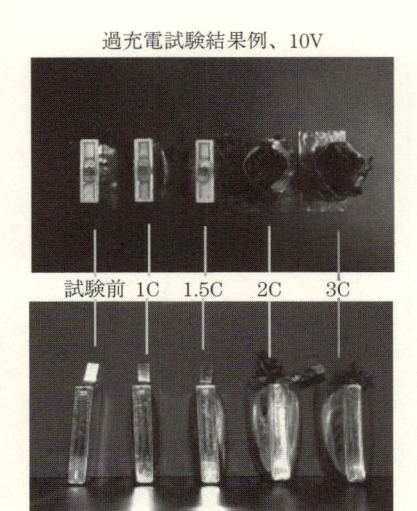

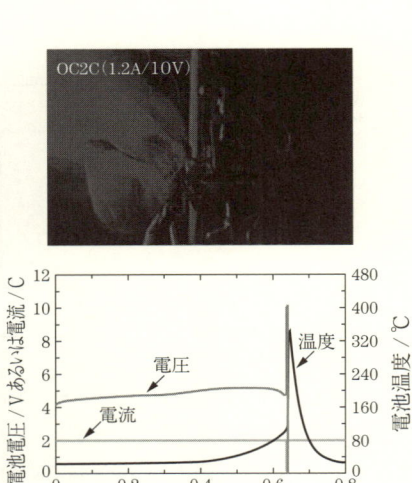

OC2C(1.2A/10V)

試験前　1C　1.5C　2C　3C

$LiCoO_2 + C_6Li_y \rightarrow Li_{1-x}CoO_2 + C_6Li_{y+x}$　$x \fallingdotseq 0.5$
さらにLiを抜くと単斜晶(m)に変化：六方晶(h)維持が必要

リチウムイオン電池の過充電試験結果、150Wh kg^{-1}

図2.41　リチウムイオン角形電池の過充電試験例（2C、10V）

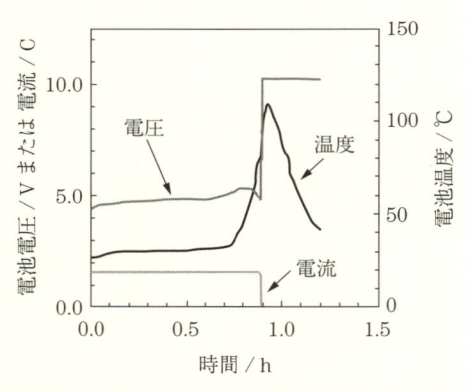

図2.42　円筒形リチウムイオン電池の過充電試験例（1.5C、10V充電）

　過充電と過放電試験は基本的には公称容量の250％まで行うことが公的ガイドラインでは多い。ただし、電流値は規定されていないことが多く、また、電池内部に電流を止める素子や機構があり、それが作動した時には試験を終了して良い。言い換えると、単電池で過放電や過充電試験で耐えられない電池には

第 2 章　二次電池

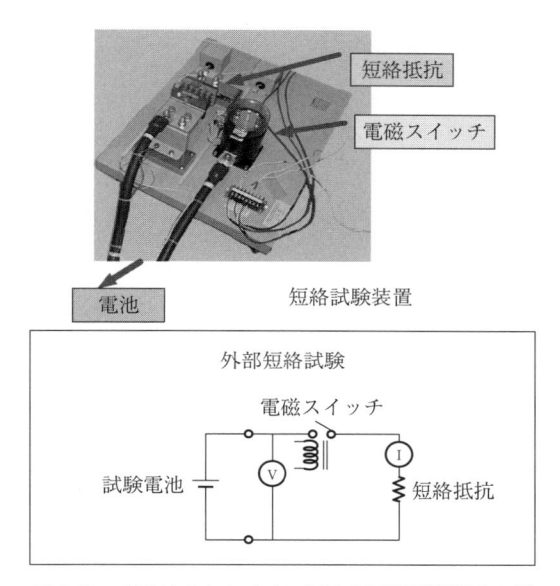

図 2.43　大型リチウムイオン電池の短絡試験装置の例

過放電や過充電を止める電池内部の工夫が必要になり、安全性試験は、その工夫の動作確認になる。

図 2.42 に円筒形電池の過充電試験の例を示す。この場合、途中で充電が停止し発火しなかった。この理由は電池内部に設置された PTC（温度ヒューズ）が作動したためである。

2.4.8　大型電池の安全性試験

大型電池も基本的には小型電池に準拠した安全性試験を行う。試験項目は基本的に小型電池と同様である。単電池の試験をできるだけ活用する。バッテリーマネイジメント用のパラメータの具体的数値の把握や安全性確保のために必要な保護回路や保護部品の設計基礎データを収集できる。ただし大型電池の安全性試験では、装置と実験室が大掛かりになる。大型電池のモジュール試験は周りに延焼する可燃物や人家がない屋外で行う場合が多い。大型電池の取り扱いは作業上危険が伴うため電池の試験装置へのセットは放電状態で扱うのが基本であり、セット後充電や放電を遠隔操作で行う。図 2.43 には大型電池の外

85

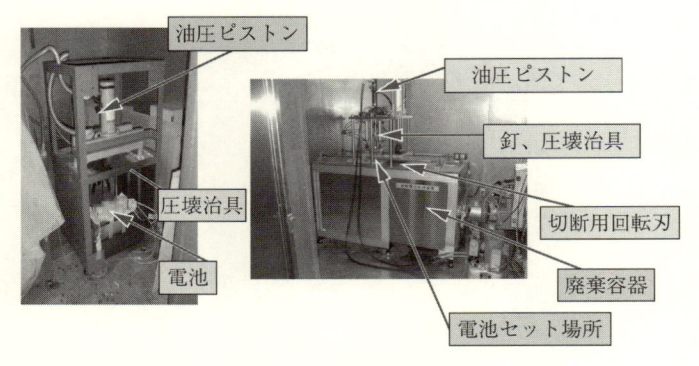

図 2.44 大型リチウムイオン電池の試験装置例

部短絡試験装置の例を示す。大型電池ほど電池の抵抗が小さくなるので短絡抵抗が小さくなり短絡電流は大きくなる。大型電池の場合、作業上、問題になるのは電池が膨れて安全弁が開かなかった場合で電池が放電できない等、試験後作業者が電池に触れるのが危険なのかどうか判断できない状況が生じることである。このため、電池を最終的に破壊するなどの機能が試験装置には必要である。図 2.44 には電池の釘刺し、圧壊、切断が可能な装置を示す。過放電試験等もこの装置上で行い安全弁が開かなかった場合等は釘刺しや圧壊を行い電池を処理することになろう。

2.4.9 電池の安全性向上のための取り組み

リチウムイオン電池の安全性向上のために例えば、以下のような取り組みが行われている。①電池開発側の取り組み。これには、電池材料の開発、電池構造、保護回路などを組み込んだ組電池システムの構築などの技術開発が含まれる。②法的規制。これは法的に強制的に工業製品としての安全性確保策を義務付けるものであり公的な安全性基準とセットになっている。③電池の安全性評価方法の確立。これは電池開発側、電池ユーザ側、第三者機関などで行う電池の安全性評価方法の確立のことであり、例えば、個別企業のノウハウとしての社内基準などが含まれる。

電気自動車や電力貯蔵装置等の大型電池では、電池の安全性を確保するため

には以下の項目を検討する必要があろう。①保護回路が効かない状況での単電池の安全性の向上、②保護システムおよび組電池マネイジメントシステムの信頼性・精度向上と多機能化、例えば、単電池電圧、温度、容量バランスの監視・制御機能、電池使用履歴の記録機能など、③組電池構成の検討、不良部のバイパス機能など、隣接電池への影響を防ぐ組電池構造の採用、難燃性あるいは不燃性材料の組電池構成部品への採用、④安全弁の最適設計、⑤毒性物質の排除、できれば、⑥抜本的な安全性確保技術の開発。自動車搭載用リチウムイオン電池の研究は世界レベルで行われており、信頼性に優れた工業製品としての組電池システムが開発されるものと期待される。

▶2.5 リチウムイオン二次電池の評価・試験方法

2.5.1 リチウムイオン二次電池の試験規格[1-4]

　リチウムイオン二次電池についての規格は様々で、日本においては電気用品安全法やJISで定められている。また国際的な規格では、米国の安全規格であるUL規格や、輸送規則を制定したUN規格などがある。電気自動車（EV）、ハイブリッド自動車（HEV）などの自動車用の電池については、近年、ISOやIECで国際規格化されている。ここでは、主な試験規格について紹介する（表2.16）。

● 電気用品安全法（以下、電安法）

　電安法別表第九では、電池の基本設計をはじめとして、電気的試験（連続充電、短絡、過充電、過放電、大電流）、機械的試験（振動、落下、衝撃、圧壊）、環境試験（温度サイクル、加熱、低圧）などを規定している。

● JIS（日本工業規格）

　リチウムイオン二次電池については、JIS C 8711〜8714で規定している。JIS C 8711では、リチウムイオン二次電池の単電池および組電池における性能試験（温度特性、定電流負荷特性、保存（カレンダ）寿命、サイクル寿命など）や呼び方、表示等を定めており、また、JIS C 8712〜8714では、主にリチウムイオン二次電池の安全性に関する試験（電気的試験、機械的試験、環境試験）を規定している。

● UL（米国保険業者安全試験所：Underwriters Laboratories Inc.）

　ULは米国の規格であり、単電池はUL1642で、組電池はUL2054で規定しており、電気的試験、機械的試験、環境試験に加え、火炎暴露試験などを定めている。

● UN（国際連合危険物輸送勧告：United Nations Recommendations on the Transport of Dangerous Goods）

　航空輸送では、リチウムイオン二次電池を、Class9危険物に分類しており、航空輸送を想定した、安全性試験が規格化されている。国連試験基準マニュアル（UN Manual of Test and Criteria, Part3, sub-section 38.3）の試験（以下、

第 2 章　二次電池

表 2.16　リチウムイオン二次電池に関する主な試験規格（2012 年現在）

主な試験規格　○（小型民生用）、●（自動車用）

規格名	標準化団体		主な試験規格
ISO 規格	International Organization for Standardization	国際標準化機構	●ISO12405-1（電動路上走行車両―リチウムイオン電池パックおよびシステムの試験仕様）
IEC 規格	International Electrotechnical Commission	国際電気標準会議	○IEC62133（二次電池安全要求仕様（小型電池）） ○IEC62281（リチウム電池輸送時安全性） ●電気自動車駆動用二次電池 IEC62660-1（リチウムイオン単電池の性能試験、IEC62660-2（リチウムイオン単電池の信頼性及び過酷試験（セル））
JIS 規格	Japanese Industrial Standards	日本工業規格	○JIS C 8711（ポータブル機器用リチウム二次電池） ○JIS C 8712（密閉形小形リチウム二次電池の安全（IEC62133）） ○JIS C 8713（密閉形小形リチウム二次電池の機械的試験） ○JIS C 8714（携帯電子機器用リチウムイオン蓄電池の単電池及び組電池の安全性試験）
SBA 規格	Battery Association of Japan (BAJ)	電池工業会（日本）	●SBA S 1101（産業用リチウム二次電池の安全性試験）
UN 規格	United Nations Economic and Social Council (UNECOSOC)	国際連合経済社会理事会	●国連危険物輸送基準勧告（オレンジブック III）UN3480-38.3
ECE 規格	United Nations Economic Commission for Europe (UNECE)	国際連合欧州経済委員会	●自動車および危険物輸送に関する規制、ECE-R100（バッテリー式電気自動車）
UL 規格	Underwriters Laboratories Inc.	米国保険業者安全試験所	○UL 1642（リチウムイオン電池）、 UL 2054（家庭用および業務用電池（パック）） UL 2580（EV 用リチウムイオン電池）
USABC	U.S. Advanced Battery Consortium	米国先進電池協議会	●EV 用電池の技術評価プログラム
SAE 規格	Society of Automotive Engineers	自動車技術者協会（米国）	●SAE J 2380（EV 用蓄電池の振動耐久試験） ●SAE J 2464（電気自動車およびハイブリッド車の充電式エネルギー保存装置の安全試験および過酷条件試験）
Sandia Report	Sandia National Laboratories (SNL)	サンディア国立研究所（米国）	●SAND2005-3123（電気自動車およびハイブリッド自動車の充電式エネルギー保存装置の安全性試験および過酷条件試験マニュアル）
DIN 規格	Deutsche Industrie fur Normung	ドイツ規格協会	●DIN VDE V0510-11（ハイブリッド車用・モバイルアプリ二次電池試験仕様
VDA 規格	Verband der Automobilindustrie e.V.	ドイツ自動車技術協会	●ハイブリッド電気自動車用リチウムイオン二次電池の安全用件）
GB 規格 GB/T 規格	China State Bureau of Technical Supervision	中華人民共和国規格協会	●QC/T 743-2006（電気自動車用リチウムイオン電池に関する試験方法）

89

UN 勧告試験）を満たしていることが要件となる。衝突試験や過充電、過放電試験以外に、同じ電池で、低圧→温度試験（熱衝撃）→振動→衝撃→外部短絡といった連続試験などを行う。

- ISO（国際標準化機構：International Organization for Standardization）

国際規格の1つで、自動車用電池としては、パック・モジュール評価を目的としたISO 12405 が 2011 年に制定された。一般試験（標準充放電など）、性能試験、電気的試験（短絡、過充電、過放電）、機械的試験（振動、機械衝撃）、環境試験（結露、熱衝撃）などを規定している。

- IEC（国際電気標準会議：International Electrotechnical Commission）

ISO 規格と同様、自動車用電池の国際規格の1つである。セル評価を目的としたIEC 62660-1 および 2 で、リチウムイオン二次電池の信頼性試験および安全性試験などを規定している。試験方法および試験結果の規定はあるものの、試験の合否判定については具体的に規定されていない。

2.5.2 リチウムイオン二次電池の評価試験

リチウムイオン二次電池の開発において不可欠なことは、電池性能はもちろん、使用条件を想定した評価方法である。電池に関する評価方法については様々だが、電池メーカでは、JIS や UL などの規格を社内規格に取り入れつつ、ユーザに要求された性能を満足するために、電池機種ごとにより厳しい条件（過酷試験）で電池を評価している場合が多い。特に自動車用途については一般の機器に比べ要求が厳しい。また、近年自動車用電池の評価方法として、IEC、ISO から相次いで国際規格が発行されたこともあり、その評価方法が注目されている。ここでは、基本的なリチウムイオン二次電池の評価方法について紹介する。

リチウムイオン二次電池の評価方法として、大きく、性能試験と安全性試験に分かれる（**表 2.17** 参照）。性能試験については、サイクル寿命特性試験、保存（カレンダ）寿命特性試験、温度特性試験、定電流負荷特性試験などがある。また、安全性試験については、熱的試験、電気的試験、機械的試験に加え、より厳しい条件で行う過酷試験などがある。

第2章　二次電池

表2.17　性能および安全性試験項目（2012現在）

試験項目 ○=適用試験項目			使用分類	JIS C 8711	JIS C 8712	JIS C 8714	電安法別表第九	UN 3480	UL 1642	IEC 62281-1	IEC 62281-2	ISO 12405-1
性能試験	サイクル寿命試験		通常使用	○								○
	保管寿命試験		通常使用	○								○
	温度特性試験		通常使用	○								○
	定電流負荷特性試験		通常使用	○								○
安全性試験	電気的試験	連続充電	通常使用									○
		外部短絡	誤使用		○		○	○	○		○	○
		過充電	誤使用			○	○	○	○	○	○	○
		過放電	誤使用		○		○		○	○		
		大電流	誤使用		○		○					
	機械的試験	振動	通常使用				○	○	○		○	○
		落下	誤使用				○		○		○	
		衝撃	誤使用			○	○	○	○		○	○
		衝突	誤使用			○						
		圧壊	誤使用				○		○			
		強制内部短絡	誤使用		○		○					
	環境試験	温度サイクル	通常使用		○		○	○	○		○	○
		熱衝撃等	通常使用									
		加熱	誤使用			○	○		○		○	
		低圧	誤使用		○			○	○		○	

※高温と低温の急激な温度変化のサイクリング

(1) 性能試験

性能試験は、電池に求められている特性を確認する試験で、電池容量や電池出力などの電池性能を把握することを目的としている（**表2.18**）。

a) サイクル寿命特性試験

電池として、何回繰り返し使えるか、といった試験で、一般には、充放電装置を用いて、充電、放電を繰り返して、電池が劣化するまで評価する。推奨の充電レートと放電レートで繰り返すのが標準的な方法である。自動車用電池ではIEC 62660-1に短時間で充放電レートを変化させ、充電量が放電量より僅かに大きいプロファイルと、放電量が充電量より僅かに大きいプロファイルを組み合わせた、サイクル寿命試験がある。サイクル寿命劣化の解析ツールとしては、非破壊分析ができるインピーダンス法などが代表的である。

b) 保存（カレンダ）寿命特性試験

ある温度条件下で電池を長期保存し、電池の充電状態（State of Charge（SOC））損失を見る試験。電池を恒温器で一定温度下に保存し、保存前後の残存容量および回復率を確認する。保存期間については、1カ月～1年までが多い。保存温度は、常温、45℃、60℃が一般的だが、電池の安全保護機構を確認するため、75℃、90℃で実施される場合がある。最近の傾向として、自動車用に電池を使用する場合、10年間（以上）保証する必要性が出てきている。現状では、電池の劣化予測式を立て、10年間（以上）保証することを検討して

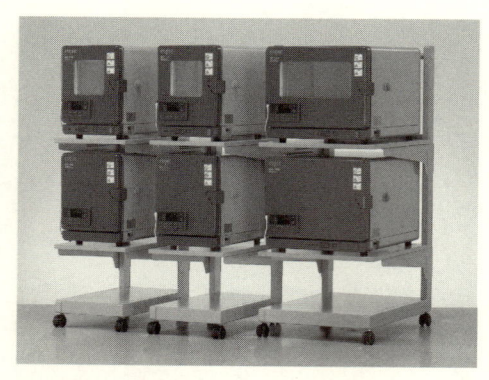

図2.45　各種温度条件の保存寿命試験に使用される試験槽の例
　　　　（エスペック(株)製　小型高温チャンバーと専用段積み架台）

c）温度特性試験および定電流負荷特性試験

　温度特性試験は、いくつかの温度条件下で、どのくらいの容量が入出力できるかを確認する。放電温度特性と充電温度特性試験がそれぞれある。事例として、放電温度特性結果を図 2.46 に示す。定電流負荷特性試験は、電流レートを変えてどのくらいの容量が入出力できるかを確認する試験で、図 2.47 に示すように、放電時に電流レートを変えて行う放電負荷特性と、充電時の電流レ

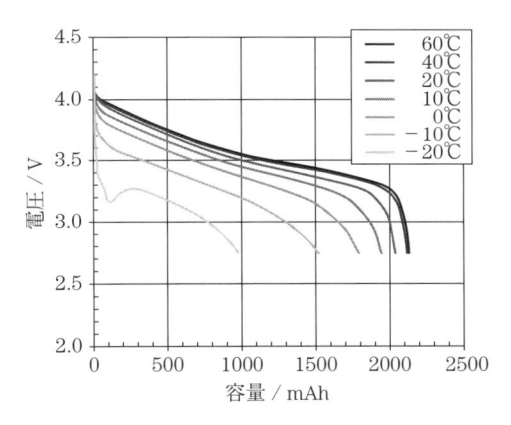

図 2.46　放電温度特性の例

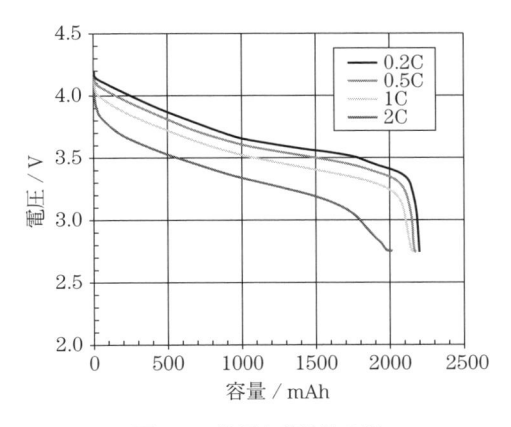

図 2.47　放電負荷特性の例

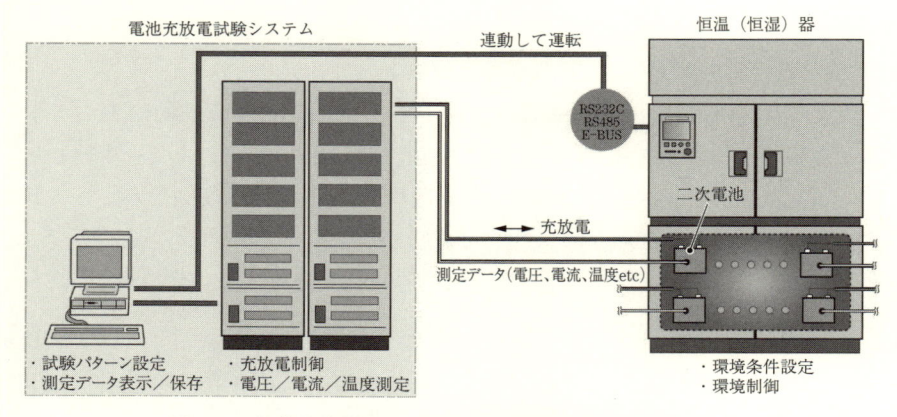

図 2.48　温度特性試験に使用される充放電試験システムの例

ートを変えて行う充電負荷特性がある。IEC 62660-1 では、-18℃、0℃、40℃において、1C、10C（1C とは電池容量（mAh）を 1 時間（1h）で割った値）およびメーカー許容最大放電率で放電負荷させるため、大電流が流せる充放電装置と、それに同期した恒温器で評価することが望ましい（図 2.48）。

(2) 安全性試験

電池には安全のため、保護素子や保護回路が備わっている。しかし、これらが正常に機能しない場合や、現状の保護素子や保護回路の仕様で安全が確保できるかを確認するため安全性試験を行うことは重要である。安全性試験は、熱的試験をはじめとして、電気的試験、機械的試験があるが、特に重要な項目は、加熱試験、外部短絡試験、内部短絡試験、圧壊試験である。そのうち、加熱試験、内部短絡試験、圧壊試験については、現状の安全機構では防げない。そのため、それらを想定した、電池単体での試験を行う必要がある。

a) 電気的試験（連続充電、外部短絡、過充電、過放電、大電流）

二次電池の電気的な性能や安全性を評価する試験には、連続充電、外部短絡、過充電、過放電、大電流などがある。連続充電については、通常使用時を想定した試験で、28 日間、定電圧充電させ、発火、破裂または漏液しないことを確認する。外部短絡、過充電、過放電、大電流は、誤使用を想定した試験である。外部短絡は、電池の外部で短絡させ、発火、破裂するケースを想定した試

第 2 章　二次電池

表 2.18　リチウムイオン二次電池に関する性能試験と装置例（2012 年現在）

試験名称	試験規格	主な試験条件	装置例
放電性能	ISO 12405-1	放電容量：室温、40 ℃、0 ℃、−18 ℃ 保存：45 ℃、30 日間 クランキングパワー：−18 ℃、−30 ℃、50 ℃ エネルギー効率：室温、40 ℃、0 ℃、SOC65 %、50 %、35 %	恒温槽一体型充放電試験システム※
	IEC 62660-1	放電容量：−20 ℃、0 ℃、25 ℃、45 ℃ パワー：−20 ℃、0 ℃、25 ℃、45 ℃、SOC20 %、50 %、80 % エネルギー：室温（25±2 ℃） 保存：45±2 ℃、28 日間、42 日間	
	JIS C 8711	放電容量：20±5 ℃、−20±2 ℃ 高率放電容量：20±5 ℃ 充電保持率・回復率：20±5 ℃ 保存：40±2 ℃、90 日間保存後の 20±5 ℃での容量回復	槽内
	QC/T 743	放電容量：20±5 ℃、−20±2 ℃で 20 時間保存後放電、55±2 ℃で 5 時間保存後放電 定格放電容量：20±5 ℃ 容量保持率および回復率：20±5 ℃、55±2 ℃ 保存：20±5 ℃、90 日間	
サイクル寿命	ISO 12405-1	室温（40 ℃を超えないよう冷却） 毎日 SOC30 %～80 % を 22 時間サイクルし、継続できなくなるまで	
	IEC 62660-1	25±2 ℃、45±2 ℃	
	JIS C 8711	20±5 ℃、定格容量の 60 % 未満まで	電池ホルダー
	QC/T 743	20±2 ℃、定格容量の 80 % まで	

※エスペック(株)製　アドバンストバッテリーテスター

験で、正極端子および負極端子を外部抵抗に接続して、電池が発火または破裂しないことを確認する。過充電試験は、電池パックの過充電を防止する保護回路が正常に機能しなかった場合などを想定した試験で、一定時間、電池に一定の電流を流し、公称容量の250％、または、試験電圧に達するまで通電したときに発火または破裂しないことを確認する（JIS C 8712、電安法別表第九）。過放電は、過充電と同様、電池パックの保護回路が正常に機能しなかったケースなどを想定して試験を行う。1Cで逆充電し、90分間保持後、発火または破裂しないことを確認する（JIS C 8712、電安法別表第九）。大電流は、保護素子が正常に機能しなかったことを想定した試験で、設計上の最大充電電流の3倍の電流で充電し、発火または破裂しないことを確認する（JIS C 8712、電安法別表第九）（**表 2.19**）。

b）機械的試験（振動、落下、衝撃、衝突、圧壊、強制内部短絡）

　外部から機械的に力を加えたときの安全性を確認する試験で、振動、落下、衝撃、圧壊、強制内部短絡などがある。振動試験については、通常使用時を想定した試験で、運搬中の振動時の安全を確保するために行う試験である。複合環境試験器などで、電池に振動を加え、発火、破裂または漏液しないことを確認する。落下、衝撃、衝突、圧壊、強制内部短絡については、誤使用を想定した試験である。落下試験は、高所からの落下で強い衝撃を与え、電池が変形し、発火、破裂に至るケースなどを想定した試験である。衝撃試験は、運搬中の衝撃を想定した試験で、電池にパルス波衝撃を与え、発火、破裂または漏液しないことを確認する。衝突試験は、重さのある物体が電池に衝突したときを想定した試験で、UN勧告試験では、10kg近くの丸棒を、電池の中心にある一定の高さから落下させ、発火、破裂または漏液しないことを確認する。圧壊試験は、加圧による電池の変形、保護機構の破損により、発火、破裂に至るケースを想定し、試験を行う。JIS C 8713やUL 1642では、2枚の平板で加圧させ、発火または破裂しないことまでを確認する。強制内部短絡は、市場事故の主原因とされている電池の内部短絡を想定した試験で、非常に重要な試験の1つである。試験方法は、電池内部にニッケル小片を埋め込み、埋め込み部分を加圧し、発火しないことを確認する。また、内部短絡のシミュレーション試験として、電池に釘を貫通させ、内部短絡を疑似的に発生させ、電池が発火、破裂し

表 2.19 リチウムイオン二次電池に関する安全性試験(電気的試験)(2012 年現在)

外部短絡	ISO 12405-1	100mΩ(60〜100mΩ)、10 分間、2 時間観察
	IEC 62660-2	5mΩ以下、室温 10 分間
	IEC 62133 JIS C 8712	100mΩ未満、20±5℃、55±5℃、24 時間
	JIS C 8714	80±20mΩ、20±5℃、55±5℃、24 時間
	UN38.3 T5	100mΩ未満、55±2℃、1〜6 時間
	UL 1642	80±20mΩ、20±5℃、55±5℃
	QC/T 743	5mΩ、10 分間
過充電	ISO 12405-1	5C、SOC130 %またはセル温度 55℃まで
	IEC 62660-2	BEV 用は 1It、HEV 用は 5It、最大電圧の 2 倍または印加電気量が SOC200 %まで
	IEC 62133 JIS C 8712	3C、SOC250 %まで
	UN38.3 T7	連続充電電流の 2 倍で 24 時間充電、7 日間モニタ
	UL 1642	3C、20±5℃、7 時間
	QC/T 743	$3I_3$(A)充電、5V で 90 分間保持(変化が無ければ次に) $9I_3$(A)充電、10V で停止(危険回避のための試験中止)
強制放電(逆充電)	IEC 62660-2	完全放電したセルを 1It(A)で 90 分間放電
	IEC 62133 JIS C 8712	1It(A)で 90 分間逆充電
	UN38.3 T8	DC 電源と接続し、-12V 最大放電電流で定格容量を強制放電、7 日間モニタ
	UL 1642	放電後のセルと充電後のセルを直列でつなぎ、80±20mΩの抵抗を接続して短絡させる 発火、爆発または、0.2V 未満かつ周囲温度±10℃に下がるまで

ないことを確認する釘刺し試験などもある(表 2.20)。

c)環境試験(温度サイクル、熱衝撃、加熱、低圧)

温度サイクルは、市場環境の温度変化を想定した試験で、-20℃、20℃、75℃の各温度で一定時間放置し、数回サイクル後、発火、破裂または漏液し

表 2.20　リチウムイオン二次電池に関する安全性試験（機械的試験）（2012 年現在）

衝撃、圧壊、落下	ISO 12405-1	衝撃：半正弦波、加速度 500m/s^2、6ms、10 回
	IEC 62660-2	衝撃：半正弦波、加速度 500m/s^2、6ms、10 回 圧壊：φ150mm の半円棒または半球でセルを押し潰す 　　　1/3 の急激な電圧低下、または 15 ％以上のセル変形、 　　　またはセル重量の 1000 倍の印加力まで印加
	IEC 62133 JIS C 8712	落下：高さ 1.0m からコンクリートの床に 3 回落下 衝撃：ピーク加速度 1228～1716m/s^2、3 軸方向各 1 回、 　　　20±5℃ 圧壊：13±1kN 加圧
	JIS C 8713	落下：高さ 0.5～1.0m から堅木に各方向に 1 回落下（計 6 回）
	JIS C 8714	落下：高さ 1m（機器重量 7kg 以下）、高さ 0.7m（機器重量 5kg 以下）
	UN38.3 T4	衝撃：ピーク加速度 150G（大形電池は 50G）、パルス 6ms の衝撃を 3 軸方向正負向きに 3 回（計 18 回）
	UN38.3 T6	衝突：セル上に φ15.8mm の丸棒を載せた状態で、9.1kg の重りを 61cm の高さから丸棒に向けて落下
	UL 1642	圧壊：13±1kN 加圧 インパクト：セル上に φ15.8mm の丸棒を載せた状態で、 　　　　　　9.1kg の重りを 61cm の高さから丸棒に向けて落下 衝撃：75G、20±5℃
	QC/T 743	落下：充電後、5mΩ の外部抵抗で短絡、10 分間保持 1.5m の高さから 20mm 厚の硬木上に落下 圧壊：充電、治具でセルの垂直に圧迫、圧迫面積 20cm^2
内部短絡	JIS C 8714（5.5）	単電池を解体し、Ni 金属片を挿入

ないことを確認する。熱衝撃試験は、航空輸送時の急速かつ極端な温度変化を想定した試験で、UN 勧告試験の場合、75℃と－40℃の間で熱衝撃試験を行う。急激な温度変化を要求されるため、熱衝撃試験装置などで試験することが望ましい。なお、UN 勧告試験では、低圧→温度試験（温度サイクル）→振動→衝撃→外部短絡までの連続試験を同じ電池で行う。UN 勧告試験の要求事項として外部短絡以外の試験では、発火、破裂または漏液はもちろん、質量の減少や、弁作動がなく、試験後の回路電圧が試験前の 90 ％以上が求められる（表 2.22 参照）。加熱、低圧については、誤使用を想定した試験である。加熱試験は誤

第2章　二次電池

表 2.21　リチウムイオン二次電池に関する安全性試験（環境試験）と装置例（その 1）（2012 年現在）

試験名称	試験規格	試験条件	装置例
高温	IEC 62660-2	室温から 5 ℃/min で 130 ± 2 ℃まで昇温し、30 分保持	安全機構付き恒温器※、セーフティーオーブン※
	IEC 62133 JIS C 8712、8714	室温から 5 ± 2 ℃/min で 130 ± 2 ℃まで昇温し、10 分保持	
	UL 1642	20 ± 5 ℃から 5 ± 2 ℃/min で 130 ± 2 ℃まで昇温し、10 分保持	
	QC/T 743	85 ± 2 ℃、120 分	
温度サイクル	ISO 12405-1	［85 ℃、1 時間以上 　→　－40 ℃、1 時間以上］ を 5cyc	中型恒温器※
	IEC 61660-2	通電なし： ［25 ℃ 　→（移行 60 分）　－40 ℃、90 分 　→（移行 60 分）　25 ℃ 　→（移行 90 分）　85 ℃、110 分 　→（移行 70 分）　25 ℃］ を 30cyc 通電あり： ［25 ℃ 　→（移行 60 分）　－20 ℃、90 分 　→（移行 60 分）　25 ℃ 　→（移行 90 分）　65 ℃、110 分 　→（移行 70 分）　25 ℃］ を 30cyc	冷熱衝撃装置※
	IEC 62133 JIS C 8712	［75 ± 2 ℃、4 時間 　→　20 ± 5 ℃、最低 2 時間 　→　－20 ± 2 ℃、4 時間 　→　20 ± 5 ℃、最低 2 時間］ を 5cyc 後、7 日間放置	
	UN38.3 T2	［75 ± 2 ℃、6 時間 　→　－40 ± 2 ℃、6 時間］ を 10cyc 後、20 ± 5 ℃で 24 時間放置	
	UL 1642	［70 ± 3 ℃、4 時間 　→　20 ± 3 ℃、2 時間 　→　40 ± 3 ℃、4 時間 　→　20 ± 3 ℃］ を 10cyc 後、20 ± 5 ℃、24 時間放置	

※エスペック（株）製

表 2.21 リチウムイオン二次電池に関する安全性試験（環境試験）と装置例（その2）（2012年現在）

結露（温湿度サイクル）	ISO 12405-1	25～80℃（±3℃）、55～98%（50～100%）の温湿度プロファイルを5cyc	ハイパワー恒温恒湿器※
低圧（高度シミュレーション）	IEC 62133 JIS C 8712	11.6kPa（高度15240mに相当）以下、20±5℃、6時間	恒圧恒温槽※
	UN38.3 T1	11.6kPa以下、20±5℃、6時間以上	
	UL 1642	11.6kPa、20±3℃	
振動	ISO 12405-1	・5～200Hz、-40～75℃、Z→Y→X方向の順 ・10～2000Hz、r.m.s.加速度27.8m/s²、各面に対し8時間	複合環境試験装置（温度・振動）※
	IEC 62660-2	10～2000Hz、r.m.s.加速度27.8m/s²、セルの各面に対し8時間	
	IEC 62133 JIS C 8712	振幅0.76mm、最大全振幅1.52mmの単振動 X、Y、Z軸方向それぞれ[10～55Hz、90±5分]振動させた後、1時間保存	
	JIS C 8713	振幅0.35mm、10～500Hz、5cyc、20±5℃	
	UN38.3 T3	7Hz→200Hz→7Hz（1G→8G→1G）のセット、各15分を12回繰り返し（計3時間）、X、Y、Z3軸方向	
	UL 1642	振幅0.8mm、最大全振幅1.6mmの単振動 10～55Hz、90～100分	
	QC/T 743	1I₃（A）放電、上下単振動 10～55Hz、最大加速度30m/s²、10回繰り返し、振動時間2時間	

※エスペック（株）製

100

使用試験の1つであるが、電池の熱安定性を評価する試験でもある。130℃、10分間での試験が多い（JIS C 8714、UL 1642）。低圧は、例えば、航空輸送時の低圧状態を想定した試験で、真空オーブンなどで減圧し、一定時間保持した後、発火、破裂または漏液しないことを確認する（**表2.21**）。

d）UN勧告試験[3,5]

ロサンゼルス空港でのフォークリフトによるリチウム金属電池突き刺し火災事故（2003年）などをきっかけに、UNでは、リチウム金属電池に加え、リチウムイオン電池の国際輸送（船舶、航空および鉄道）に対して、輸送規則を制定している。

また、UNでは広範囲な危険物の国際輸送の安全基準を定めており、火薬類、高圧ガス、有害性物質などの危険物に関して9クラス（Class 1～Class 9）に分類している。リチウムイオン電池に関するUN番号は以下の通りである。

- UN3480：リチウムイオン電池（リチウムポリマー電池を含む）
- UN3481：機器に組み込まれたリチウムイオン電池（リチウムポリマー電池を含む）

リチウムイオン電池は、Wh容量に応じて、非危険物輸送と有害性物質（Class 9）危険物輸送の2種類に分かれる。いずれの場合もUN勧告試験に合格している必要がある。単電池20Wh以下、組電池100Wh以下は危険物非該当となり、非危険物輸送となる。ただし、表示や搭載貨物の重量面では危険物と同等の扱いを受ける。単電池20Wh超、組電池100Wh超はClass9危険物輸送となる。

UN規格は、リチウムイオン電池自体の品質や製品規格ではなく、「輸送時の安全維持」が目的である。UN勧告試験を通るには、試験項目のうち、全セルあるいは全組電池が各試験でOK判定になる必要がある。**表2.22**に、輸送時の安全維持の観点から各試験の効果を示す。T1～T5までは同一電池で実施する。T7は組電池を対象とし、T8は単電池を対象としている。

e）リチウムイオン電池の温度サイクル（熱衝撃）試験とその効果

温度サイクル試験（熱衝撃試験）の劣化メカニズムは、温度変化、または温度変化の繰り返しが部品、機器またはその他の製品に与える影響を調べる試験である。急激な温度変化による材料の膨張／収縮作用を受け、ひずみが生じ応

表 2.22　UN 勧告試験の内容（リチウムイオン電池）（2012 年現在）

No.	試験項目	評価想定	試験内容	合格基準	試験電池の数				
					単電池		小形組電池		大形組電池	
T1	低圧	輸送時の低圧状態	室温、11.6kPa 以下で、最低 6 時間保持。	破裂、発火、弁作動、漏液、質量の減少がなく、試験前の電圧の 90 %以上確保	初回サイクル、満充電		初回サイクル、満充電	50サイクル後、満充電	初回サイクル、満充電	25サイクル後、満充電
T2	温度試験（熱衝撃）	急激な温度変化	−40℃ と 75℃ の間を各 6 時間、10 回繰り返す。インターバル最長 30 分。							
T3	振動	輸送時の振動	7Hz → 200Hz → 7Hz (1G → 8G → 1G)/1 回を 15 分掃引。お互いに垂直な 3 方向で 12 回繰り返す。計 9 時間の試験。							
T4	衝撃	輸送時の衝撃	正弦波衝撃を、150G で 6 秒間、3 方向より計 18 回与える。							
T5	外部短絡	外部での短絡	55℃±2℃ 保持、0.1Ω未満の抵抗での短絡後、6 時間観察し、170℃ を超えないことを確認。	試験後 6h 以内に破裂、発火が無いこと	10 単電池		4 組電池	4 組電池	2 組電池	2 組電池
T6	衝突	輸送時の衝突	直径 15.8mm の丸棒を電池の上に置き、重さ 9.1kg の重りを 61cm の高さから落下させる。	試験後 6h 以内に破裂、発火が無いこと	単電池		コンポーネント単電池			
					初回サイクル、50 %充電状態		初回サイクル、50 %充電状態			
					5 単電池		5 単電池			
T7	過充電	（組電池対象）	メーカー推奨の最大連続充電電流の 2 倍で、充電電圧の 2 倍で試験を行う。試験の継続時間は 24 時間。	試験後 7 日間以内に破裂、発火が無いこと	単電池		小型組電池		大型組電池	
					—		初回サイクル、満充電	50サイクル後、満充電	初回サイクル、満充電	25サイクル後、満充電
					—		4 組電池	4 組電池	2 組電池	2 組電池
T8	強制放電	過放電後の転極	メーカーが定めた最大放電電流で強制放電を行う。	試験後 7 日間以内に破裂、発火が無いこと	単電池		組電池			
					初回サイクル、放電状態	50サイクル後、完全放電	—			
					10 単電池	10 単電池	—			

力が発生する。例として以下のような現象がある。

・表面コーティングの亀裂や剥離

・充填材料の漏れ

・封止部や容器の合わせ目の開口

第2章 二次電池

表2.23 リチウムイオン二次電池に関する各種規格の温度サイクル試験内容（2012年現在）

規格番号・内容	温度条件	サイクル数等	SOC	その他
IEC 62133 二次電池安全要求仕様（小型電池） JIS C 8712 密閉形小形二次電池の安全性	75±2℃，4時間 → 20±5℃，最低2時間 → −20±2℃，4時間 → 20±5℃，最低2時間 （各30以内に到達）	5cyc後 7日間放置	100 %	単電池 組電池
IEC 62660-2 電気自動車駆動用二次電池パート2 リチウムイオン単電池の信頼性および過酷試験 （定速温度変化試験）	25℃ →（移行60分）−40℃またはT_{min}，90分 →（移行60分）25℃ →（移行90分）85℃またはT_{max}，110分 →（移行70分）25℃	30cyc	BEV100 % HEV80 %	単電池 電気的動作なし
	25℃ →（移行60分）−20℃，90分 →（移行60分）25℃ →（移行90分）65℃，110分 →（移行70分）25℃	30cyc	BEV80 % HEV60 %	単電池 電気的動作あり
ISO 12405-1 電動路上走行車両−リチウムイオン電池パックおよびシステムの試験仕様	85℃またはT_{max}，1時間以上 −40℃，1時間以上 （各30以内に到達）	5cyc	1C放電 ⇒ 50 %	組電池
UN38.3 T2 国連勧告輸送安全試験	75±2℃，6時間以上 −40±2℃，6時間以上 （各30以内に到達） 12kg以上または単電池で150Wh以上の電池は試験温度 12時間を超えないこと	10cyc後 20±5℃ 24時間放置	100 %	単電池 組電池
UL 1642 リチウム電池の安全規格	70±3℃，4時間 → 20±3℃，2時間 → −40±3℃，4時間 → 20±3℃ （各30以内に到達）	10cyc後 20±5℃ 24時間放置	100 %	単電池 組電池
UL subject1973 軽鉄道および据置型大型電池を対象とする要求事項集	70±5℃ → −40±5℃ 単電池 各1時間 組電池 各6時間	5cyc	100 %	単電池 組電池
SAE J2464 電気自動車およびハイブリッド車の充電式エネルギー保存装置の安全性試験および過酷条件試験				

BEV：電池式電気自動車，HEV：ハイブリッド式電気自動車，SOC：充電状態（%），T_{min}：供給者と顧客で定める最低温度，T_{max}：供給者と顧客で定める最高温度

表2.24 温度サイクル試験の種類（2012年現在）

試験名称	定速温度変化試験（気槽）	温度急変試験（気槽）	二液槽温度急変試験（液槽）
相当規格	IEC 62660-2	IEC 62133・ISO 12405-1 UN38.3 T2・UL 1642	
試験目的	周囲温度変化に耐える能力および機能を果たす能力の確認	周囲温度の急激な温度変化に耐える能力の確認	試料の温度変化に耐える能力の確認
温度変化	1、3、5、10、15℃/分	放置時間の10％の時間以内	浸漬時間によって決める
厳しさ	低い ←————————————————————→ 高い		
（例）試験プロファイル	■温度変化測定データ	-40℃/+85℃、各1時間	
装置構造		●テストエリア内の風の流れ 高温側／低温側／テストエリア／高温風／常温風／低温風	試料カゴ／低温槽／高温槽
装置外観	急速温度変化チャンバー※／中型恒温恒湿器※	冷熱衝撃装置※	液槽冷熱衝撃装置※

※エスペック（株）製

・部品の変形や割れ

　各種規格試験の温度サイクル試験（熱衝撃試験）の内容を表2.23に示す。

　温度サイクル試験の種類には大きくは温度変化速度の違いにより、表2.24に示す方法がある。空気媒体で熱交換を行う気槽式と液体を媒体とする液槽式があり、それぞれ故障モードが異なる。液槽式は、主に発見が困難な欠陥を見

つけるのに利用されている。気槽式では、定速温度変化試験は温度変化が緩やかで一定のため、ストレスの再現性が高く、市場に近い環境が模擬できる。

2.5.3　リチウムイオン二次電池の劣化モードと加速試験方法

　リチウムイオン二次電池の開発・製造では性能向上のための開発が急速に進んでいる。リチウムイオン二次電池では安全性の確保が何より重要な課題である。一方、市場普及が大きく期待されている電気自動車やプラグインハイブリッド車などでは、10～15年の耐用年数が目標とされている[7]。また定置型蓄電池においても6年以上の耐用年数も求められており、今後益々加速試験への期待は高まると思われる[9]。他方、電子部品・機器の加速試験は、半導体およびはんだ接合性やプリント基板絶縁性のように劣化メカニズムと加速因子の解明により、寿命予測技術が進展している分野である。二次電池においては、劣化寿命予測や加速試験は、電子部品・機器のように事例や体系的な理論が十分ではないと思われる。そこでここでは、半導体・電子部品・機器の加速試験と対比して、リチウムイオン二次電池の加速試験の現状と課題について述べる。

(1) 劣化の定義

　二次電池の寿命判定の例としては、JIS C 8711（ポータブル機器用リチウム二次電池）において充放電サイクルで初期容量の60％まで容量低下した時点が定義されている。また当事者が定めた方法で充電された電池の一定温度保存による劣化に対しては単電池では70％、組電池では60％が定義されている。一般に製造者における劣化判定基準はこれより厳しく80％などで判定されている[5]。これらの劣化は長期保存時の充電状態が高いほど劣化が早く、そのため二次電池は、充電状態を低く保ち、長期の使用に耐えるなど使用環境に応じて設計されている[5,13]。これらの劣化は一定の基準を満たす限り故障とは見なさず、電池は必然的に容量低下する消耗品と考えるのが普通である。図2.49にリチウムイオン二次電池の放電曲線の例を示す。

(2) 劣化要因と劣化のメカニズム

　リチウムイオン二次電池の劣化要因は電池を構成する部材ごとにいくつかあるが、単純な分類は難しい。これは電池の内部状態に影響を与えずに解体することが困難なことから、故障解析例が少なく、劣化メカニズムと寿命の関係が

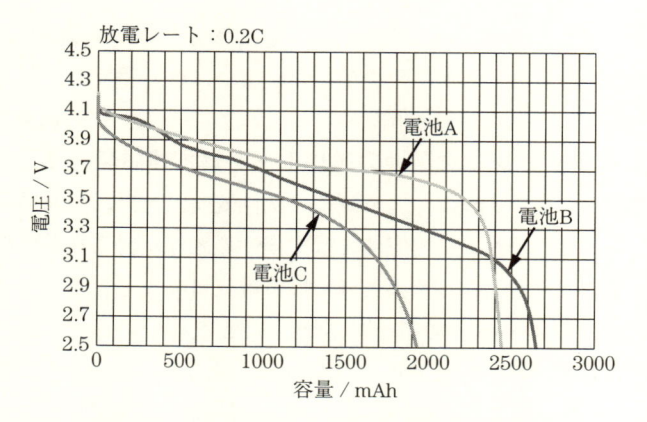

図 2.49　リチウムイオン二次電池の放電曲線の例

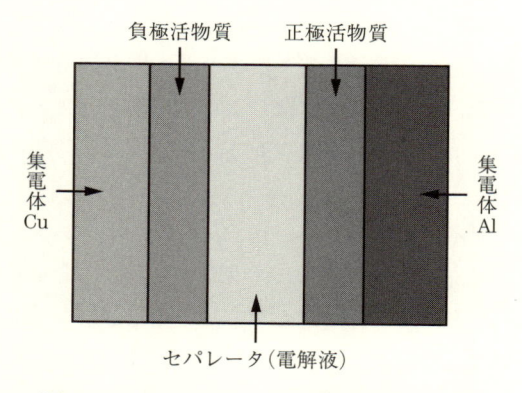

図 2.50　リチウムイオン二次電池の構造模式図

必ずしも明瞭ではないためと思われる。他方、電子部品では故障解析事例が多く、解析技術の向上とともに信頼性技術や寿命予測技術が進展してきており、この点が大きく異なる点と考えられる。

　図 2.50 にリチウムイオン二次電池の構造を示す。リチウムイオン二次電池の代表的な劣化要因には、電極の表面に成長する被膜に起因した内部抵抗の増加が報告されている。その他、活物質の結晶構造の変化や電極材料と集電体界面の剝離などが生じる可能性がある。さらに電界液やセパレータに起因する劣化現象も存在するため、特性評価や材料構成などからこれら原因を推定する必

要がある。充放電サイクルではこれらの劣化が混在している可能性がある[6,3,5]。なお内部抵抗の増加を測定する方法としては直流抵抗法（DC-IR）と交流インピーダンス法がある。故障解析例が限られるため劣化部位との因果関係は明らかではないが、交流インピーダンス法は、上記劣化要因などの電池内部の現象を測定する技術として期待されている。

(3) 市場環境（使われ方）

リチウムイオン二次電池は保存温度が重要な劣化要因の1つである。市場環境温度は屋内であれば40℃程度までを想定しているが、屋外や移動機器などでは、電池はさらに過酷な環境にさらされることになる。現在のリチウムイオン二次電池は長期的な特性劣化は40〜60℃で急速に進行するため、JIS C 8711、IEC 62660-1（電気自動車用リチウム単電池の性能試験）などの試験規格でも40〜45℃での長期寿命試験を規定している。このため車載向け電池の場合は、電池温度を45℃以下に維持するための冷却機構によって性能を維持している[5]。さらに車載電池では−20℃以下の低温も想定する必要がある。一般に−20℃では、二次電池は内部抵抗が増大し著しく容量低下するため、上記のように周囲温度を維持する機構が必要になるが、現在では低温特性の優れた電池も開発されつつある[10]。

また、車載電池が使用されている状態では、充放電レートが様々に変わる。充放電レートの違いは劣化の進行に影響を与えるため、IEC 62660-1では車載の充放電レートパターンが規定されている。一方、家電製品向けの電池では常に充電し続けて使用されることも多いが、常に高い充電状態を維持することも劣化を進行させる要因となる。このように市場条件が寿命を大きく左右するため、これら市場環境を想定した加速試験条件を検討する必要がある。

(4) 加速モデル

二次電池の寿命試験としては、以下の2点が基本となっている。

①保存寿命（カレンダ寿命）

②充放電サイクル寿命

①は温度依存の劣化寿命であり、②は充放電サイクルに伴う劣化である。保存寿命の加速モデルはアレニウスモデルが用いられる。これは前述の電極表面被膜の成長に伴う内部抵抗増加に起因すると考えられており、被膜成長が化学

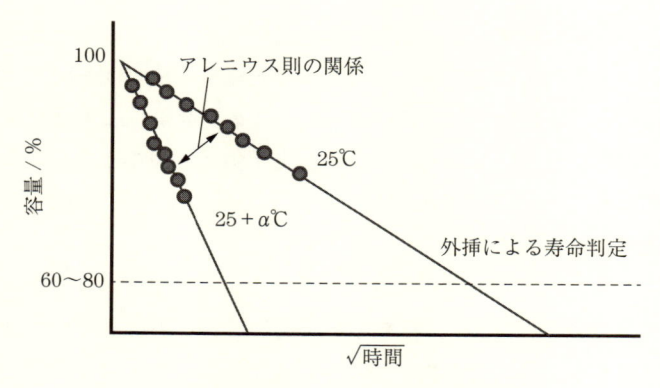

図 2.51　外挿法による寿命予測の模式図

反応によるためである[6,9]。加速試験は使用温度よりも高い温度で試験を行うが、リチウムイオン二次電池では、上限温度が55～60℃ほどに制限される場合が多い。この温度域以上になると異なる化学反応の進行によって加速性が成立しないことが知られている[3]。そのため長期寿命予測では、経時劣化の線形性を利用して外挿法が用いられる。代表的な例として経過時間の1/2乗に対して線形性となる例が報告されている[7]（図 2.51 参照）。しかし実使用では充放電サイクル寿命も考慮する必要があり、必ずしもアレニウスモデルのみでは表せない。また実環境の寿命劣化に与える影響としては保存寿命と充放電サイクル寿命との比が9：1との例もあり、保存温度の影響が非常に高い場合がある[7]。一方、電子部品ではアレニウスモデルの他に、いくつかの加速モデルがあり、劣化要因によって使い分けや組み合わせをしている。代表的な加速モデルを表2.25に示す。

　このように加速モデルを確立するためには、湿度や機械的繰り返し応力など劣化因子を特定することが重要と言える。加速モデルを用いた寿命予測では主要な因子に単純化しているため、算出結果にはかなりの誤差が含まれる。そのため電子部品では例えば算出結果の3倍など十分な安全率を採り判定されることもある。電池においては求められる寿命に対して製品性能のマージンが少ないため、正確な予測が求められていると思われる。そのため耐用年数10年を求める予測手法は困難を極めているのが現状と思われる。市場要求に対する寿

第 2 章　二次電池

表 2.25　電子部品・機器で使われる代表的な加速モデル

環境因子	加速モデル		備　考
温度	アレニウスモデル	$L \propto \exp\left(\dfrac{E_a}{kT}\right)$	L：一定の故障率に至る時間 E_a：活性化エネルギー（eV） k：ボルツマン定数（eV/K） T：絶対温度（K）
温度 湿度	アイリングモデル	$L \propto \exp\left(\dfrac{E_a}{kT}\right) \times \exp\left(\dfrac{B}{RH}\right)$	B：定数 RH：湿度（%）
熱サイクル	コフィン・マンソン	$L \propto C \times f^m \times (\varDelta T)^{-a}$ $\times \exp\left(\dfrac{E_a}{kT_{\max}}\right)$	$C、m、a$：定数 $\varDelta T$：温度幅 f：サイクル周波数（Hz） $T_{\max}$：最高試験温度（K） k：ボルツマン定数（eV/K） E_a：活性化エネルギー（eV）
温度	n 乗則	$L_2 \propto L_1 \times \left(\dfrac{V_1}{V_2}\right)^n \times 2^{(T1-T2)/k}$	L_1：試験温度 $T1$ による寿命（h） L_2：試験温度 $T2$ による寿命（h） $V_1、V_2$：試験電圧（V） $k、n$：定数

命性能の余力確保という点からも電池性能のさらなる向上が期待される。

(5)　期待される予測手法と今後の期待

　劣化の早期検出や予測手法は、長期寿命試験の短縮化に貢献する。電池特性は温度依存性が高いため、より安定した温度管理状況での特性評価も重要と思われる。また、実際に電池が使用されている動的負荷条件下での特性評価や、交流インピーダンス特性による予測手法も今後の課題である。また今後開発される電池で使用温度帯域が広くなれば、加速試験による寿命予測の可能も広がると考えられる。

(6)　まとめ

　二次電池の長期的な加速試験は電子部品・機器と比べて容易ではないのが現状である。その大きな要因には以下のようなことが挙げられる。

1) 電池の寿命予測では、電子部品・機器のように、より過酷な環境を想定したり、寿命予測値に安全率をかけるような方法があまり行われない。これは電池の劣化は故障ではなく、消耗的劣化であることと、現在の電池寿命が市場要求に対して十分なマージンを持っていないためと思われ

る。
2) 劣化現象と劣化要因の因果関係が未だ不明確な点が少なくない。これは劣化した電池の解析が容易でなく、解析事例が少ないためと考えられる。
3) 市場劣化データによる相関性の検証が十分ではない。これは電池の開発スピードが速く、材料構成などが変わることや前項 2) の解析が困難なことも影響していると考えられる。

そのため、今後期待される技術には例えば以下のような取組みも有用と思われる。

①電池性能のさらなる向上によって要求される寿命性能に対する余力の確保
②交流インピーダンス法などの非破壊測定による推定技術や複数の測定・解析手段を用いて、早期検出、劣化個所の特定などの予測技術を高めていく取組み
③市場劣化データの回収蓄積を行い、非破壊測定を用いた因果関係の把握

2.5.4 リチウムイオン二次電池の測定・解析方法

電池の劣化は内部抵抗の増加として現れる。ここでは電池の信頼性評価において内部抵抗を測定する方法として、直流抵抗法(DC-IR)と交流インピーダンス法について説明する。

(1) 直流抵抗法(DC-IR)

内部抵抗測定は、鉛蓄電池をはじめ、様々な電池で劣化診断に用いられている。その中で、直流抵抗(以下、DC-IR)法は簡便な方法としてよく使われている。DC-IR は、カレントインターラプタ法と、放電(充電)I-V 法の2つに大別される。

カレントインターラプタ法は、直流電流を電池に印加した瞬間の端子電圧の変化から抵抗を求める方法で、短時間で診断できる簡便な方法である。JIS 規格 (JIS C 8711) では、組電池を対象として、カレントインターラプタ法に相当する試験が記載されている。詳しい内容については JIS C 8711 を参照されたい。

放電(充電)I-V 法は、種々の電流で放電(充電)して各数秒目の端子電圧を測定し、電流-電圧の関係 (I-V) から抵抗を求める方法である。図 2.52 に

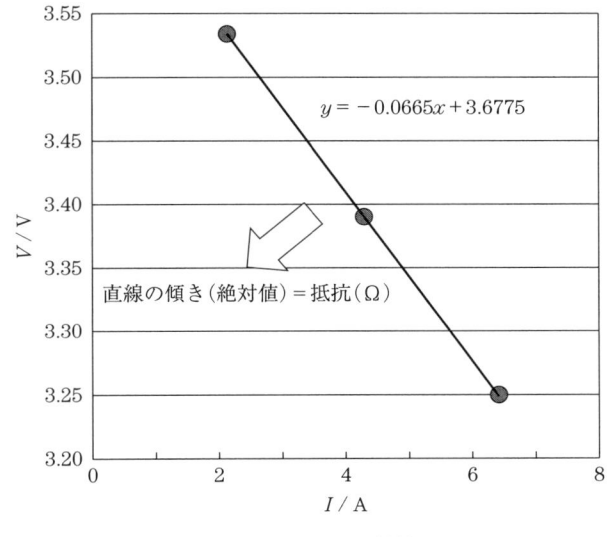

図 2.52 放電 I–V 特性

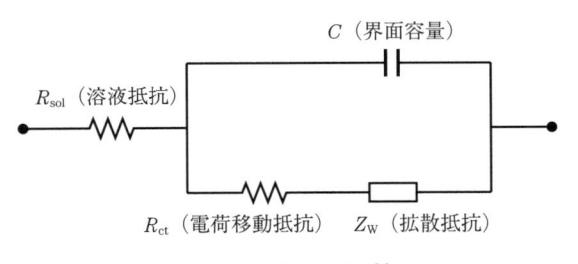

グラフ中:
$y = -0.0665x + 3.6775$
直線の傾き（絶対値）＝抵抗（Ω）

図 2.53 等価回路例[1]

R_sol（溶液抵抗）、C（界面容量）、R_ct（電荷移動抵抗）、Z_W（拡散抵抗）

放電 I–V 法の例（放電 I–V 特性）を示す。

(2) 交流インピーダンス法[1、11、12]

　交流インピーダンス法は、微小な正弦波交流信号を印加し、その入力信号と出力信号の位相差から界面の物性や反応を測定する方法である。一般的な二次電池の等価回路は図 2.53 のように表される。これに対して交流インピーダンス法を用いて複数の周波数でインピーダンスを測定し、そのインピーダンススペクトルを図 2.54 のように複素平面上に描いたものはコールコールプロット（Cole–Cole Plot またはナイキストプロット）と呼ばれる。この関係を用いて、

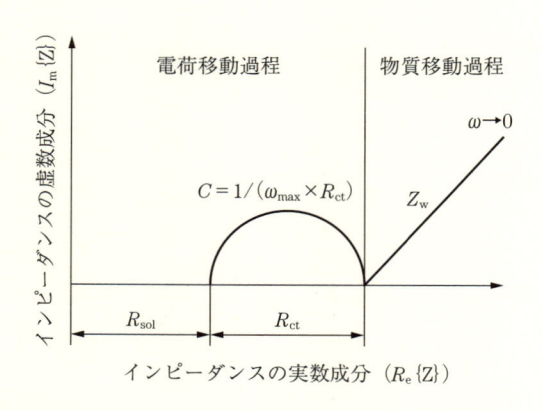

図 2.54　インピーダンススペクトルのコールコールプロット[1]

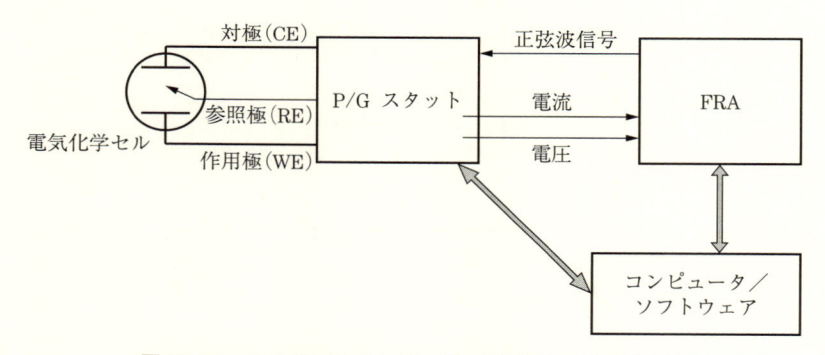

図 2.55　FRA を用いたインピーダンス測定システム構成図

交流インピーダンス法による測定結果から、単純な等価回路に発展させることで、電極／電解質界面での電荷移動抵抗や電解質内の物質移動過程など、電池内部で起こる様々な現象を表現できるので、解析に有効であると言われている。また、非破壊で解析できる利点がある。

a）交流インピーダンス法測定システム

　交流インピーダンス法におけるインピーダンススペクトルの測定には、一般に周波数応答解析装置（Frequency Response Analyzer：FRA）とポテンショガルバノスタット（Potentio-Galvano Stat：P/G スタット）の組み合わせが用いられる。測定システムの構成図を図 2.55 に示す。FRA は、内蔵した発信器から任意の周波数をもつ正弦波信号を出力することができ、P/G スタットま

表2.26 インピーダンス測定条件

試料電池	18650 LIB 円筒形
測定温度	−20～60 [℃]
測定周波数	0.1～1000 [Hz]
恒温器	エスペック(株)製　小型環境試験器 SH-661
その他	試験槽内の温度を一定にして、2時間30分保持させてから測定

たは電気化学セルから入力される電位および電流信号を離散フーリエ変換により周波数領域でのデータに変換し、印加した周波数でのインピーダンスを得ることができる。

b) リチウムイオン二次電池のインピーダンスの温度特性事例

　二次電池の特性は温度に依存するため、特性評価では電池の温度管理が必要とされる。ここでは、リチウムイオン二次電池の交流インピーダンス測定により、インピーダンスの温度特性の事例を紹介する（表2.26）。

　図2.56にそれぞれの温度で得られたコールコールプロットを示す。温度が低くなるほど、コールコールプロットが描く半円が大きく、すなわち電荷移動抵抗が大きくなっていくことがわかる。15～60℃の温度範囲を拡大した図を見ると、20℃、23℃、25℃と特性評価の基準温度となる室温付近では2℃の違いでもインピーダンスの差異が確認できる。特に低周波数域の電荷移動抵抗を含めた性能評価では電池の温度管理が重要となることがわかる（図2.57）。

2.5.5　評価試験における作業環境への安全性[13]

　リチウムイオン二次電池は、蓄電池から電気自動車やハイブリッド自動車など、より高性能を求められる用途においては現状最も実用性に優れ期待されている。その一方で発煙発火の恐れがあるため安全性には十分な配慮が必要である。そのため開発から製品化にわたり様々な安全性試験が行われている。さらに安全性試験だけでなく、寿命試験・特性試験においても安全管理上、試験装置周囲の安全装備が必要である。リチウムイオン二次電池は安全性試験で最悪の場合、発火等の恐れもあるため、使用する恒温器には安全機構を設けている

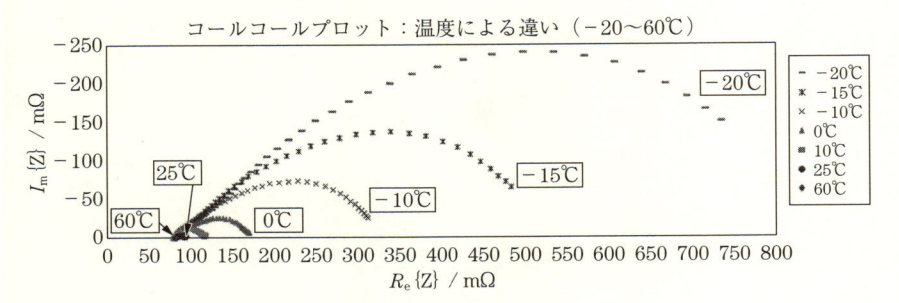

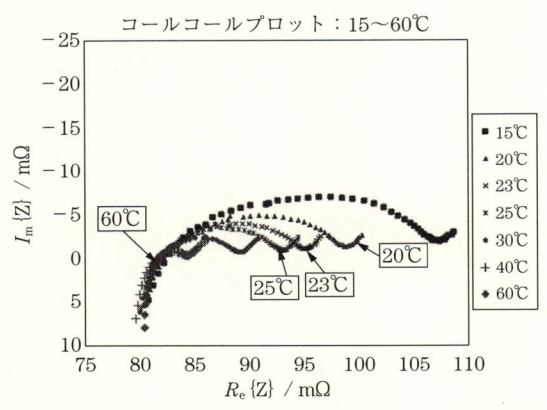

図 2.56 インピーダンスの温度特性(コールコールプロット)

が、電池の大容量化に伴い、安全機構に求められる耐性などへの課題も顕在化しつつある。

(1) リチウムイオン二次電池の試験装置の仕様

a) 安全性試験の概要

　安全面で注意すべき点は、短絡や転極などの誤使用や輸送環境や水没、破壊などの事故などを想定した安全確認である。車載などの電池パックでは容量が大きいため、試験設備も非常に規模が大きくなる。安全性試験では発火や爆発まで実施することも多く、防爆設備の耐性を把握しておくことが望ましい。

　充放電特性評価や保存試験（恒温試験）、充放電サイクル試験は、安全性試験のような限界ストレスを与える試験ではないが、予期せぬ原因で発火爆発する危険性があるため、試験装置には安全機構を備えておく必要がある。

第 2 章　二次電池

図 2.57　インピーダンス計測と恒温器のシステム構成例
（エスペック(株)製　バッテリーインピーダンス評価システム）

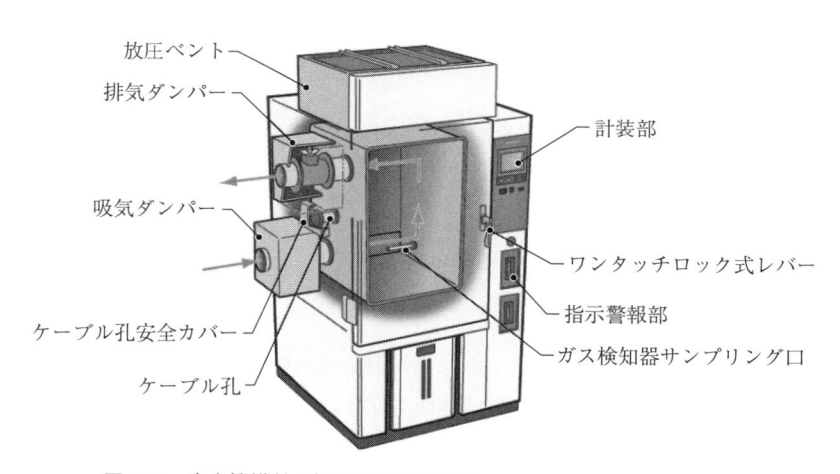

図 2.58　安全機構付き恒温器の基本構造
（エスペック(株)製　安全機構付き恒温恒湿器　プラチナス）

b）安全機構付き恒温器

　安全機構付き恒温器について述べる。安全機構の構成例を図 2.58 に示す。電池が爆発した際に、槽内の圧力を外部に逃がすための放圧ベントや、作業者の安全を考慮して扉ロック開放を検知するセーフティードアロック機能、電池

115

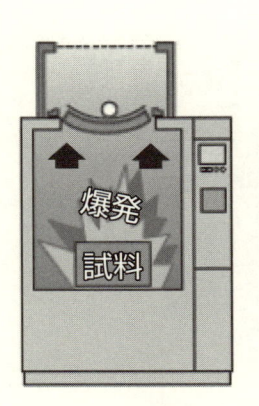

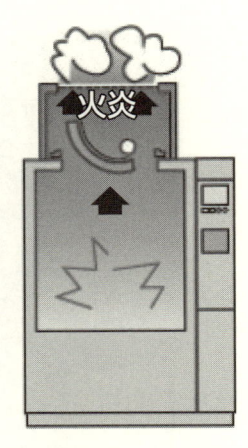

図 2.59　電池が発火・爆発した時の防爆ベントの動作

から放出されたガスを検知する機能、吸排気ダンパ、CO_2 ガス消火装置などの安全機構がある。放圧ベントの面積は恒温器の耐圧性に影響する。例えば中央労働災害防止協会の定める乾燥設備作業主任者で推奨されている基準として、ベント面積と器内容積比において 1/9 (m^2/m^3)（30 立方メートル以下で強い圧力に耐えうる構造の機械および炉）などがある。しかし電池試験で、どれだけのベント面積にすべきかの公的な規定は調査した範囲で本書発行時は確認されていない（図 2.59）。

(2) 安全性試験の実施例

実際の電池安全性試験における恒温器安全機構の動作事例を紹介する。比較のため安全機構のない恒温器での実験例も示す。

a) 安全機構がない恒温器における影響

安全機構がない恒温器を用いて強制的に過充電状態を継続させ発火・爆発させた例を紹介する。本試験に使用したリチウムイオン二次電池の仕様および試験条件を表 2.27 に示す。ここで使用した 18650 円筒形電池はノート PC の電池パックなどに汎用的に使用されている。実験による恒温器内でのリチウムイオン二次電池の発火・爆発例を図 2.60 に、電池の挙動特性を図 2.61 にそれぞれ示す。爆発音は非常に大きく、爆発圧力によって、扉の隙間から火花や煙が放出された。扉ロック破壊や繰り返しによる恒温器自体への負荷および火災な

表 2.27　実験に使用したリチウムイオン二次電池の仕様および試験条件

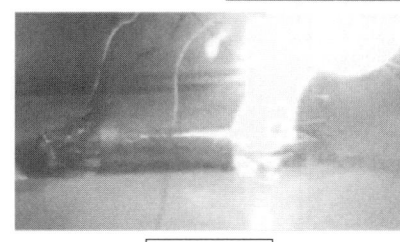

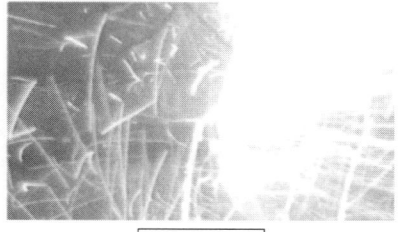

試験内容	過充電
電池の仕様	2600mAh　4.2V（満充電）
電池サイズ	18650（18×650mm）
過充電条件	2C（5.2A）
試験温度	室温（無風状態）
計測項目	温度、電圧、電流、動画像

図 2.60　安全機構がない恒温器でのリチウムイオン二次電池の発火・爆発例

ど、周囲へ危険が及ぶ可能性が考えられた。

b）安全機構付き恒温器における影響

　安全機構付き恒温器での試験事例を紹介する。過充電状態で電流遮断装置により充電が停止した電池をリボンヒータで強制加熱（5℃／分）し、発火・爆発させた。電池表面温度と電池の出力電圧挙動の例を図 2.62 に示す。電池の表面温度が約 120〜130℃で電圧が低下した。この推定原因は電池内部のセパレータのシャットダウン効果のためと推察される。さらに加熱し続けると約 190℃から電池の表面温度が加熱制御温度（5℃／分）に従わず上昇をはじめ、

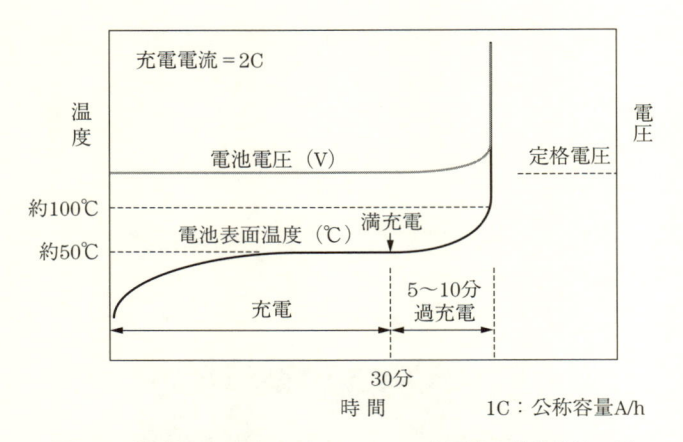

図 2.61　過充電によるリチウムイオン二次電池の挙動特性の例

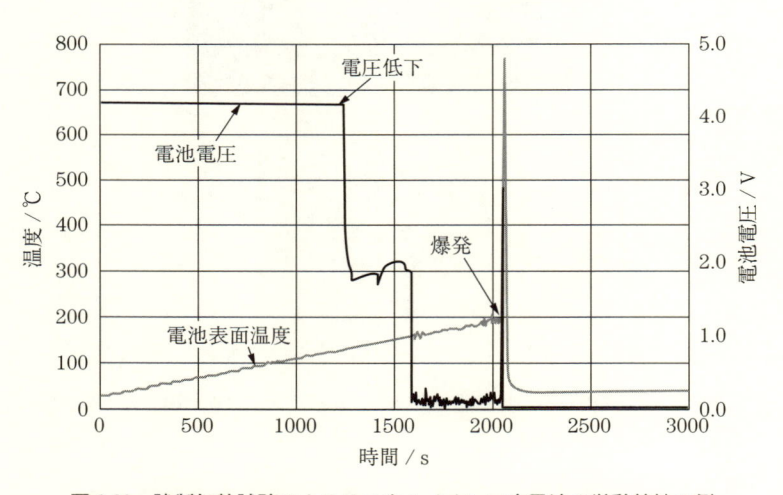

図 2.62　強制加熱試験によるリチウムイオン二次電池の挙動特性の例

その後爆発した。電池内部に加熱温度が到達する時間差を考えるとセパレータの溶融温度域（150℃）に近く、また正極からの酸素発生も高まるなど温度が高まれば考えられる要因はいくつか挙げられる。ただし真の要因は電池が破壊しているため確認ができない。

　リチウムイオン二次電池の熱暴走で根本対策が課題となっている原因には、試料飛散による故障解析の限界がある。恒温器の周囲に対しては、扉からの火

第 2 章　二次電池

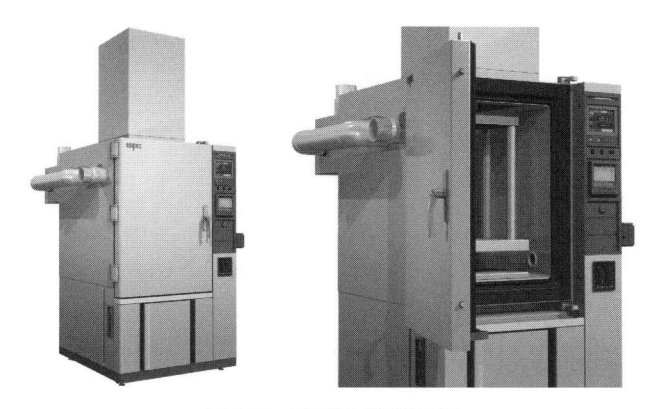

図 2.63　圧壊試験装置の例
（エスペック(株)製）

図 2.64　安全機構付き恒温室（大型電池用）
（エスペック(株)製　ビルドインチャンバー）

花や煙の放出は確認されず、扉の開放検知はなかった。電池の表面温度は 600
℃以上となり、器内の温度上昇は、天井および電池の正極端子が向いていた方
向の壁面が比較的高く、正極端子方向の壁面に大量のススが付着および衝突形
跡が確認され、正極端子側が開放したと考えられる。

　なお、車載向け電池などでは安全確認項目はより厳しく釘刺し試験や圧壊試
験など、過酷な試験が行われる傾向にある。大型化する電池の安全性評価につ
いては実績も少なく、電池に異常が発生した場合の試験設備に求められる仕様

119

には未知の部分がある。爆発圧力についても定量化された例は少なく、今後は定量的な推定法などが期待される（図 2.63、図 2.64）。

[2.5 の参考文献]
［1］ 電気化学会　電池技術委員会（編集）、"電池ハンドブック"、オーム社、2010
［2］ 金村聖志（編著）、"自動車用リチウムイオン電池"、日刊工業新聞社、2010
［3］ 技術情報協会、"リチウムイオン二次電池／材料の発熱挙動・劣化評価と試験方法"、2011
［4］ 日経エレクトロニクス（編集）、"次世代電池 2011-2012"、日経 BP 社、2011
［5］ シーエムシー・リサーチ（編集）、"Li イオン二次電池の製品規格＆安全性試験　2011"、シーエムシー出版、2011
［6］ 熊井一馬、小林陽、宮代一、竹井勝仁、岩堀徹 "リチウムイオン電池の劣化メカニズムの解明" 電中研報告 T01033、2002
［7］ 紀平庸男、三田裕一 "車載用高出力型リチウム二次電池の性能評価方法の開発"
［8］ 紀平庸男、竹井勝仁、寺田信之 "燃料電池自動車等用リチウム電池の加速的耐用年数評価試験法の開発（Ⅰ）" 電中研報告 Q05021、2006
［9］ 竹井勝仁、小林陽、宮代一、熊井一馬、岩堀徹、石川力雄 "リチウム二次電池の充放電サイクル寿命推定法の開発" 電中研報告、T98072、1999
［10］ 京極一樹「電池が一番わかる」技術評論社、2010
［11］ 田中浩和：「交流インピーダンス法を用いたはんだ材料のイオンマイグレーション発生過程の解析」、ESPEC 技術情報、No. 32、P. 1-8、2002
［12］ 板垣　昌幸、"電気化学インピーダンス法　原理・測定・解析"、丸善出版、2011
［13］ 河合秀己、奥山新、青木雄一："リチウムイオン二次電池の安全性試験における影響評価"、第 42 回信頼性・保全性シンポジウム、日科技連、2012

▶2.6 おわりに

リチウムイオン電池に代表される高エネルギー密度二次電池の適用用途は拡大されており、今後10〜20年間で現状の500倍程度にリチウム電池材料市場は成長するという経済予測もある。現在、モバイル機器の市場にさらに新市場が上乗せになり、電気自動車、電動バイク、電動自転車、電車等の電動車両、負荷平準化、パワーカット、停電バックアップ、光や風力発電と組み合わされた系統連携電力供給システム（発電所、家庭用、スマートグリッドなど）等の発電装置、各種ロボット、フォークリフト、飛行機、船等、そして宇宙、軍需等の特殊用途まで幅広い電池適用用途が検討されている。特に世界的に電気自動車用高性能リチウムイオン電池の開発に対する期待は大きい。ここで電気自動車（EV）とは、ハイブリッド車（HEV）、プラグインハイブリッド車（PHEV）および純モータ駆動電気自動車（BEV）である。これらの新用途に対応して要求される電池性能が多様化し、使用する電池材料が変わる。また、単電池のサイズ（容量）が増加する傾向がある。HEV は単電池容量が 5Ah 程度（60〜100個直列）、BEV は単電池容量が 50〜100Ah 程度（100個程度直列）である。発電所用電池では単電池の容量が 400〜600Ah の電池も要求されてい

表2.28　NEDO の主な蓄電池プロジェクト（2012年）

(1)　リチウムイオン電池応用実用化先端技術開発　平成24年度〜平成28年度 　　　電気自動車、プラグインハイブリッド自動車搭載リチウムイオン電池の実用化技術開発に取り組むと共に全固体電池の世界発の実用化を図る。現行リチウムイオン電池の自動車以外の用途拡大のための技術開発を行う。
(2)　安全・低コスト大規模蓄電システム技術開発　平成23年度〜平成27年度 　　　系統安定化用蓄電システムの開発を実施。再生可能エネルギーの利用拡大と蓄電分野における国際競争力向上に貢献。
(3)　次世代蓄電池材料評価技術開発　事業期間：平成22年度〜平成26年度 　　　様々な新材料を評価し製品開発にフィードバックするための技術を確立することを目的。
(4)　革新型蓄電池先端科学基礎研究事業　事業年度：平成21年度〜平成27年度 　　　電池の基礎的な反応メカニズム解明、既存の蓄電池の更なる安全性等の信頼性向上、本格的電気自動車用の蓄電池（革新型蓄電池）の実現に向けた基礎技術を確立する。

る．表 2.28 に NEDO が 2012 年に進めている蓄電池プロジェクトの代表例を示す．

今後，最優先で要求される電池性能はエネルギー密度の向上である．言い換えるとエネルギー密度が向上しないとただの安売り合戦になる商品でもある．2011 年のリチウムイオン電池の国別生産量は韓国の方が日本より多い．この 1 つの要因は，韓国，中国，日本で同じような既知の電池材料を使用し同じような性能の製品を工業生産しており，電池ユーザ向けにコスト競争していることである．リチウムイオン電池は多くの工業製品と同様，コストと信頼性が要求される製品である．本書のテーマである信頼性に関しては日本製品の方が優秀であり数年経てば各国の製品の信頼性の差が顕在化してくる可能性がある．しかし，本当の市場の覇者は今後求められている高性能および高信頼性の新電池の開発を行った者になると著者は個人的には考えている．言い換えると，新電池の開発目標は具体化されているが実現には技術的なハードルが高く新電池は開発途上にあり世界のだれも実用化していない．例えば，スマートフォンは携帯電話（800mAh 程度）の 2 倍程度の容量（1800mAh 程度）の電池を使用しているがそれでもエネルギーが足りず 2012 年に発売されたスマートフォンでは標準で 2 個電池（1 本，1650mAh）が付属する商品もある．今日にでも 2 倍のエネルギー密度を実現してほしいという要求もある．電気自動車用電池の開発目標は 2030 年に現行の 10 倍程度のエネルギー密度（単電池のエネルギー密度．組電池で 700Wh kg^{-1}）であり，かつてない大きなエネルギー密度が要求されている．ちなみにコスト目標は 5000 円 /kWh であり現状の 1/40 である．電気自動車や発電装置の寿命目標は 15 年である．これらの市場は大きいが，エネルギー密度の向上や長期使用，使用環境温度等の変化に耐えるため電池の信頼性確保（性能と安全性の保証）は難しくなる．このため，信頼性評価，信頼性の向上は今後ますます重要な課題になる．

このような状況の中で，高性能かつ高信頼性の電池を実現するため，電池材料，電池作製法，バッテリーマネイジメント，充電方法，法規制，国際標準化など，様々な分野で研究開発や議論が世界的に進められている．

将来電池では，例えば，リチウム空気二次電池，リチウム硫黄電池，多電子反応系，高電圧（5V）系電池等が盛んに研究されている．負極では Si、Sn 等

とリチウムの合金系が研究されている。また、ポストリチウムイオン電池と称される負極にCa、Mg、Al、Zn、Na等を金属あるいはイオンで使用する検討も行われている。電解液は性能劣化と安全性に密接に影響するが、無機あるいは有機の固体電解質、常温溶融塩（イオン液体）、ゲル電解質および各種機能性電解液添加剤（過充電防止剤、電極表面処理剤、難燃性添加剤等）が研究されている。燃えない電池を実現することは長年のリチウム電池の課題である。セパレータ（高分子と無機、有機化合物の複合材料等）、電池缶、電池用各種部品についても新しい多くの提案がなされている。これらの技術を利用した電池は従来と全く異なる新電池であるため信頼性試験も最初から全部やり直しで評価方法も改良する必要がある。実験室レベルでは誰でも電池は作れるが、ユーザが安心して問題なく使用できる信頼性が確保された工業製品に仕上げる技術開発は電池の実用化過程で最もハードルが高いという意見と歴史的事実がある。特に電気自動車、電力貯蔵装置の分野では、単電池の安全性向上に加えて、保護システムや組電池の制御・構成の検討など、信頼性・精度向上とともに多機能化が要求されており、様々な分野の新技術が求められている。

　リチウムイオン電池には大きなマーケットが存在することは明確である。しかし、信頼性を確保しつつ性能を向上されることは、現状の技術では難しい課題である。一方、電池の研究開発分野への新規参入機関が世界的に増えているため、新しい発想や新技術などにより、短期間で飛躍的に開発が進むものと期待される。今後、これまで以上に信頼性評価技術が重要な課題になると考えられる。

第3章 パワー半導体

▶3.1 パワー半導体の構成

3.1.1 はじめに

　スマートグリッドに代表されるように、風力、太陽光を利用した新エネルギー分野の強化や、ハイブリッドカー／電気自動車などによる低炭素社会の創出、インバータエアコンなどの世界的普及に伴う省エネルギー化に対し、その根幹部分を担っているパワーエレクトロニクスの革新に対する期待が非常に高まって来ている。

　これらのパワーエレクトロニクスの革新に対し、最も重要な部分を担っている部品がパワー半導体であり、最近では、その小型化・高機能化・高信頼度化は著しく進んで来ている。

　本章では、ハイブリッドカー／電気自動車用途から産業用途および家庭用エアコン用途に搭載されるパワー半導体について説明するとともに、それらの半導体に対する信頼性の考え方、試験方法などについて述べる。また最近特に注目され一部の製品では実用化も進んで来ている SiC（シリコンカーバイド）デバイス（WBG デバイス；ワイド・バンドギャップデバイス）に関しても技術動向を述べる。

3.1.2 パワー半導体とは

(1) パワー半導体

　パワー半導体は、大電流・高電圧を数百 Hz から数十 kHz 程度でオン／オフするスイッチであり、微細化[1]のレベルは超 LSI の 1 桁ほど粗い 350nm（0.35μm）レベルではあるが、縦方向に大電流を流すことが基本であるために、縦

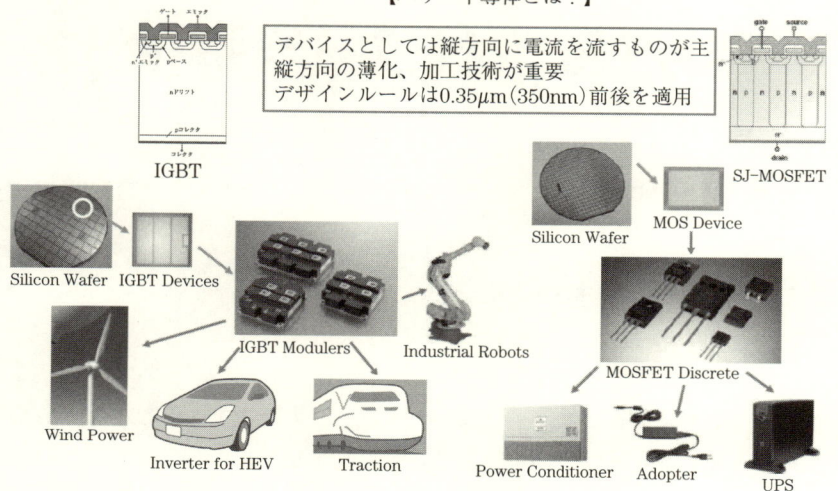

図 3.1　パワー半導体と適用装置の一例

方向を薄くし、裏面に不純物を拡散したような超 LSI では取り入れていないような技術が必要となっている。

図 3.1 中に示すように、中・大容量分野（ロボット、電車、EV/EHV、風力、太陽光など）には IGBT モジュールが適用され、小容量分野（電源アダプター、サーバー用電源など）では MOSFET が適用されており、最近ではオン抵抗が非常に小さくできる SJ-MOSFET（スーパージャンクション MOSFET）も開発され適用されている。

半導体の材料としては一般的に Si（シリコン）が使用されており、これは超 LSI もパワー半導体も同じである（Si は地球表層部に存在する元素で 2 番目に多いと言われている）。ただし、最近ではパワー半導体のさらなる低オン抵抗化や高耐圧に適した材料として SiC（シリコンカーバイド）が注目されている。

(2) パワー半導体の特徴（ウェハからプロセスまで）

前項で述べたようにパワー半導体と超 LSI の違いは微細加工ルールが 1 桁以上異なることと裏面部に接合形成などが必要になること、耐圧を維持しなが

らオン抵抗を下げるために耐圧が維持できるぎりぎりまで厚さを薄くするための技術が重要になる。また大電流を通電するために厚いアルミなどの電極膜が必要となる点などである。

これらの構造（薄さ、電極膜の厚さ）の特徴に伴い、求められるプロセスとしては非常に薄いウェハを扱えることがポイントとなる。

その他にも、ウェハとしては耐圧を常に品質良く維持できる純度の高いFZ（フローティングゾーン）ウェハが適用される場合が多い。

(3) パワー半導体はパワエレ応用製品の基幹部品

近年、特にエネルギーと環境に関し世界は大きな転換点を迎えており、太陽光発電や風力発電に代表される再生可能な新エネルギーの導入、エネルギーを有効に利用、活用するためのスマートグリッドに代表される電力送電網の再構築・新規導入が社会的な課題となっている。また、CO_2の削減による地球温暖化の防止や熱源となる電源類の高効率化・省エネ化など環境にやさしい電気自動車（EV）、ハイブリッドカー（HEV）や高効率UPSなどの市場への展開も盛んに行われている。

このようなエネルギーと環境分野の製品を支えている技術がパワーエレクトロニクス技術であるが、その技術動向は当然、高効率化、小型化、低コスト化にある。

図3.2および図3.3に示すように、パワー半導体はパワーエレクトロニクス技術の中核を担う基幹部品であり、主にパワー半導体そのものであるデバイス技術とデバイスの性能を可能な限り引き出し、使用される環境にも耐えうる能力を備えたパッケージ技術から成り立っている。

そして最新のデバイスに求められる特性としては低損失（低オン抵抗、低スイッチング損失）、低ノイズ、高耐圧、小型などがある。また、パッケージに求められている特性には低ノイズ、高放熱、高絶縁、高信頼性、小型・軽量などがある。さらに、パッケージは各アプリケーション（パワーエレクトロニクス装置）との繋ぎの技術であり、形態、機能・性能面を含め、その重要性がこれまで以上に増して来ている。

このようにパワー半導体とパワーエレクトロニクス機器がどのように社会的にシステムと結びついているかを示したもので、電気自動車からスマートグリ

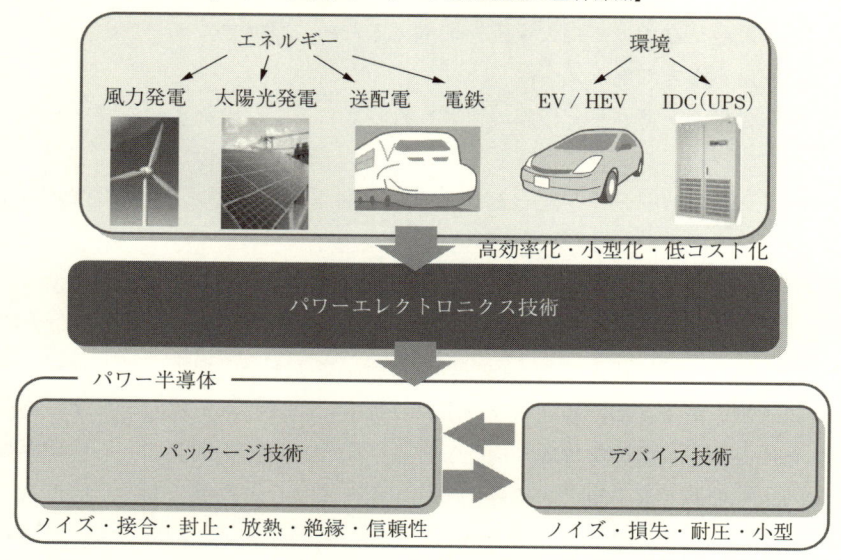

【パワー半導体のパワエレ応用製品の基幹部品】

エネルギー：風力発電、太陽光発電、送配電、電鉄
環境：EV / HEV、IDC（UPS）

高効率化・小型化・低コスト化

パワーエレクトロニクス技術

パワー半導体
- パッケージ技術　ノイズ・接合・封止・放熱・絶縁・信頼性
- デバイス技術　ノイズ・損失・耐圧・小型

図3.2　パワー半導体のパワーエレクトロニクスの繋がり（その1）

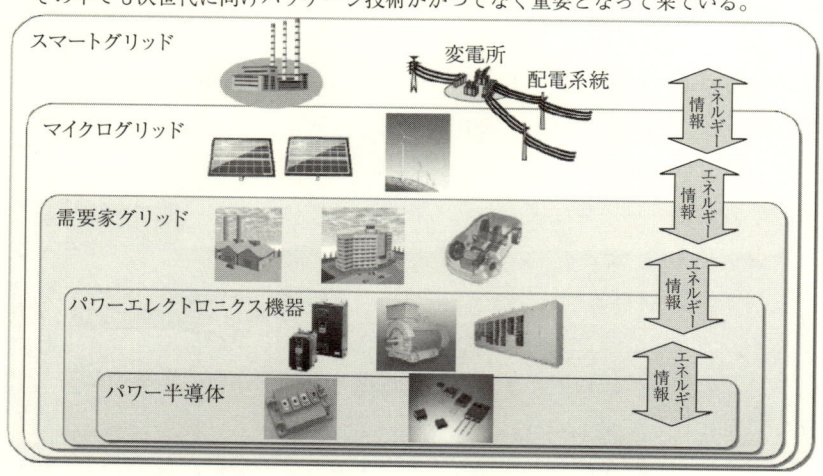

【パワー半導体のパワエレ応用製品の基幹部品】

グリーンエネルギーを支えるキーコンポーネンツとしてパワー半導体がある。その中でも次世代に向けパッケージ技術がかつてなく重要となって来ている。

- スマートグリッド（変電所、配電系統）
- マイクログリッド
- 需要家グリッド
- パワーエレクトロニクス機器
- パワー半導体

エネルギー／情報

富士電機(株) HPより

図3.3　パワー半導体のパワーエレクトロニクスの繋がり（その2）

第 3 章　パワー半導体

ッドまで、各システム層において重要な役割を果たしていることが理解できる。
(4) パワーエレクトロニクスとパワー半導体の進展

　パワーエレクトロニクス技術とパワー半導体技術はお互いを補完する形で発展して来ており、装置の効率向上、小型化、高信頼性に対して様々な取組みがされてきた（図 3.4）。

　特に 1990 年代後半に IGBT（Insulated Gate Bipolar Transistor：絶縁ゲート型バイポーラトランジスタ）が開発されて以来、その制御のしやすさと低損失、低オン抵抗、高耐圧でありながら大電流が扱えるということなど様々な長所から素子の小型化だけでなくパワエレ装置の構成の簡素化や回路の自由度が増すなどにより、高効率で小型・軽量の装置へと一気に加速した。また、電源用の高周波で小容量の分野では MOSFET が適用されていることは 3.1.2 の(1)でも説明している。

　最近の動向としては IGBT 素子の性能が飽和する傾向にあり、パワーエレクトロニクス回路の工夫と新 IGBT 構造（RB-IGBT：Reverse Blocking IGBT：逆阻止 IGBT）による新 3 レベル IGBT コンバータなどで極限まで高効率を達成した装置も開発されている。また材料自体を Si から SiC に変更し、超低オ

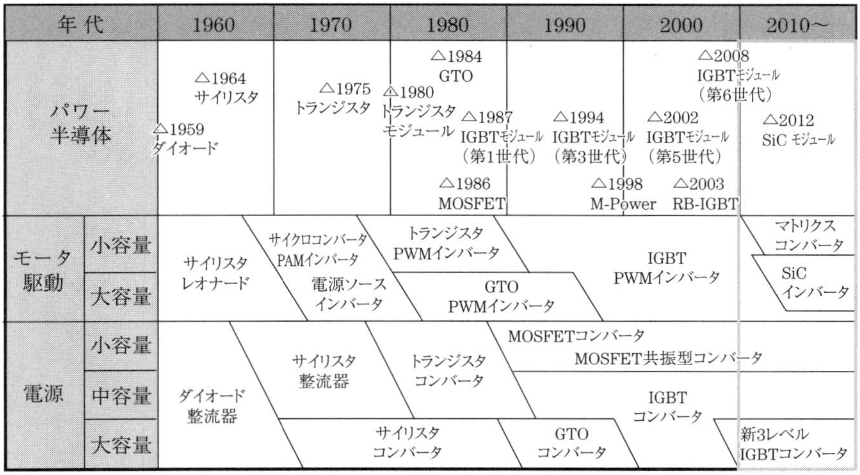

年代		1960	1970	1980	1990	2000	2010〜
パワー半導体		△1964 サイリスタ △1959 ダイオード	△1975 トランジスタ	△1984 GTO △1980 トランジスタモジュール △1987 IGBTモジュール（第1世代） △1986 MOSFET	△1994 IGBTモジュール（第3世代） △1998 M-Power	△2008 IGBTモジュール（第6世代） △2002 IGBTモジュール（第5世代） △2003 RB-IGBT	△2012 SiC モジュール
モータ駆動	小容量	サイリスタレオナード	サイクロコンバータ PAMインバータ	トランジスタ PWMインバータ	IGBT PWMインバータ		マトリクスコンバータ
	大容量		電源ソースインバータ	GTO PWMインバータ			SiCインバータ
電源	小容量	ダイオード整流器	サイリスタ整流器	トランジスタコンバータ	MOSFETコンバータ MOSFET共振型コンバータ		
	中容量				IGBTコンバータ		
	大容量			サイリスタコンバータ	GTOコンバータ		新3レベルIGBTコンバータ

図 3.4　パワーエレクトロニクス／パワー半導体技術の進展

	1980	1990	2000	20XX〜
技術動向	○PWMコンバータ ○デジタル制御	○ベクトル制御	○フィルタ内蔵化 ○高効率化	○正弦波出力
規格		○インバータの適用指針(JEMA)	○EMC指令発効(EU)	○高調波規制(EU) ○RoHS規制(EU)
デバイス キャリア周波数	Si-BJT 1kHz		Si-IGBT 16kHz	100kHz？	SiC GaN
インバータ小型化 (0.75kW)	 100(FVR-G) 		8.9 (FVR-C11)	2.0？	

出典　Fuji Electric Group Future Technology Expo 2003

インバータ技術動向
・高効率化
・低EMIノイズ化
・周辺回路を含めた小型・集積化

✓ EMIノイズフィルタの内蔵化
✓ 小型化対応PKG技術
✓ 高周波半導体デバイス対応PKG技術

図3.5　汎用インバータ技術動向事例

ン抵抗、低スイッチング損失の達成が可能なSiC-SBD（SiCショットキーバリアーダイオード）やSiC-MOSFETも開発されており、それらを適用した高性能で小型のSiCインバータも世の中に出つつある。

図3.5は富士電機のパワー半導体を使用した汎用インバータの技術動向事例であるが、1980年代のSi-BJT（Bipolar Junction Transistor：バイポーラトランジスタ）のキャリア周波数が約1kHzで動作していた時に対して1990年代後半のIGBTを適用したインバータは約16kHzとなっており、パワー半導体の小型・軽量化以上に高周波化による周辺回路の小型・軽量化が可能となっており、インバータ全体の大きさとしても1/10以下になっている。

現在SiC材料によるSBDやMOSFETなどが実用可能な段階に来ており、これらのデバイスを適切に使うことにより効率向上は言うまでもなく、さらなる大幅な小型・軽量化が達成できるものと考えられる。

(5) パワー半導体の動作

パワー半導体の基本動作はスイッチングであり、例えばIGBTの場合、電流で25〜1200A程度、電圧で400〜3300V程度、周波数では数十kHz程度までを扱うことが可能である。

第 3 章　パワー半導体

【パワー半導体の動作】

> パワー半導体は、電圧600V、1200V、1700V、3300V…、電流25A、50A…1200A…を周波数1kHz、10kHz…などで自由にコントロールできる。損失量は、導通損失とスイッチング損失の合計となる。

チップ接合温度 = $R_{tn} \times P + T_a$

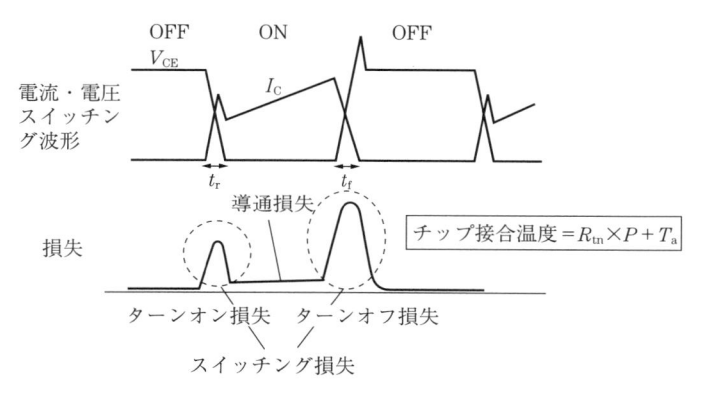

図 3.6　パワー半導体のスイッチング

　パワー半導体はこのように大電流、高電圧、高周波を扱えるために各種パワーエレクトロニクス機器の核となっているが、反面、パワー半導体自身の発生損失により熱が出て、その結果、温度が上がってしまうという現象を抑えることが重要となる。

　図 3.6 には IGBT のスイッチング波形を示す。IGBT のターンオン時とターンオフ時には短時間ではあるが電流と電圧の積である大きな損失（ターンオン損失とターンオフ損失）が発生する。また、ターンオンした後は導通状態となり電流が流れるが、その場合でもオン電圧が発生し、これらによる導通損失が発生する。

　総発生損失は式(3.1)で示したような1回のスイッチング損失を周波数倍したものと、導通損失を電流が流れている割合（Duty）で掛けたものの総和である。

$$P(\mathrm{W}) = (P_{swon} + P_{swoff}) \times f(\mathrm{Hz}) + I_t \times V_{on}(\mathrm{W}) \times D \qquad (3.1)$$

総発生損失 P は導通損失とスイッチング損失の総和である。駆動周波数をできるだけ上げたいと考えても、損失が大きくなりすぎることが問題となるため、パワー半導体にとってスイッチング損失と導通損失を下げることが最も重

131

要な課題である。そのために、世界各国で絶え間ない研究・開発が進められて来ている。

この総発生損失 P に熱抵抗 R_{th} を乗じ、この値に IGBT チップの周囲温度 T_a を足せばチップ接合温度 T_j が求められる。

$$T_j(℃) = P(W) \times R_{th}(℃/W) + T_a(℃) \quad (3.2)$$

一般的にシリコン材料で作成されているパワー半導体の接合温度 T_j の最大値は 150℃ から 175℃ 程度であり、この値を超えると破壊に至る可能性があるので、最大接合温度以下で使用することが重要である（最近ではシリコンカーバイドによるパワー半導体も開発されており、接合温度 T_j の制限が 300℃ 以上まで向上できる可能性も議論されている）。

また式(3.1)、式(3.2)からも容易にわかるように、同じ発生損失なら熱抵抗 R_{th} が小さい方が接合温度の上昇を抑えることが可能となるため、熱抵抗の低減もパワー半導体にとって非常に重要な課題である。熱抵抗の低減に関するパッケージでの検討は後ほど詳細に述べる。

次にパワー半導体の高速のスイッチング動作がなぜ重要かを考えてみる。

図 3.7 は直流を交流に変換するためにパワー半導体のスイッチングを利用した模式図である。通流幅を少しずつ広くしていくと平均電流が少しずつ増加し、

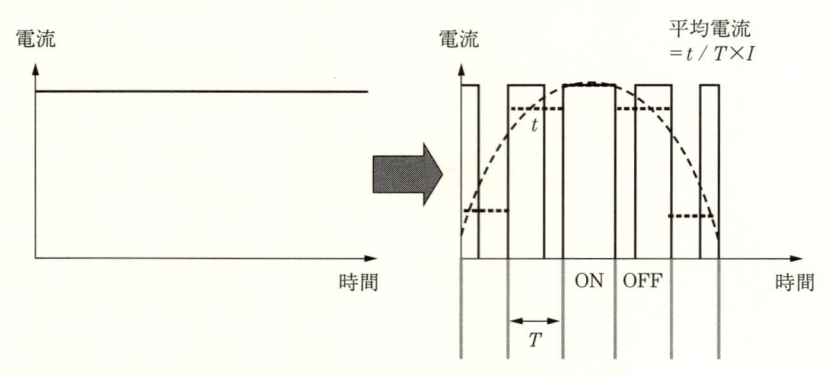

図 3.7 交流変換イメージ

通流幅を少しずつ狭くしていくと平均電流が少しずつ減少する。一連のこれらの動作により正弦波が導出できる。これが基本的な直流を交流に変換する原理である。

スイッチングの回数（周波数）が多い（高い）ほど滑らかな正弦波に近づくが、パワー半導体の損失も増加するという制約も出てくる。

図3.8は一般的なインバータ主回路図と交流モータ（誘導モータや同期モータ）である。例えば直流電源であるバッテリーからパワーモジュール（ここではIGBTとFWD：フリーホイーリングダイオードを逆並列に組み合わせたものを6組で構成している）を介して交流モータを効率よく動作させている。

(6) パワー半導体のアプリケーション

図3.9は横軸にデバイスの容量（VA）と縦軸に動作周波数（Hz）を取り、各種のパワー半導体が適用される装置（アプリケーション）を示している。

パワー半導体は、電力の変換・制御を行うスイッチング素子である。図3.9にパワー半導体を使用したパワーエレクトロニクス装置とアプリケーションを示す。パワー半導体は、電力分野、産業分野、鉄道分野などの社会インフラを支える電力変換装置にとって必要不可欠なキーコンポーネントであり、近年の省エネルギー、クリーンエネルギー分野の拡大により、パワー半導体の果たす役割は益々重要になっている。その中でも特に、ハイブリッド自動車や電気自動車といったモータを動力とした自動車へのパワー半導体の適用が活発化している。

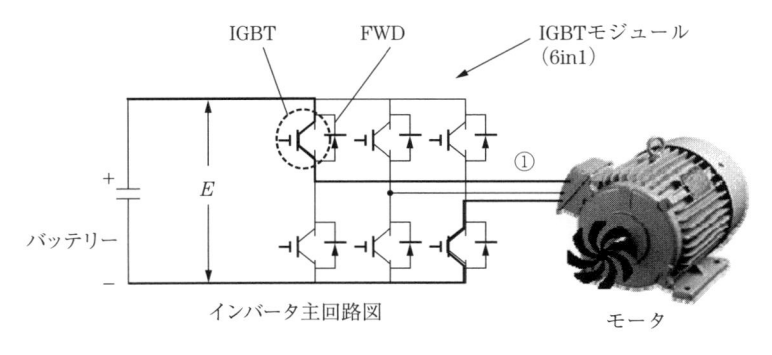

図3.8　パワー半導体回路図とモータとの接続

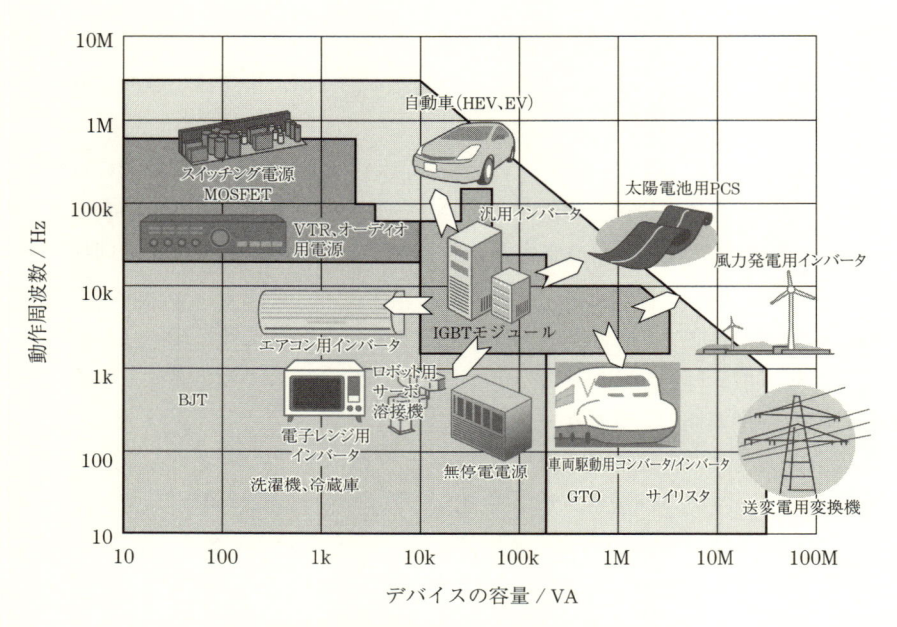

図 3.9　パワー半導体の主なアプリケーション

3.1.3　主要パワー半導体の解説

本項では主要なパワー半導体である、パワーMOSFET と IGBT に関して、その構造の概要を解説する。詳細な解説に関しては、デバイスの専門書に譲る。

(1) パワーMOSFET

パワーMOSFET（Metal-Oxide-Semiconductor Field-Effect Transistor）は大電流を流したり、遮断したりすることができる半導体スイッチの一種であり、電力変換装置を構成する主要部品である。電力変換装置では、電流をオン / オフすることで、直流から交流に（インバータ）、直流から異なる値の直流（DC-DC コンバータ）に電力が変換される。このような電力変換はアダプター、パソコンの電源などに適用され、日常生活の至るところで活用されている。

n チャネル型パワーMOSFET の構造を図 3.10 に示す。パワーMOSFET はソース、ドレイン、ゲートの 3 端子デバイスであり、n^+ ドレイン領域上の n ドリフト領域表面に p ベース領域と n^+ ソース領域が形成され、p ベース領域の上に酸化膜とゲート電極が配置された構造となっている。主電流はソース-

第 3 章　パワー半導体

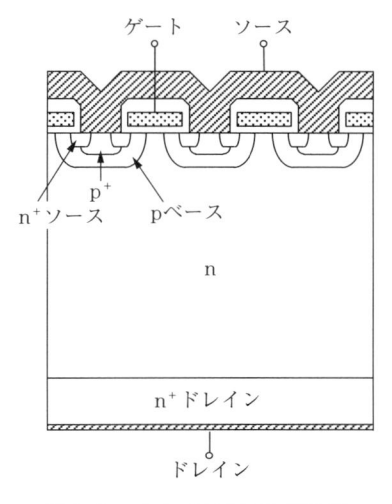

図 3.10　パワーMOSFET 構造図

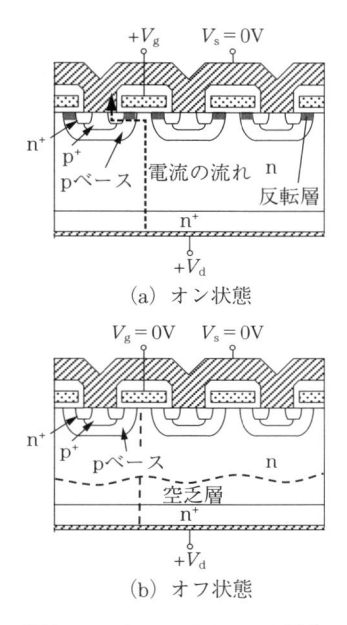

図 3.11　パワーMOSFET の動作

ドレイン間に流れ、ゲート電圧でソース–ドレイン間電流の制御を行う。図 3.11(a)、(b) はパワーMOSFET の動作状態を示したものである。ゲートにプラス電圧を印加すると、p ベース領域表面に n 型の反転層が誘起され、n$^+$ソースと n ドリフト間に電流経路（チャネル）が形成される。この状態でドレインにプラス電圧が印加されればドレイン–ソース間に電流が流れ、オン状態となる。一方、ゲート電圧を 0V にすると、p ベースの反転層は消滅するので、電流経路が遮断されるとともに、電圧を保持する空乏層がドリフト層に広がり、オフ状態となる。このようにゲートに印加する電圧を変えることで電流のオン/オフ状態の制御が可能となる。

　パワーMOSFET の場合、高電流密度、高耐圧化を目的にドレインは裏面に形成される。また、n チャネル型パワーMOSFET のキャリアは電子のみ（ユニポーラデバイス）であることから高速動作が可能であり、スイッチング周波数を数百 kHz と高くできるメリットがある。一方、ユニポーラデバイスであるため、電子とホールをキャリアとするバイポーラデバイスに比べ大電流化が

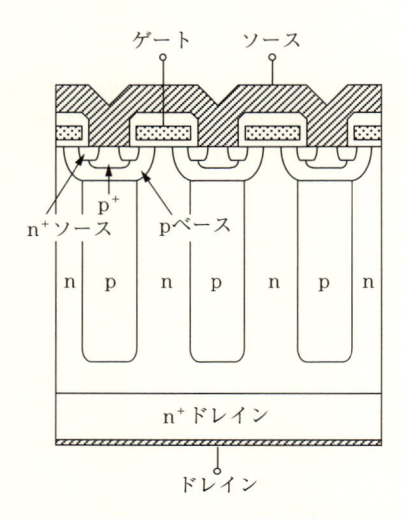

図 3.12 SJ-MOSFET 構造図

困難な面もある。

　従来パワーMOSFET のドリフト層抵抗は材料で一意的に決まる理論限界が存在することから、この理論限界以下のオン抵抗を得ることはできないと考えられていた。この問題をブレークスルーしたのがスーパージャンクション（Superjunction：SJ）構造であり、図 3.12 にその構造を示す。SJ-MOSFET は図 3.10 に示した従来パワーMOSFET のドリフト層を p 型領域と n 型領域とが交互に並んだ構造に置き換えたものであり、n 型領域の不純物濃度を高くすることができることから、オン抵抗を劇的に低減することが可能となる[2,3]。そのため、高耐圧分野では従来パワーMOSFET に置き換わり SJ-MOSFET が主流になっている。

(2) IGBT

　IGBT（一般的には n チャネルが用いられる）は図 3.13 に示すように、エミッタ、コレクタ、ゲートの 3 端子デバイスであり、p コレクタ領域上の n ドリフト領域表面に p ベース領域と n^+ エミッタ領域が形成され、p ベース領域の上に酸化膜とゲート電極が配置された構造となっている。主電流はエミッターコレクタ間に流れ、ゲート電圧でエミッターコレクタ間電流のオン / オフの制

第 3 章　パワー半導体

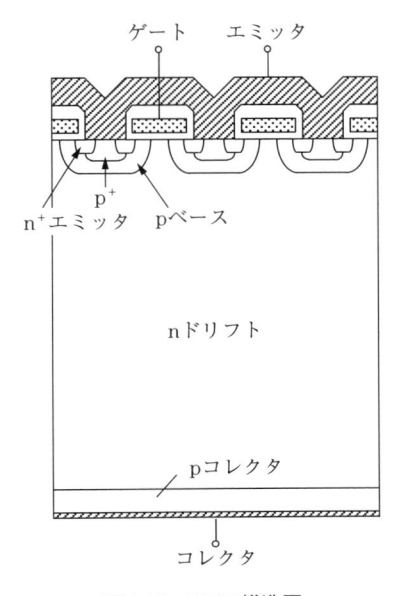

図 3.13　IGBT 構造図

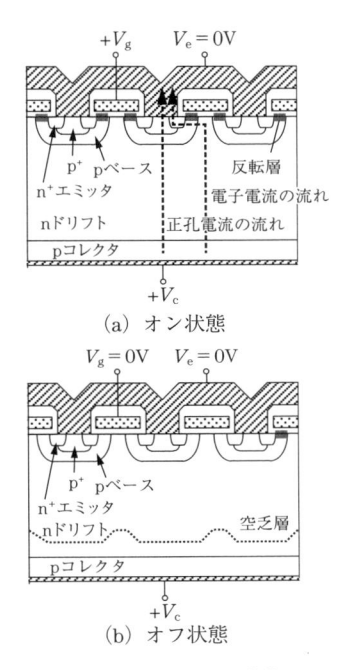

図 3.14　IGBT の動作

(a) オン状態

(b) オフ状態

御を行う。IGBT の動作を図 3.14(a)、(b) に模式的に示す。ゲートにプラス電圧を印加すると、p ベース領域表面に n 型の反転層が誘起され、n$^+$エミッタと n ドリフト間に電流経路（チャネル）が形成される。この状態でコレクタにプラス電圧が印加されればコレクタ-エミッタ間に電流が流れるので、オン状態となる。一方、ゲート電圧を 0V にすると、p ベースの反転層は消滅するので、電流経路は遮断され、オフ状態となる。このようにゲートに印加する電圧を変えることで電流のオン／オフの制御が可能となる。

　IGBT は、電流密度を高めるとともに、高耐圧化のためにコレクタは裏面に形成される。また、IGBT の電流の担い手は電子と正孔（バイポーラデバイス）であるため低オン電圧化が可能となる[4]。それ故、高耐圧でドリフト層が厚くなっても、オン電圧を低くできるメリットがある。一方、キャリアの担い手が電子と正孔であることから、電子あるいは正孔のみをキャリアとするユニポー

ラトランジスタに比べ高速スイッチングで劣る面もある。

3.1.4　IGBT デバイス製品

IGBT デバイスを搭載する製品としてはディスクリートタイプとモジュールタイプがある。図 3.15 にそれらの回路構成、特徴を示す。

これらの IGBT モジュール構造としては、主に端子台一体構造とワイヤ端子接続構造の 2 つがある（図 3.16）。端子台一体構造では内部の絶縁基板上の銅箔にはんだ付けにより端子配線されるが、ワイヤ端子接続構造ではアルミワイヤの超音波振動により配線される。

IGBT モジュール構造においても高信頼性化、高耐熱化などさまざまな開発が行われており、3.5 にて後述する。

[3.1 の参考文献]
［1］　麻蒔立男、「超微細加工の基礎」、日刊工業新聞社、2001 年
［2］　T. Fujihira, "Theory of Semiconductor Superjunction Devices", Jpn, J. Appl. Phys. Vol.36, p.6254, 1997 年
［3］　G. Deboy, M. März, J. P. Stengl, H. Strack, J. Tihanyi, and H. Weber, "A new generation of high voltage MOSFET's breaks the limit line of silicon", IEDM-Tech. Dig. P.683, 1998 年
［4］　B. Jayant Baliga, 「Power Semiconductor Devices」, 1995 年

第 3 章　パワー半導体

タイプ		外観	内部回路	特徴
ディスクリート			(コレクタ、ゲート、エミッタの図)	IGBTが1素子（左）、IGBTとFWDが逆並列に接続されるもの（右）がある。
モジュール	1in1			IGBTとFWDがそれぞれ1個内蔵されている。並列接続により大電流化を行うことが容易。
	2in1			IGBTとFWDがそれぞれ2個内蔵されている。このモジュールを2個か3個用いてブリッジ回路を構成できる。
	6in1			IGBTとFWDが各6個内蔵されている。これひとつで3相インバータを構成できる。温度検出用のサーミスタが付いたものもある。
	7in1、PIM			6in1にブレーキ回路を加えたものが7in1、さらに整流ダイオードにより構成されるコンバータ部を加えたものがPIM（Power Integrated Module）である。

図 3.15　IGBT デバイス製品の特徴

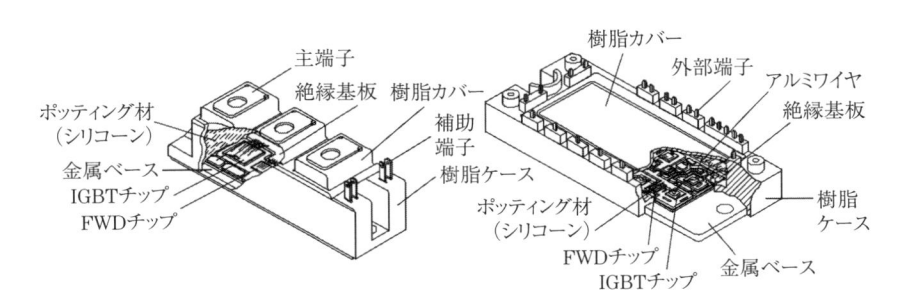

図 3.16　IGBT モジュールの端子台一体構造（左）とワイヤ端子接続構造（右）

▶3.2 パワー半導体の特性

本節では、富士電機（株）製品の第6世代VシリーズIGBTモジュールを例に取り、IGBTモジュールの種々の特性について述べる。

3.1.2の（5）でも述べたように、IGBTモジュールの発生損失（発生する熱量）は導通損失とスイッチング損失である。この導通損失、スイッチング損失に大きく影響するのが、それぞれIGBTモジュールの静特性と動特性（スイッチング特性とも言われる）である。

3.2.1 静特性

導通損失は、（オン電圧）×（通電電流）で表されるため、オン電圧を下げるパワー半導体特性の改善が行われている。第6世代VシリーズIGBTの開発において、第5世代UシリーズIGBTからさらなるチップ厚みの削減およびトレンチゲート構造の最適化を図ることで単位面積当たりのオン抵抗を下げている（図3.17）。V_{CE}は、コレクターエミッタ間電圧である。

第6世代Vシリーズではこのオン電圧の低減をチップ電流密度アップに、

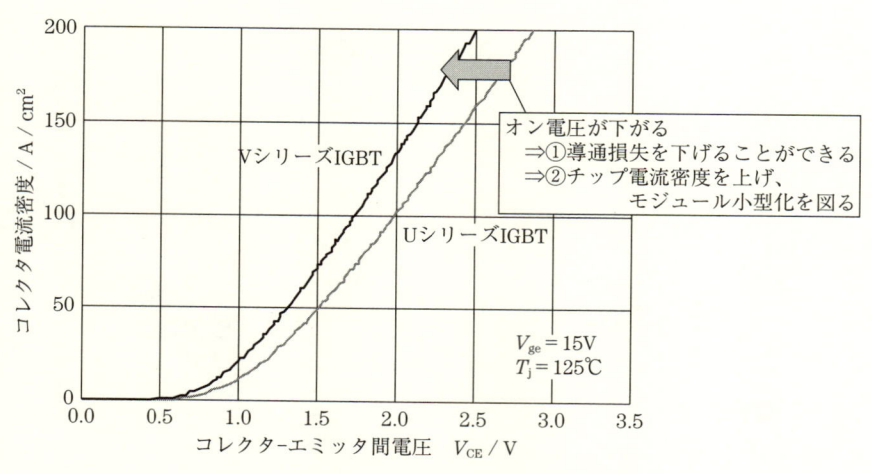

図3.17　IGBTデバイス（1200V系列）のオン抵抗削減

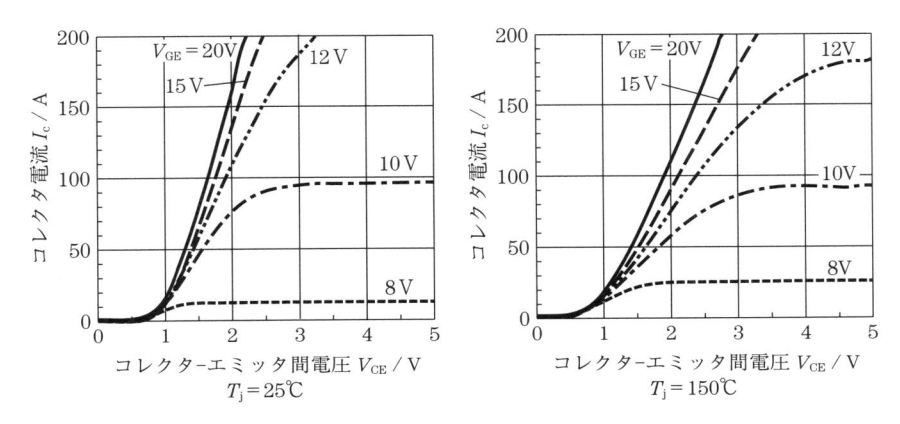

図3.18　V_{CE}-I_C 特性（左：T_j=25℃、右：T_j=150℃）

つまりチップサイズの低減に用い、IGBTモジュールのサイズダウンに貢献している。

この V_{CE}-I_C（コレクタ電流）の関係は、ゲート-エミッタ間電圧 V_{GE} とチップジャンクション温度 T_j によって変化する。図3.18に、T_j=25℃と150℃の V_{CE}-I_C 特性を示す。

図3.18を見てわかるように、V_{GE} の値によって V_{CE}-I_C 特性は大きく変わり、また温度 T_j の上昇によってオン電圧は大きく変化する。一般的には、駆動状態における最高温度においても、V_{GE}=15Vの条件下で最大出力時の電流が素子の I_C 定格電流を上回らないように設計することが推奨される。

図3.19は V_{CE}-V_{GE} 特性を示し、導通損失に影響するオン抵抗 V_{CE}(sat)が急激に増える限界の V_{GE} の値を知ることができ、システムのゲート電圧 V_{GE} の設計指針となる。例えば、I_c=100A設計においては、V_{GE} が10Vを下回ると V_{CE} は急激に上昇するため、V_{GE} が10V以上で設計すべきであると言える（図3.19内の矢印）。

3.2.2　動特性（スイッチング特性）

静特性とともに重要なのが動特性である。周波数の高いシステムではスイッチング損失の割合が増えるため、より気をつけなければならない。スイッチン

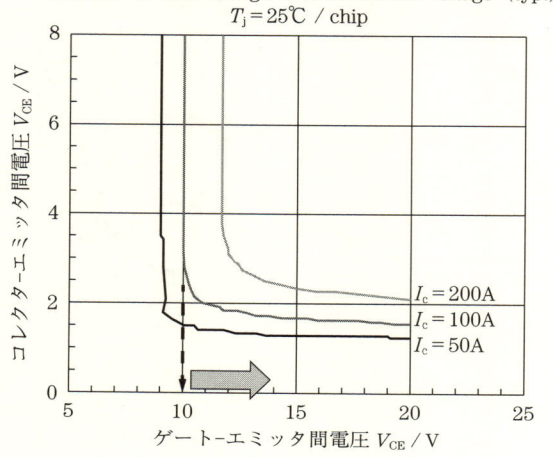

図3.19　V_{CE}(sat)－V_{GE}特性

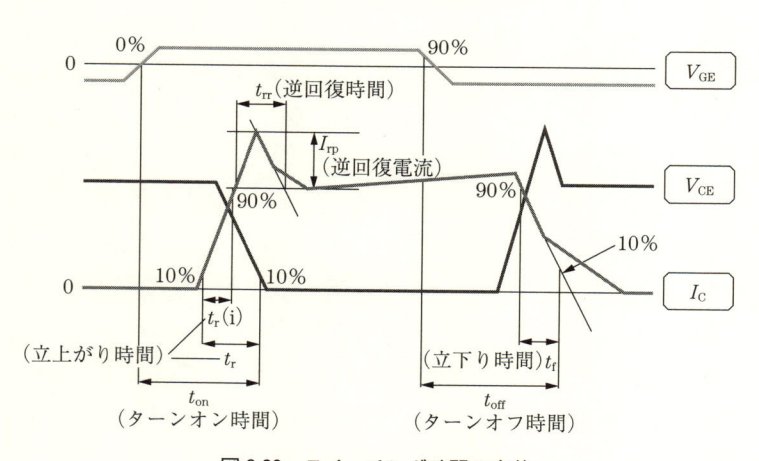

図3.20　スイッチング時間の定義

グ特性は、スイッチング時間とスイッチング損失の2つに大別して議論することができる。まず、図3.20にスイッチング時間の定義を示す。

図3.20に示すスイッチング時間（t_{on}、t_{off}、t_r、t_f）は、コレクタ電流I_c、チップジャンクション温度T_jにより図3.21(a)のように変動し、その結果スイッチング損失は導通損失とは異なるコレクタ電流との関係性を持つ（図3.21(b)）。

第 3 章　パワー半導体

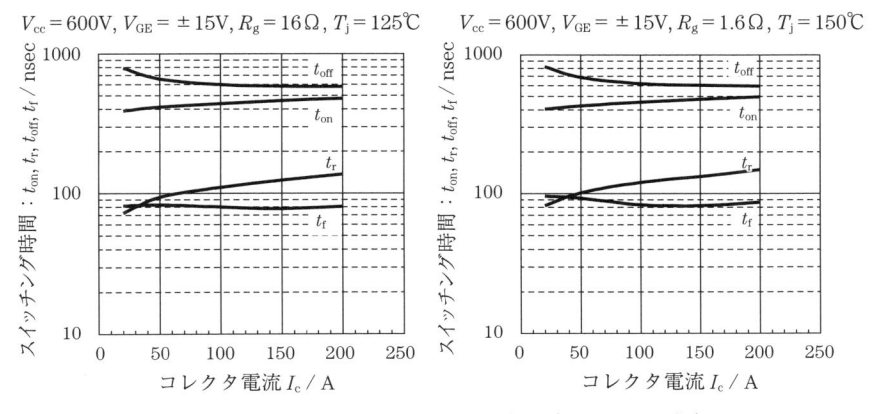

(a) コレクタ電流とスイッチング時間（T_j=125, 150℃）

(b) コレクタ電流とスイッチング損失

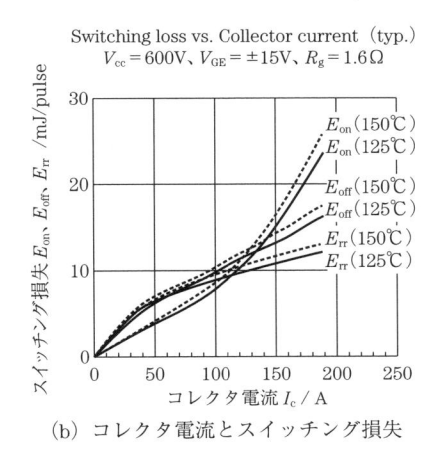

図 3.21　コレクタ電流のスイッチング特性に与える影響

　また、ゲート抵抗 R_g がスイッチング時間および損失に与える影響を図 3.22 に示す。図 3.22 を見ると、ゲート抵抗 R_g を大きくするとスイッチング時間（t_{on}、t_{off}、t_r）が長くなり、ターンオン損失 E_{on} とターンオフ損失 E_{off} が上昇してしまう。この場合、スイッチング時間が長くなるため、充分なデッドタイム（IGBT 2 in 1 構成のとき片方の IGBT をオフさせて、もう片方の IGBT をオンさせるまでのタイムラグ）を取らないと、2 つ（上下）の IGBT が同時にオンしてしまい、過大な電流が IGBT 素子に流れるアーム短絡という現象を引き

143

(a) ゲート抵抗とスイッチング時間　　(b) ゲート抵抗とスイッチング損失

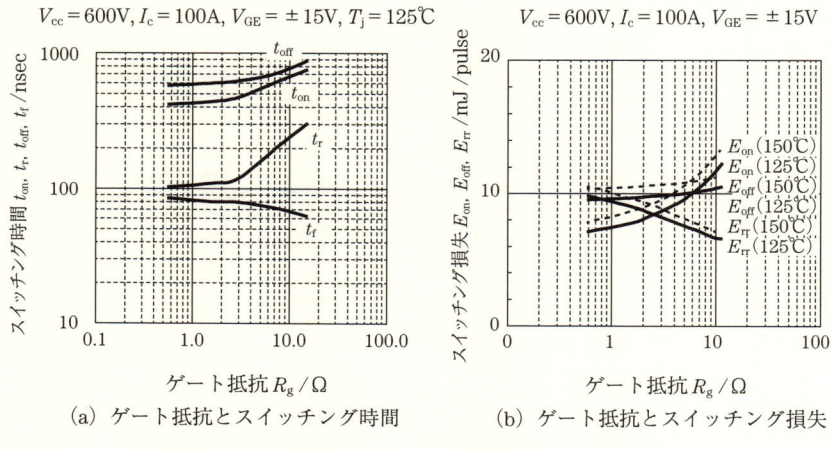

図 3.22　ゲート抵抗がスイッチング特性に与える影響

起こす。

逆にゲート抵抗 R_g を小さくしていくと、スイッチング時間が短くなっていくことで dI_c/dt の数字が大きくなり、L_s（モジュールを含むシステムのループインダクタンス）× dI_c/dt で発生するサージ電圧（スパイク電圧）が素子にかかり、素子の耐電圧以上であれば素子が破壊する結果となる。このようにゲート抵抗 R_g は大きすぎても小さすぎてもシステム全体設計では難しく、最適なポイントをシステムの特性（ループインダクタンス）などを考慮しながら決める必要がある。

ここまで静特性と動特性（スイッチング特性）について説明してきたが、IGBT デバイスの特性上、この2つにはトレードオフとなる関係性も併せ持つ。図 3.23 は富士電機の最新 V シリーズと前世代 U シリーズ IGBT におけるオン抵抗とターンオフ損失の関係である。このように IGBT デバイスの低損失に向けた改善も継続して取り組まれている。

[3.2 の参考文献]
[1]　富士電機（株）　IGBT モジュール　アプリケーションマニュアル
　　（http://www.fujielectric.co.jp/products/semiconductor/technical/application/

第 3 章　パワー半導体

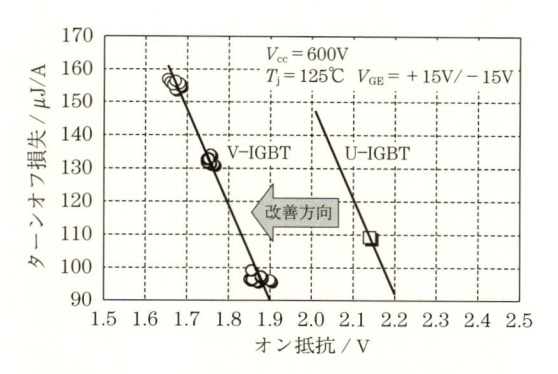

図 3.23　オン電圧とターンオフ損失のトレードオフ

　　igbt_app_manual.html)、2011 年 5 月
[２]　富士電機（株）　第 6 世代 V シリーズ IGBT モジュール　アプリケーションマニュアル
　　（http://www.fujielectric.co.jp/products/semiconductor/technical/application/igbt_app_v_6th.html)、2011 年 4 月
[３]　五十嵐征輝　編著、「パワー・デバイス IGBT 活用の基礎と実際」、CQ 出版社、2011 年

▶3.3 パワー半導体の信頼性試験

3.3.1 パワー半導体の信頼性

(1) パワー半導体に求められる信頼性

　パワーエレクトロニクスの特徴は、その使用環境が厳しいことや故障が事故につながる可能性があるため、弱電とは異なる高い信頼性技術に支えられていることにある。

(2) パワー半導体の故障概要

a) パワー半導体の故障発生の時間的分類と特徴

　一般に電子部品の時間的な故障発生状況は図3.24のような特徴を持っている。この特性曲線は、その形からバスタブカーブと呼ばれている。その特徴は故障が発生するまでの時間によって初期故障、偶発故障、摩耗故障に分類されることである。

【初期故障】機器の調整時期に主として発生し、さらに実使用に入ってからしばらく続く。時間とともに故障率は減少する。

【偶発故障】故障の出方はコンスタントであり、故障率が時間に関係なくほぼ一定値を示す。発生する故障は突発的、任意的である。

【摩耗故障】製品が摩耗したり、疲労する場合に発生する。時間とともに故障率は増加する。

　パワー半導体は、単結晶シリコン中やその表面に作り込まれ、また、製造プロセスがデバイス使用温度に比べてはるかに高温であるため、寿命が非常に長く摩耗故障がないとも言われる場合もあるが、以下のことより一般電子部品よ

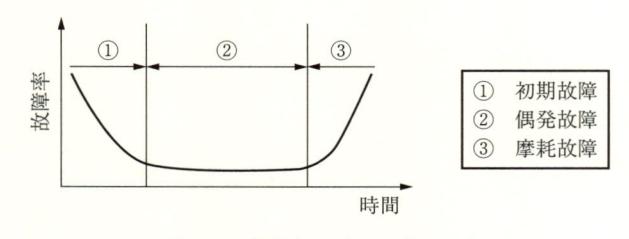

図3.24　故障率のバスタブカーブ

第3章 パワー半導体

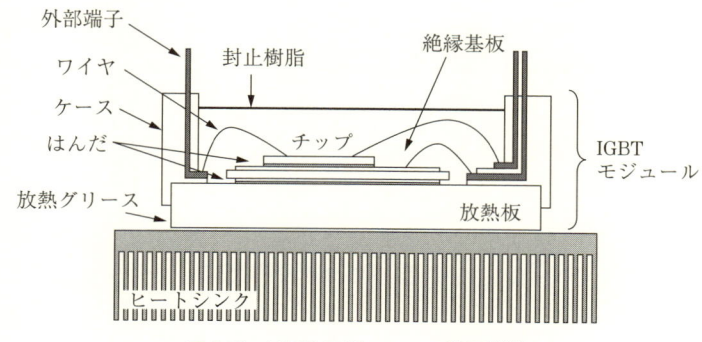

図3.25 IGBTモジュールの断面構造

りも長寿命ではあるが、一般電子部品同様に摩耗故障が存在する。
　①半導体基板材料の結晶欠陥
　②複雑な工程による内部応力の増大
　③外部からの汚染
　④経時的な絶縁膜の破壊
　⑤微細化による内部電界強度の増加
　⑥外部からの水分の侵入による腐食
　⑦接続配線の種々の異種金属の相互拡散による金属間化合物の生成

b）パワー半導体モジュールの構造と構成材料

IGBTモジュールは、図3.25に示すようにシリコンチップ（IGBTチップ）と絶縁基板と放熱板がはんだにより接合された積層構造をとっている。放熱板には外部端子を内蔵したケースが固着されており、チップおよび絶縁基板の電極と外部端子とは金属ワイヤにて接続されている。IGBTモジュールは、放熱グリースを介してヒートシンクに固定された状態で使用される。

IGBTモジュールの構成部品材料は、大きく次の3つに分類できる。

3.3.2　絶縁・放熱部品材料

(1) 絶縁回路基板

主な機能は、素子のエミッタおよびコレクタ電極とGND（対地）との絶縁の確保である。さらに回路基板としての機能を具備し、チップで発生した熱を

147

放熱板に伝える機能も有する。そのため、基板の材質としてはセラミックス（アルミナ、窒化アルミニウム、窒化ケイ素など）が用いられ、セラミックスの表裏に金属回路（銅、アルミニウムなど）が形成されている。なお、セラミックス以外に樹脂なども用いられている。

(2) 放熱板

主な機能は、チップで発生した熱をヒートシンクに伝えることと、筐体としての機能である。そのため、材質としては熱伝導に優れた金属（銅、アルミニウムなど）が用いられる。

3.3.3 接合・接続部品材料

(1) はんだ

主に、チップ、絶縁基板、放熱板の接合に用いられ、チップ接合部には低電気抵抗および高熱伝導の特性が求められる。絶縁基板と放熱板間の接合部には高熱伝導の特性が求められる。パワー半導体は、チップの厚さ方向（コレクタ－エミッタ間）に電流が流れるため、接合材料の電気伝導性は重要な特性である。

はんだ材料としては、当初 SnPb 系はんだが適用されていたが、RoHs などの法規制により Pb レス化が進み、現在では SnAg 系や SnCu 系などのはんだが多用されている。はんだ材料は、その組成により特性が大きく異なることより、組成の選定が重要である。

さらに、近年炭化ケイ素を用いた高温動作デバイスの開発・製品化が注目されており、これら高温動作デバイスに対する接合材料としては高耐熱特性が求められ、はんだ以外に銀などの金属粒子焼結材料の適用化が進んでいる。

(2) ワイヤ

チップ表面電極と回路基板電極および外部端子との接続に用いられ、材質としては高純度アルミニウム、銅、金などの比較的電気伝導に優れた材料が用いられる。

パワー半導体モジュールにおいては、電流容量が数十アンペアから数千アンペアと非常に大きいため線径の大きなワイヤを多数本（数百本）必要とするため、一般的には、線径が 0.2〜0.5mm の太線アルミワイヤが使われている。

LSIなどで多用されている金ワイヤは、太線化やコストに難点があることから使用量は非常に少ない。

3.3.4　保護・封止材料

(1) ケース

外部端子の支持と筐体の機能を有する。ケース材質としては、PPS（ポリフェニレンサルファイド）やPBT（ポリブチレンテレフタレート）などのエンジニアリングプラスチックスが用いられている。ケース材料には、機械的強度、成形性、耐湿性、絶縁性などが求められる。

(2) 封　止

チップを含めた内部構造を絶縁保護する機能を有する。材質としては、シリコーン樹脂やエポキシ樹脂などが用いられる。封止材料においても、高耐熱特性の要求が高まっており、高T_g化に向けた開発が進められている。

3.3.5　パワー半導体モジュールの信頼性と故障モード

パワー半導体モジュールは、上述の通り金属、無機、有機材料といった物性の異なるさまざまな部品材料で構成されている。表3.1に主要構成材料における代表物性値を示す。パワー半導体モジュール構造の特徴は、チップで発生した熱の放熱経路となるチップ、絶縁基板、放熱板とが積層構造となっているため、温度変化（温度勾配）が生じることにより熱応力が発生しやすい。パワー半導体モジュールの信頼性は熱応力に左右されるといっても過言ではない。

材料力学で定義される熱応力とは、「温度変化に伴う材料の自由膨張および自由収縮が妨げられて生ずる応力」であり、材料の物性値としては熱膨張係数が関係している。温度変化による伸びは、熱膨張係数×初期長さ×温度変化で算出できる。例えば、LSIを想定して□20mmの銅製放熱板を加熱し、165℃の温度変化を与えた時の伸びは、約0.05mmとなる。これに対して、標準的な大きさのパワー半導体モジュール（□100mm）の温度変化による伸びは約1.36mmとなり、LSIに比べて約27倍と大きな伸びが生じることになる。すなわち、パワー半導体モジュールは、大きな熱応力が作用することになる。

以下にパワー半導体モジュールの信頼性と故障モードとの関係について述べ

表3.1 パワー半導体モジュールにおける主要構成材料の代表物性値

部品名		材質	密度 (g/cm³)	熱伝導率 (W/m·K)	熱膨張係数 (ppm/K)	縦弾性係数 (GPa)	比抵抗 (10⁻⁸Ω·m)	備考
チップ		シリコン	2.33	83.7	3.0	115	2.3	
絶縁回路基板	回路導体	銅	8.96	393.5	16.5	112	1.7	純銅
		アルミニウム	2.70	222.0	23.6	62	—	純アルミ
	セラミックス板	アルミナ	3.80	20.9	7.1	360	10^{12}Ω m	96wt%アルミナ
		窒化アルミニウム	2.70	170.0	4.6	310	10^{11}Ω m	
		窒化ケイ素	3.20	70.0	3.4	310	10^{11}Ω m	
放熱板		銅	8.96	393.5	16.5	112	1.7	純銅
		モリブデン	10.20	159.0	5.1	320	5.8	
		アルミシリコンカーバイト	2.95	180.0	7.5	220	—	65vol% SiC
はんだ		Sn-37Pb	8.41	46.0	26.3	20	1.4	
		Sn-3.5Ag	7.40	62.8	22.2	44	1.1	

写真 3.1　接合部亀裂形態例

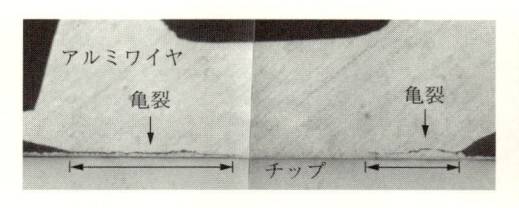

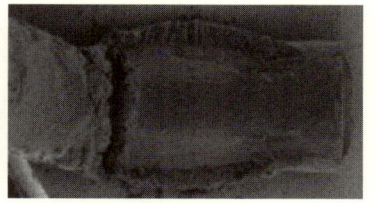

写真 3.2　ワイヤ切れ形態例

る。
(1) ワイヤ剥離およびワイヤ切れ
　ワイヤ剥離は、主に熱応力の作用により発生するものであり、チップの通電オン／オフの繰返しによる温度変化によりワイヤとチップの接合部に熱膨張係数差に起因した熱応力が作用する。この熱応力の繰返しにより接合部に亀裂が生じ、最終的にはワイヤが剥離してしまう。ワイヤの剥離によって残ったワイヤへ電流が集中するためチップ温度が過度に上昇し熱破壊に至る。チップとアルミワイヤの接合部に発生した亀裂の形態例を**写真 3.1** に示す[2]。
　一方、ワイヤ切れは、接合部近傍（界面）で発生する現象ではなく、ワイヤの母材が破壊する現象のことを意味している。主に機械的応力の作用により発生するものであり、振動応力などの負荷によりワイヤが繰返し変形を受け、疲労破壊するものである。振動により発生したワイヤ切れの形態例を**写真 3.2** に示す。

(2) はんだ亀裂
　はんだ亀裂は、主に熱応力の作用により発生するものであり、チップの通電オン／オフの繰返しおよび外部（周囲）環境の温度変化により、チップと絶縁基板または絶縁基板と放熱板とのはんだ接合部に熱膨張係数差に起因した熱応力が作用する。この熱応力の繰返しによりはんだ接合部に亀裂が生じ進展する。はんだの亀裂はチップで発生した熱の放散を妨げるため、チップ温度が過度に上昇し熱破壊に至る。チップと絶縁基板との間のはんだ接合部に発生した亀裂の形態例を**写真 3.3** に示す。

(3) セラミックス破壊および回路導体剥離
　絶縁回路基板は、セラミックス板の表裏に金属導体が接合された3層構造体

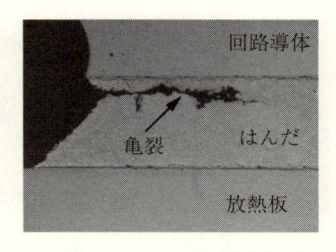

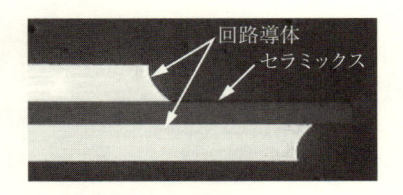

写真 3.3　はんだ亀裂形態例　　　　写真 3.4　絶縁回路基板の断面構造

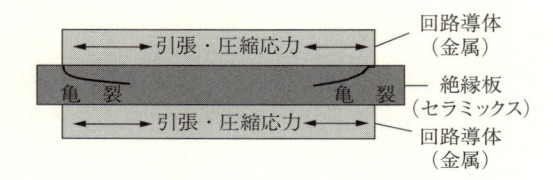

図 3.26　セラミックスに発生する亀裂形態例

である。代表的な絶縁回路基板の断面構造を**写真 3.4** に示す。セラミックス破壊は、熱応力の作用により発生するものと、外部からの機械的応力[3]（主に曲げ応力）の作用により発生するものとがある。熱応力による破壊は、チップの通電オン／オフの繰返しおよび外部（周囲）環境の温度変化により、回路導体とセラミックスとの接合部に熱膨張係数差に起因した熱応力が作用する。この熱応力の繰返しによりセラミックスに亀裂が生じ進展する。なお、セラミックスに亀裂が発生しない場合は回路導体の剥離が発生する。セラミックスの亀裂および回路導体の剥離はチップで発生した熱の放散を妨げるため、チップ温度が過度に上昇し熱破壊に至る。セラミックスに発生する亀裂の形態例を**図 3.26** に示す。

(4) 腐　食

　異種金属で構成されたパワー半導体モジュールは、高電圧で使用されることを特徴としており、高温・高湿雰囲気や場合によっては硫化水素などの腐食性ガスの存在する環境などで使用される。そのため、電食やマイグレーションなどの腐食現象により破壊に至る。市場故障例としては、絶縁回路基板の回路パターン間においてイオンマイグレーションによる絶縁破壊がある[4]（**写真 3.5**）。

第 3 章　パワー半導体

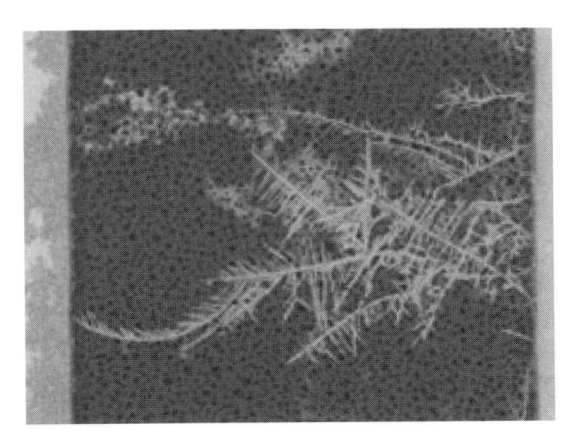

写真 3.5　マイグレーションの形態例

(5) 部分放電

　電鉄などの高電圧用途で使用される場合は、部分放電（コロナ放電）による絶縁破壊現象が見られる。部分放電とは電極間に電圧を印加した時、電極間の絶縁体が全路破壊する前に固体絶縁物の内部の気体ギャップ（ボイド）内や固体絶縁物表面で部分的に気体が電離して放電することをいう。部分放電は微弱な繰返しのパルス放電であるが、長時間にわたり絶縁物を損傷、劣化させて全路破壊の原因となる。

3.3.6　パワー半導体の信頼性評価

　パワー半導体の信頼性は、環境試験と耐久性試験により確認している。環境試験としては、温度サイクル、衝撃、振動など、耐久性試験としては、パワーサイクル、THB、プレッシャークッカー（PCT）などがある。表 3.2 に代表的な試験一覧を示す。

　パワー半導体モジュールの構造は、上述の通り物性の異なるさまざまな材料で構成されており、さらに各種接続・接合部を有していることより、熱的・機械的ストレスによる各種信頼性を確保する必要がある。以下に主要な熱ストレス試験について説明する。

表 3.2　環境試験一覧（その 1）

	試験項目	試験方法および条件	参照規格 EIAJ ED-4701 （2001 年 8 月制定）
1	高温保存試験	保存温度：125±5℃ 試験時間：1000 時間	試験方法 201
2	低温保存試験	保存温度：−40±5℃ 試験時間：1000 時間	試験方法 202
3	高温高湿保存試験	保存温度：85±2℃ 相対湿度：85±5 % 試験時間：1000 時間	試験方法 103 試験条件記号 C
4	不飽和蒸気加圧試験	試験温度：120±2℃ 相対湿度：85±5 % 試験時間：96 時間	試験方法 103 試験条件記号 E
5	温度サイクル試験	試験温度：低温　−40±5℃ 　　　　　：高温　125±5℃ 　　　　　：室温　5〜35℃ さらし時間：高温〜室温〜低温〜室温 　　　　　　1 時間、0.5 時間、1 時間、0.5 時間 サイクル数：100 サイクル	試験方法 105
6	熱衝撃試験	試験温度：高温　100℃（−5℃ / +0℃） 　　　　　：低温　0℃（−0℃ / +5℃） 使用液体：冷水および熱水 浸漬時間：各温度 5 分 移行時間：10 秒 サイクル数：10 サイクル	試験方法 307 方法 I 試験条件記号 A

(1) 温度サイクル試験

　高温および低温状態に曝された場合の耐環境性を評価するものである。試験方法としては、規定の温度に設定された高温槽と低温槽に交互に曝すものである（図 3.27）。主に各種接合部・接着部や絶縁基板の劣化などを評価する試験であり、モジュール全体の潜在欠陥の検出には有効な方法である。

(2) 断続動作（パワーサイクル）試験

a) ΔT_j パワーサイクル

　放熱板温度の変化は少ないが、チップ温度の変化が頻繁に繰り返される運転条件での耐久性を評価するものである。試験方法としては、通電電流を短時間

表 3.2 耐久試験一覧（その 2）

	試験項目	試験方法および条件	参照規格 EIAJ ED-4701（2001 年 8 月制定）
1	高温逆バイアス試験	試験温度：T_j = 150 ℃（-0 ℃／+5 ℃） 印加電圧：V_c = 0.8 × V_{ces} 印加方法：C-E へ DC 電圧印加 　　　　　V_{ge} = 0V 試験時間：1000 時間	試験方法 101
2	高温ゲートバイアス試験	試験温度：T_j = 150 ℃（-0 ℃／+5 ℃） 印加電圧：V_c = V_{ge} = +20V または -20V 印加方法：G-E へ DC 電圧印加 　　　　　V_{ce} = 0V 試験時間：1000 時間	試験方法 101
3	高温高湿バイアス試験	試験温度：85 ± 2 ℃ 相対湿度：85 ± 5 % 印加電圧：V_c = 0.8 × V_{ces} 印加方法：C-E へ DC 電圧印加 　　　　　V_{ge} = 0V 試験時間：1000 時間	試験方法 102 試験条件記号 C
4	断続動作試験 （ΔT_j パワーサイクル）	オン時間：2 秒 オフ時間：18 秒 試験温度：ΔT_j = 100 ± 5 ℃ 　　　　　T_j ≤ 150 ℃、T_a = 25 ± 5 ℃ サイクル数：15000 サイクル	試験方法 106
5	断続動作試験 （ΔT_c パワーサイクル）	オン時間：1～3 分 オフ時間：10～20 分	試験方法 106

でオン/オフさせてチップのジャンクション温度のみを変化させるものである（図 3.28）。主にワイヤ接合部およびチップ-絶縁基板間接合部の耐久性を評価する試験である。

b）ΔT_c パワーサイクル

　システムの起動・停止で生じる比較的穏やかな温度変化が生じる運転条件での耐久性を評価するものである。試験方法としては、通電電流の制御によりチップのジャンクション温度と放熱板温度の振幅を近い温度にして放熱板温度を

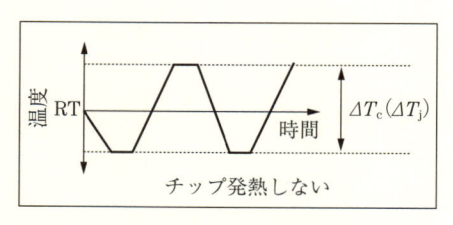

図 3.27　温度サイクル耐久試験

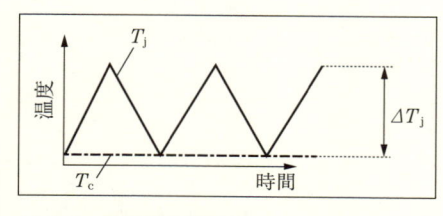

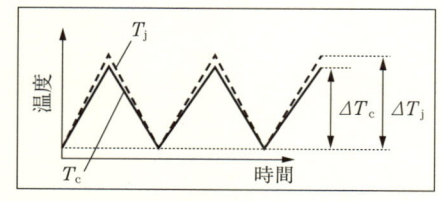

図 3.28　断続動作試験（ΔT_j パワーサイクル）　　図 3.29　断続動作試験（ΔT_c パワーサイクル）

変化させるものである（図 3.29）。主に、ワイヤ接合部、チップ-絶縁基板間接合部および絶縁基板-放熱板間接合部の耐久性を評価するものである。

(3) 熱ストレス試験の寿命判定方法例

　図 3.30 に、パワー半導体モジュールの ΔT_j パワーサイクル耐量カーブの例を示す。図 3.30 の $T_{jmin} = 25$ ℃のラインは、冷却フィンの温度を 25 ℃に固定しチップ温度を変化させた時の寿命サイクルを表している。例えば $\Delta T_j = 50$ ℃の場合では、冷却フィン温度が 25 ℃でチップ温度が 75 ℃に達する条件となる。一方、$T_{jmax} = 150$ ℃のラインは、チップの到達温度を 150 ℃に固定し冷却フィンの温度を変化させた時の寿命サイクル数を表している。例えば $\Delta T_j = 50$ ℃の場合では、冷却フィン温度が 100 ℃でチップ温度が 150 ℃に達する条件となる。このように同一の ΔT_j 条件でも、冷却フィンおよびチップ到達温度が高いほど、その寿命は短くなる。

3.3.7　パワー半導体の信頼性向上手法

　パワー半導体モジュールにおける高信頼性設計方法について説明する。
(1) 熱設計
　パワー半導体モジュールはシリコンチップの小型・高密度化が進んできてお

第 3 章　パワー半導体

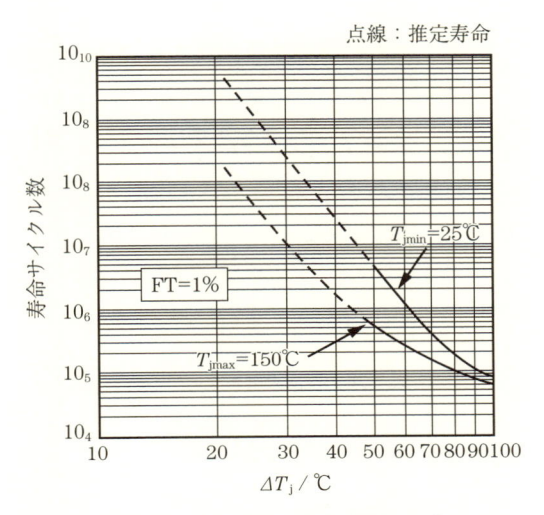

図 3.30　パワーサイクル耐量カーブ

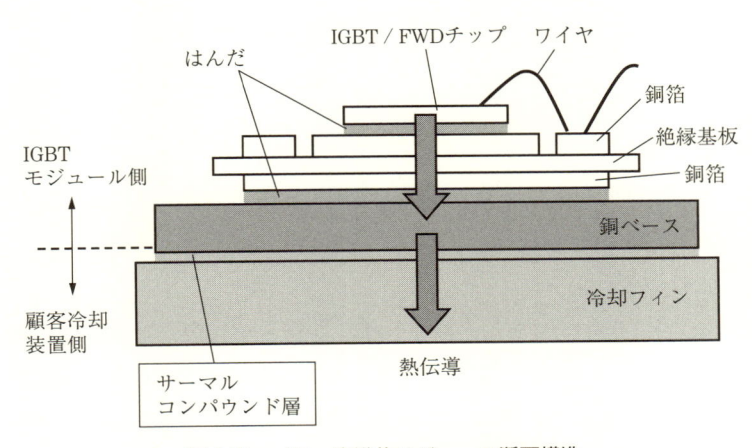

図 3.31　パワー半導体モジュール断面構造

り、その結果、発熱密度が増加し、従来にも増して放熱性の高いパッケージ設計が必要となってきている。そこで、最適設計や限界設計を行うために、熱シミュレーションが活用されている[5]。図 3.31 に、一般的なパワー半導体モジュールの断面構造を示す。動作時、IGBT もしくは FWD（フリーホイーリン

157

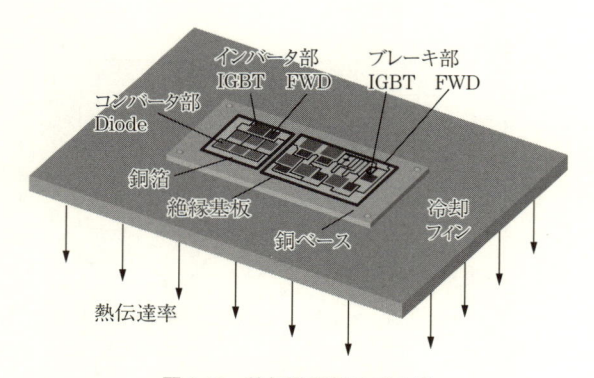

図 3.32 熱伝導解析モデル例

表 3.3 熱的物性値

部材	熱伝導率
はんだ	50W/m·K
銅回路	390W/m·K
セラミックス	20〜170W/m·K
銅ベース	390W/m·K
コンパウンド	1W/m·K

グダイホード）などのシリコンチップは発熱し、その熱は絶縁基板、銅ベースを通して、冷却装置（冷却フィンとサーマルコンパウンド層から構成）へ伝わり、外部に放熱される。

図 3.32 に熱伝導解析モデルの例を示す。解析モデルは計算負荷を軽減するため、シリコンチップ温度上昇（以下ΔT_j）への影響が小さい部品は省略している。発熱条件はインバータ運転条件を基に通電時に発生する損失を事前に計算し、シリコンチップ活性領域へ印加している。冷却フィンは簡略モデルを使用し、インバータの冷却装置と冷却性能が同等になるように、事前に計算した熱伝達率を冷却フィンの下面に設定している。表 3.3 に、パワー半導体モジュールにおける主要構成部品の、代表的な熱的物性値を示す。

図 3.33 に熱伝導解析結果を示す。各シリコンチップの温度が上昇していることがわかる。特に、シリコンチップが密集している部分の温度が高いことが

第 3 章　パワー半導体

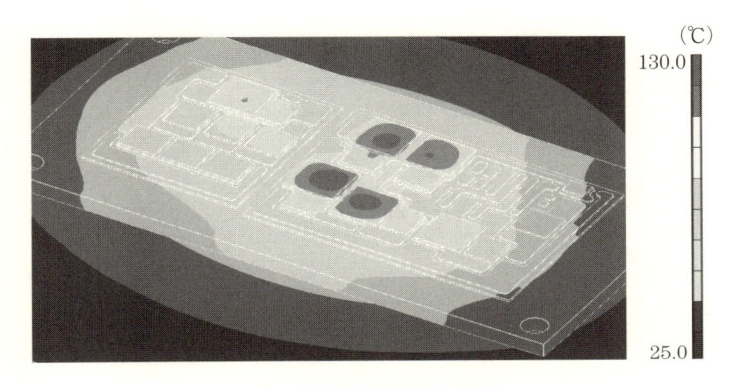

図 3.33　熱伝導解析結果例

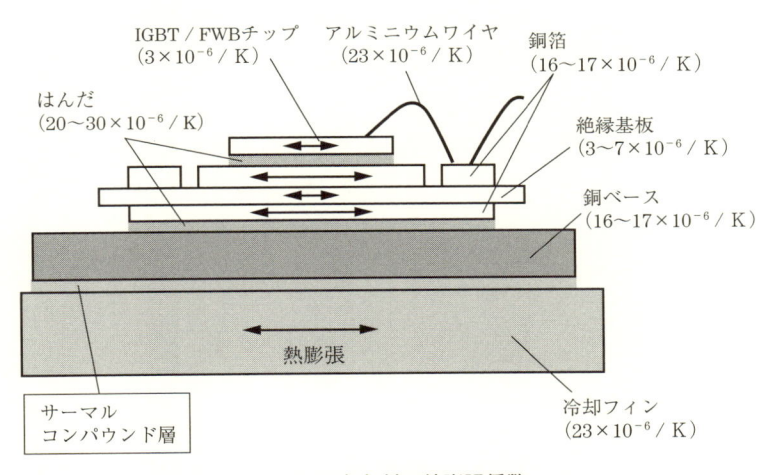

図 3.34　各部材の線膨張係数

わかる。このように、熱シミュレーション技術を活用することで、精度のよい熱設計が可能となる。

(2) 構造設計

次に、構造シミュレーションの活用事例について示す。

図 3.34 に示すように、パワー半導体モジュールは求められる機能を満たすために、金属・セラミックス・樹脂などの線膨張係数が大きく異なる材料の複合体から構成されている。そのため、運転時の温度変化に伴って、この線膨張

159

厚み変化量　（um）
35.0

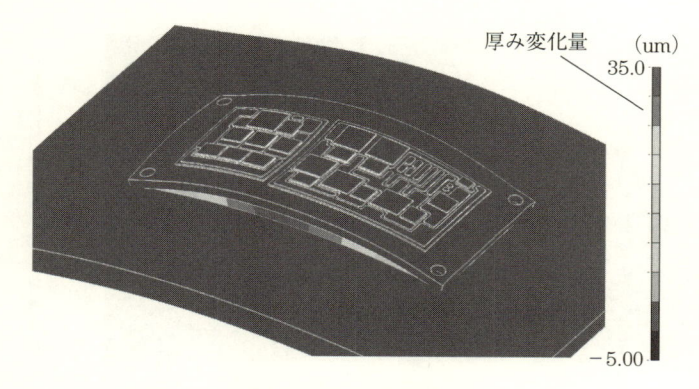

−5.00

図 3.35　熱応力解析結果例

係数差によりモジュール内部に熱応力が発生し熱変形を生じる。以下に、熱変形によるサーマルコンパウンド厚み変化の解析例について示す。

図 3.35 に熱応力解析結果の変形図を示す。変形は、パワー半導体モジュール中央部が若干へこんだ、鞍型の変形形状となっている。この理由は、図 3.35 から明らかなように、シリコンチップ発熱時は、シリコンチップ周辺部だけでなくモジュール全体や冷却フィンまで熱拡散し温度上昇しているため、変形は線膨張係数の小さな絶縁基板のある銅ベース中央部より銅ベース端部の方が大きくなるためである。このように、構造シミュレーション技術を活用することで、精度のよい熱設計が可能となる。

[3.3 の参考文献]

[1]　(節をとおして) 富士電機株式会社、"富士 IGBT モジュール　アプリケーション　マニュアル"、2011 年

[2]　A. Morozumi et al.,「Raliability of Power Cycling for IGBT Semiconductor Modules」, IEEE-IAS, 2001

[3]　西村芳孝　他、「新絶縁基板を用いた次世代 IGBT モジュール技術」、富士時報、Vol.77、No.5、2004 年

[4]　エスペック株式会社、「イオンマイグレーション評価システム AMI-U カタログ」、W2B2305、2011 年

[5]　山田教文、堀元人、池田良成、"パッケージシミュレーション技術による熱設計精度の向上"、富士時報、Vol.82、No.3、p.179-182、2009 年

▶3.4 パワー半導体の環境試験規格と装置

3.4.1 パワー半導体関連の環境試験

　パワー半導体の開発評価試験の基本は、一般的な半導体の評価試験規格の試験項目・条件による耐性および耐久性の評価である。さらに、ハイブリット車、電気自動車の普及や自動車の電装化とともにIGBT（Insulated Gate Bipolar Transistor）、パワーMOSFET（Metal Oxide Semiconductor Field Effect Transistor）、ダイオード等がインバータ、モータ、トランスミッション、ブレーキ、ステアリング等を制御するパワートレイン制御やボディー制御、走行安全制御などで利用される比率が高まり、特に、発熱に関する評価試験を加える場合や、車載等、利用用途に合わせた試験が実施される。

　これら試験の目的から、1つは初期性能を評価する試験（ここでは「環境試験」と呼ぶ）と、2つ目は長期信頼性を評価する耐久性試験（ここでは「信頼性試験」と呼ぶ）の2種類に分類することが可能である。

　なお、環境試験一覧は、3.3の表3.2（その1）に、耐久性試験一覧は、3.3の表3.2（その2）に示した。

3.4.2 環境試験

　温湿度環境ストレスや電気ストレスを印加して、初期の性能を評価することを目的としている。

(1) 高温保存試験（EIAJ ED-4701、試験方法201）

　高温保存環境下における試料の耐性および耐久性を評価する。

　①試験条件例：125±5℃、1000時間

　②試験装置特徴

　試料のサイズに合わせて91～1000Lの容量の選択が可能であり、図3.36に示す恒温器にて対応可能。

(2) 低温保存試験（EIAJ ED-4701、試験方法202）

　①試験条件例：−40±5℃、1000時間

　②試験装置特徴

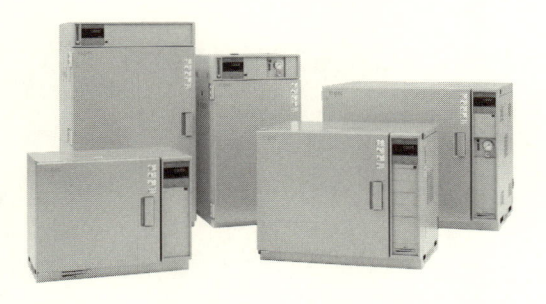

図 3.36　恒温器（エスペック(株)製　パーフェクトオーブンシリーズ）

図 3.37、図 3.38 に示す恒温恒湿器にて対応可能。
(3) **高温高湿保存試験**（EIAJ ED-4701、試験方法 103）
　貯蔵中および輸送中における、高温高湿環境下での保存状態での耐性および耐久性を評価する。
　①試験条件例：温度 85±2℃、相対湿度：85±5 %、試験時間：1000 時間
　②試験装置特徴
　モジュール・製品レベルの大型試料に対しては恒温恒湿器（図 3.37）を使用し、小型のデバイスに対しては、小型環境試験装置（図 3.38）を使用して多種類の試験に対応が可能。
(4) **温度サイクル試験**（EIAJ ED-4701、試験方法 105）
　試料の接合部に対して使用環境変化や通電による発熱等により加わる熱ストレスを印加して、熱の膨張・収縮に対する耐性および耐久性を評価する。
　①試験条件例：試験温度：低温 −40±5℃、高温 125±5℃、室温 5〜35℃、さらし時間：高温〜室温〜低温〜室温　各 1 時間、0.5 時間、1 時間、0.5 時間、サイクル数：100 サイクル
　②試験装置特徴
　試料の接合部に対して、低温・高温の繰り返しストレスを加えて接合部の剥離やクラック等の発生を促す。小型〜大型の試料に対応できるように、40〜300L の容量を装備している。また、接合部の剥離やクラック等の挙動を確認できる導体抵抗評価装置も活用できる（図 3.39）。

第 3 章　パワー半導体

図 3.37　恒温恒湿器（モジュール・製品向け）
　　　　（エスペック(株)製　プラチナス J シリーズ）

図 3.38　小型環境試験装置（デバイス向け）
　　　　（エスペック(株)製　小型環境試験器）

図 3.39　導体抵抗評価装置（左）と温度サイクル試験装置（右）
　　　　（エスペック（株）製　AMR と冷熱衝撃装置 TSA シリーズ）

図 3.40　熱衝撃試験のテストエリア拡大　　　図 3.41　熱衝撃試験器
　　　　　　　　　　　　　　　　　　　　　　　　　（エスペック㈱製　液槽
　　　　　　　　　　　　　　　　　　　　　　　　　冷熱衝撃装置）

(5) 熱衝撃試験（EIAJ ED-4701、試験方法 307）

試料に急激な温度変化を与え、耐性および耐久性を評価する。

①試験条件例：試験温度：高温 125℃（±5℃）、低温 −55℃（±5℃）、使用液体：不活性液体、浸漬時間：各温度 5 分、移行時間：10 秒、サイクル数：10 サイクル

②試験装置特徴

不活性液体を温度調節した低温槽・高温槽に、試料を自動的に短時間で移動（図 3.40）させ、急激な温度変化を与えることができる（図 3.41）。

3.4.3　信頼性試験

ストレスを加えて、長期的な耐性および耐久性などの信頼性を評価することを目的としている。

(1) 高温逆バイアス試験、高温ゲートバイアス試験（EIAJ ED-4701、試験方法 101）

①・高温逆バイアス試験　試験条件例：試験温度：$T_j = 150℃（-0℃ / +5℃）$、印加電圧：$V_c = 0.8 \times V_{ces}$、印加方法：G-E へ DC 電圧印加、$V_{ge} = 0V$、試験時間：1000 時間

　　・高温ゲートバイアス試験　試験条件例：試験温度：$T_j = 150℃（-0℃ /$

図 3.42 高温逆バイアス試験装置

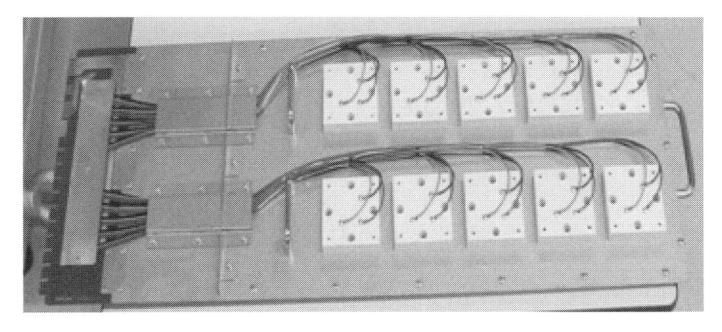

図 3.43 高温逆バイアス試験用耐熱ソケット

+5℃)、印加電圧：$V_c = V_{ge} = +20V$ or $-20V$、印加方法：G-E へ DC 電圧印加、$V_{ce} = 0V$、試験時間：1000 時間

②試験装置特徴

高温逆バイアス試験では、FET のゲートにピンチオフ電圧、ドレインに指定電圧を印加することで、FET の初期不良を除去。FET が破損し、ドレイン（D）−ソース（G）間がショートした場合、電圧印加を遮断する保護回路を設置。試験温度は最大 250℃まで、試験電圧は逆バイアス最大 2000V まで。高温逆バイアスおよび高温ゲートバイアス試験の両方が実施可能（図 3.42）。

③その他

■治具技術

350℃で常用使用できる耐熱ソケットを搭載（図 3.43）。

図 3.44 絶縁評価装置（左）と恒温恒湿試験器（右）
（エスペック(株)製　AMI とプラチナス J シリーズ）

(2) 高温高湿バイアス試験（EIAJ ED-4701、試験方法 102）

高温高湿環境下において、試料にバイアス（主に逆バイアス）を加え、樹脂材料部の絶縁性劣化を評価する。

①試験条件例：試験温度 85±2℃、相対湿度：85±5%、印加電圧：V_c = 0.8 × V_{ces}、印加方法：C-E へ DC 電圧印加、V_{ge} = 0V、試験時間：1000 時間

②試験装置特徴

高温高湿環境下（恒温恒湿試験器）で電圧を印加し、定期的に試料のリーク電流を測定し、試料が絶縁破壊に至る挙動を確認する（図 3.44）。

(3) 断続動作試験（＝パワーサイクル試験）（EIAJ ED-4701、試験方法 106）

IGBT などは、従来から産業機器用途で利用されてきた素子であるが、自動車用途で採用されることで、要求される信頼性が従来と比較し厳しくなったため、ユーザに要求された耐性および耐久性を満足するために、より厳しい条件で評価を行う。そのための治具等も紹介する。

①試験条件例：オン時間 2 秒、オフ時間 18 秒、試験温度：100±5℃、T_j ≦ 150℃、T_a = 25±5℃、サイクル数：15000 サイクル

②試験装置特徴

素子接合部温度（T_j）またはケース温度（T_c）を常時モニターしながらドレイン電流のオン／オフを繰り返しパワーサイクルテストが実施できる各種電

第 3 章　パワー半導体

図 3.45　空冷式パワーサイクルテスター（MOSFET 用）（エスペック㈱製）

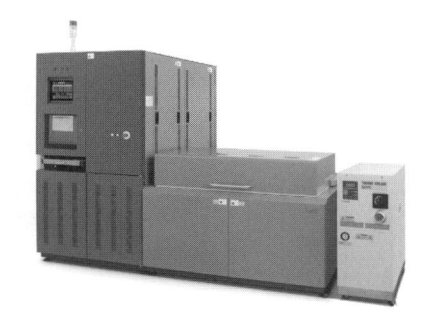

図 3.46　水冷式パワーサイクルテスター（IGBT 用）（エスペック㈱製）

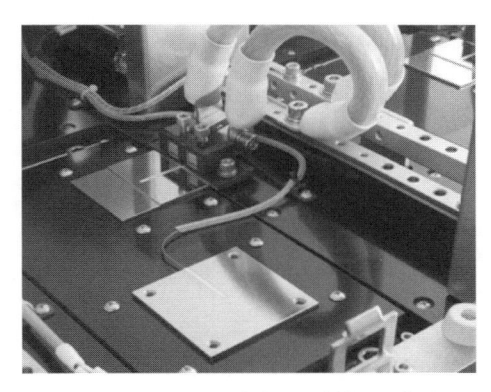

図 3.47　パワーサイクル試験用　試料の温度制御のための水冷プレート（IGBT 用）

流値や電圧値モニターとデータ保存ができる（図 3.45、図 3.46）。

■温度制御技術

図 3.47 に示す水冷プレート内水路にチラーより一定温度で制御された冷却水を循環させてデバイスを冷却。設定された T_j 温度に保つように水冷プレート（デバイス）ごとにチラー水量をコントロール。これらにより試料の発熱を冷却することが可能である。

＜仕様例＞
1) チラー水温：－10 ℃～＋60 ℃（1 条件設定）
2) チラー流量：1～6L/min（デバイス個別設定）

167

図 3.48　パワーサイクル試験用　試料（TO-220 MOS FET）大電流ソケット

■治具技術

ディスクリート用モールドパッケージに対し、高電流（最大 25A）を印加可能とした耐熱ソケットを搭載している（図 3.48）。

3.4.4　その他の試験

その他、試料の使用用途等によって、製造時や、実使用環境である車載や輸送・保管環境を想定した試験が実施される。

(1) 加湿＋実装ストレスシリーズ試験（EIAJ ED-4701、試験方法 104）

試料が実装される際に受けるストレス（吸湿⇒実装工程（高温））を加えて、耐性および耐久性を評価する。

①試験条件例：125℃、24 時間　→　85℃ 85％ 168 時間　→　所定の温度プロファイル

②試験装置特徴

試料の吸湿量を一定とするため、恒温器にて乾燥（工程ⓐ）を行い、その後一定時間吸湿（工程ⓑ）させる。実装状態の温度プロファイルで高温に加熱して（工程ⓒ）試料の剥離やクラック等の確認（工程ⓓ）を行う。これら一連の実装ストレスをシミュレーションできる試験装置（図 3.49）。

第 3 章　パワー半導体

＜試験フロー＞
工程ⓐ乾燥　⇒⇒　工程ⓑ吸湿　⇒⇒　工程ⓒリフロー（高温）　⇒⇒　工程ⓓ分析解析

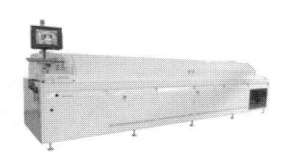

高温器　　　恒温恒湿器　　　　　リフロー槽　　　SAT（超音波映像装置）

図 3.49　試験実施工程

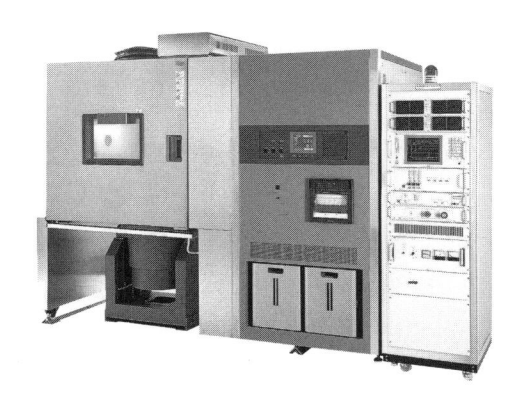

図 3.50　複合環境試験装置（エスペック㈱製）

(2) 振動試験（試験方法 403）
　試料に輸送中に想定される振動を与え、耐性および耐久性を評価する。
　①試験条件例：周波数 100Hz～200Hz～100Hz（4 分）、加速度 $200m/s^2$、加振方向 x、y、z 方向、各試験サイクル各方向 4 サイクル
　②試験装置特徴
　温湿度を制御できる恒温恒湿槽と振動機で構成され、振動機は周波数・加速度・変位・速度の設定が可能で、輸送上の環境を再現できる試験装置（図 3.50）。
(3) 減圧試験（EIAJ ED-4701、試験方法 504）
　航空機輸送における減圧環境下における試料の耐性および耐久性を評価する。
　①試験条件例：93.3kPa～10.1kPa

169

図 3.51　恒圧恒温器（エスペック(株)製）

②試験装置特徴

減圧環境化で温度制御可能な試験装置（図 3.51）。

(4) 高温（MAX. 300 ℃）温度サイクル試験

SiC が広く実用化され、回路の電流密度の増加とともに、試験温度のうち、高温側試験温度がより高い環境での熱サイクル試験に必要とされるようになりつつある。従来、熱サイクル試験は、高温側試験温度 150 ℃ 程度まで実施されることが多かったが、高温 MAX. 300 ℃ まで実施できる熱サイクル試験槽が実用化されている。

①試験条件例：試験温度：低温 − 40 ℃、高温 270 ℃、移行＋さらし時間：各 1 時間、サイクル数：100 サイクル

②試験装置特徴

冷熱衝撃装置（TSD　300 ℃ 仕様）の場合、＋270 ℃ ⇌ − 40 ℃ で、温度復帰時間 5 分以内の試験が可能（図 3.52、図 3.53）。

[3.4 の参考文献]

[1]　一般社団法人　電子情報技術産業協会（JEITA：Japan Electronics and Information Technology Industries Association）JEITA 規格、EIAJ ED−4701（2001 年 8 月制定）

第 3 章　パワー半導体

図 3.52　冷熱衝撃装置　TSD　300 ℃仕様
　　　（エスペック(株)製　冷熱衝撃装置）

図 3.53　冷熱衝撃装置　TSA　300 ℃仕様
　　　（エスペック(株)製　AMI と冷熱衝撃装置 TSA シリーズ）

▶3.5 パワー半導体モジュールの改善・改良の方向性

3.5.1 今後の要求性能向上ポイント

　Si デバイスが性能限界に近づく中、次世代デバイスとして SiC や GaN などの WBG（Wide Band Gap）デバイスが注目されている。既に電源装置など一部の機器では、Si デバイスからの置き換えが進み、低損失化が実現している[1]。今後、優れた高温動作と高周波動作の活用も期待されており、周辺部品、冷却システムの小型化、装置コストの削減など大きなメリットも見込まれている[2,3]。そして、Si デバイスに関しても性能限界に近づいてはいるが、IGBT（Insulated Gate Bipolar Transistor）チップでも高温動作を目指す技術開発が進んでいる[4,5]。

　これら Si および WBG デバイスの特長を最大限、引き出すためには、小型、低熱抵抗、高温動作を実現し、高信頼性も兼ね備えたパッケージ構造が必要である。

3.5.2 研究・技術開発の方向性

(1) 低損失化

　現在、MOSFET（Metal-Oxide-Semiconductor Field-Effect Transistor）や IGBT などのパワー半導体デバイスが電力変化装置のスイッチングデバイスとして多く使用されている。図 3.54 に IGBT チップの電流密度の推移を示す[6]。パワー半導体デバイスは通電時の定常損失とスイッチング損失を下げるために表面構造や厚さ方向の最適化が行われて来ており、その結果、チップサイズが大幅に小さくなって来ている。

　また、RB-IGBT（Reverse Blocking IGBT）、RC-IGBT（Reverse Conducting IGBT）のように従来の IGBT に逆阻止や逆導通能力を持たせたデバイスも実用化に至っている[7]。さらに SiC に代表される超低損失な WBG デバイスの開発も進んで来ている。

(2) 低熱抵抗化・高放熱化

　現在 IGBT モジュールに搭載されている Si デバイスの多くは、瞬時動作保

第 3 章　パワー半導体

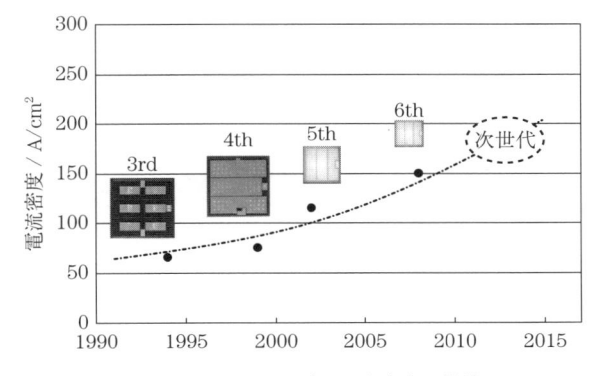

図 3.54　IGBT チップの電流密度の推移

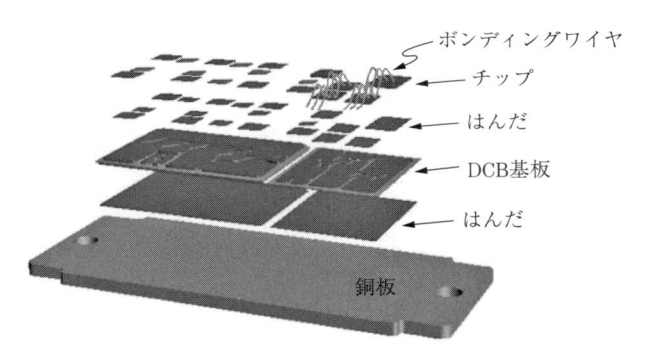

図 3.55　IGBT モジュール構造

証温度（$T_{j\,max}$）は 175 ℃であり、連続動作温度（$T_{j\,op}$）は 150 ℃である。

　IGBT モジュールの熱設計は、チップで発生した損失（熱）をモジュール内で如何に効率よく熱移動させ冷却装置で放熱をさせ、チップ温度を保証温度以下に保つかの設計である。

　図 3.55 に一般的に使用されて来ている IGBT モジュール構造を示す。また、図 3.56 にはその構成材料の熱物性値を示す。このグラフから明らかなように、IGBT モジュールは熱伝導率 λ が大きく異なる材料で構成されている。

　式 (3.3)、(3.4) にチップの温度上昇 ΔT を推定する熱抵抗 R_{th} の計算式を示す。式 (3.3) より熱抵抗 R_{th} は熱伝導率 λ に反比例することがわかる。つまり熱伝導率の低い物性で IGBT モジュールを構成するとチップの温度上昇に繋がる。

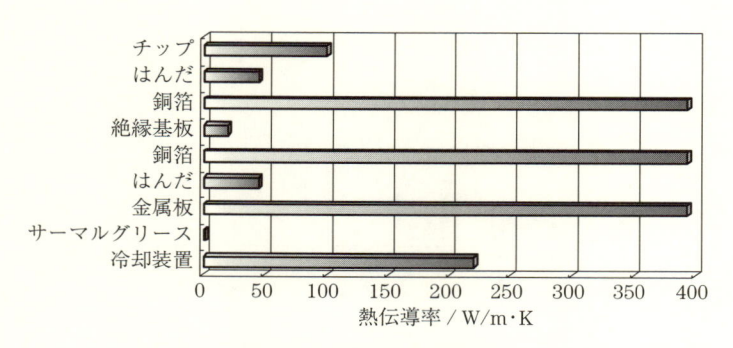

図 3.56　IGBT 構成材料の熱物性値

$$R_{th} = t/(\lambda \times S) \tag{3.3}$$
$$\Delta T = P \times R_{th} \tag{3.4}$$

R_{th}：熱抵抗，t：厚さ，λ：熱伝導率，S：面積，ΔT：温度上昇，P：損失.

一般的に金属材料は熱伝導率が高いが，DCB 基板に使用されている絶縁基板（セラミックス）は材料によって熱伝導率が大きく異なる。Al_2O_3 は約 20W/m・K であるが，Si_3N_4 は約 90W/m・K，AlN は約 180W/m・K である。Si_3N_4 や AlN 基板のような高熱伝導材料を使用することで，IGBT モジュールの温度上昇の抑制が可能となる。

また一方で，熱抵抗 R_{th} は式(3.3)から部材の厚さ t に比例しており，低熱伝導率の材料でも，絶縁耐圧が確保できれば薄膜化することができ，温度上昇を抑制した IGBT モジュールの構成が可能である。

a) 高性能冷却設計

前項までは従来構造の IGBT モジュールにおける熱設計技術を紹介して来たが，ここでは，最新の熱移動技術，冷却構造について述べる。

① ワイヤボンディング・レス配線

一般的な IGBT モジュールでは Al ワイヤを電気配線として適用している。

しかしながらチップ温度 T_j を下げる観点で電気配線を考えると，Al ワイヤは熱抵抗が高く，熱移動には効果がない。また，高電流密度になった場合は電気抵抗も高く，ジュール発熱の要因になる。そこで熱移動に有効なチップ表面電気配線技術として図 3.57 に示すようなリードフレーム（L/F）配線が開発

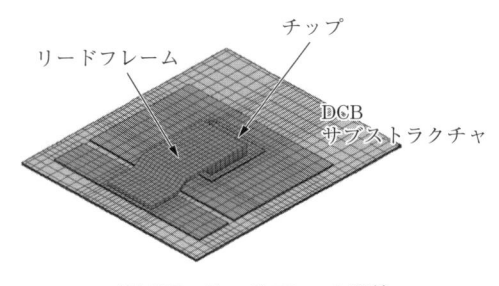

図 3.57　リードフレーム配線

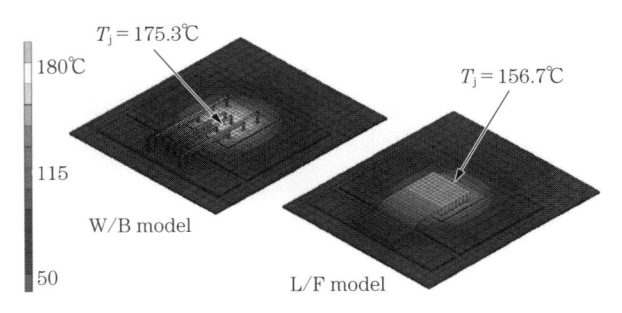

図 3.58　FEM 解析による Al ワイヤボンディング（W/B）配線と
　　　　 Cu–L/F 配線の熱解析結果

されている[8]。

　図 3.58 に FEM 解析による Al ワイヤボンディング（W/B）配線と、Cu–L/F 配線との熱解析結果を示す。L/F 配線を適用することで、過渡状態、定常状態ともチップ温度 T_j を大幅に低減できる。図 3.59 には、配線部の熱流束ベクトル図を示す。W/B 配線では W/B の中央部からチップ側、DCB 回路基板側に熱流束ベクトルが向いており、W/B 部でのジュール発熱が T_j 上昇を引き起こす要因になる危険性を示唆している。L/F 配線ではベクトルはチップ表面から L/F を経由して DCB 回路基板に向かっていることが確認でき、ジュール発熱の影響は低く、低 T_j 化に有効な配線と考えられる。

　以上の結果から、L/F 配線では低 T_j 化が可能となり、チップの大電流化、あるいはチップ小型化にも有効な配線形態と考えられる。今後は高電流密度が期待されている WBG デバイスへの適用も可能となる。

W/B model

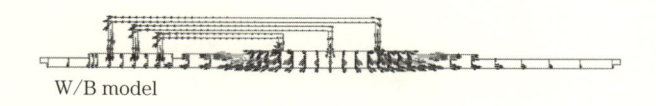

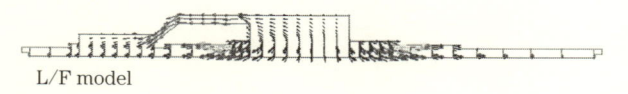

L/F model

図 3.59　配線部の熱流束ベクトル図

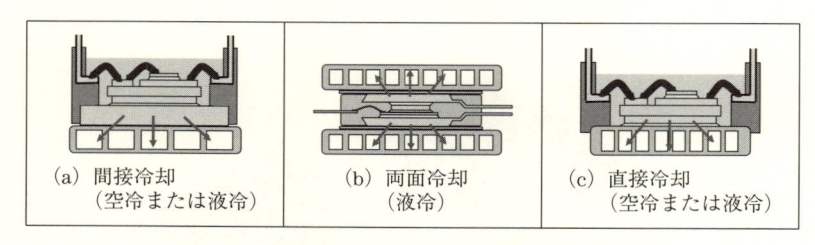

(a) 間接冷却　　　　(b) 両面冷却　　　　(c) 直接冷却
　　（空冷または液冷）　　（液冷）　　　　　（空冷または液冷）

図 3.60　IGBT モジュールの冷却装置の取付け形態

本コンセプトは（4）で述べる SiC パッケージのワイヤボンディングレス構造にも活かされている。

②冷却装置一体型モジュール

IGBT モジュールの適用範囲はインフラ設備や風力発電、太陽光発電など大電流を扱う装置にも拡大している。また、1990 年代後半にはハイブリッドカーが実用化され、モータの電力制御に IGBT モジュールが使用されている。これらの用途では、大電流や高電流密度で使用されており、チップ温度 T_j を保証温度以下に抑えるため、モジュールの両面から熱を奪う両面冷却パッケージ構造や、モジュール裏面に直接冷却装置を取り付ける直接水冷モジュール構造の開発も進んでいる[9]。

図 3.60 に IGBT モジュールの冷却装置の取付け形態を示す。一般的には IGBT モジュールと冷却装置とは「ねじ」などで取り付けられ、その間にサーマルグリースを挟み込み、チップで発生した熱をモジュール→サーマルグリース→冷却装置→大気の順で熱移動をさせ放熱をする。

図 3.61 に従来型 IGBT モジュールでの縦方向温度上昇グラフを示す。この

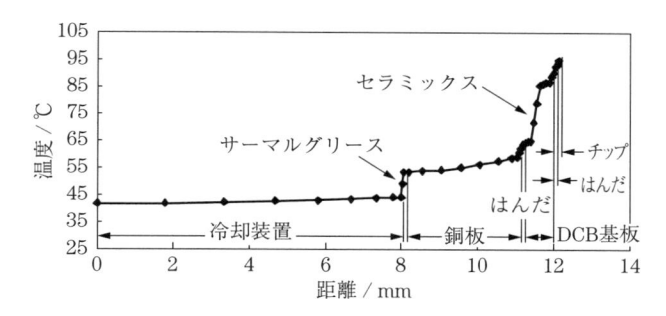

図3.61 従来型IGBTモジュールでの縦方向温度上昇グラフ

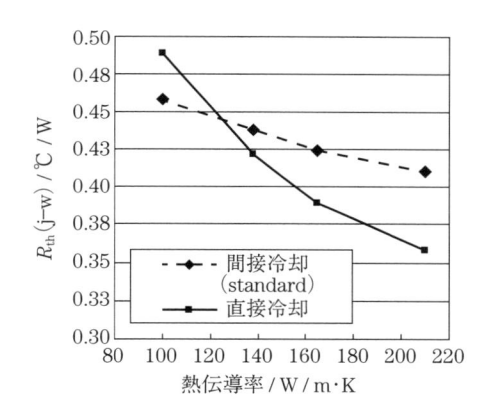

図3.62 間接冷却モジュールと直接冷却との熱流体解析による熱特性比較

グラフから、温度上昇が大きい部分は、セラミックス（Al_2O_3）とサーマルグリースであることがわかる。

サーマルグリースは熱伝導率（1W/m・K程度）が悪く、大電流や高電流密度のパッケージでは大幅な温度上昇を招いてしまう。そこで、図3.60(c)に示すサーマルグリースを排除し、冷却装置を直接モジュール裏面に構成するパッケージの開発が進んでいる。

図3.62にサーマルグリースを使用する従来の間接冷却モジュールと直接冷却との熱流体解析による熱特性比較を示す。グラフは、横軸に冷却装置の熱伝導率、縦軸に熱抵抗を取っている。一般的に冷却装置に使用されるアルミ材の熱伝導率は100W/m・K以上が多いが、今回の解析では、直接水冷が有効な範

囲は、130W/m·K 以上となり、純アルミの 210W/m·K では、直接水冷は 20％程度の低熱抵抗化が期待できる。

なお、130W/m·K 以下で間接水冷が有効なのは、一般的な間接水冷モジュールでは図 3.60(a)に示すように DCB 基板下に金属板（Cu）が接合されているため熱拡散により金属板全体で冷却装置に低熱密度の熱を移動させているためと考えている。

さらに、ハイブリッドカーのように電流容量が大きく、スペースが限られ熱密度が高い IGBT モジュールでは、図 3.60(b)に示すモジュールの両面に冷却体装置を設置し効率よく放熱する両面冷却構造も適用されている。

(3) 高寿命・高信頼性化

IGBT モジュールは図 3.55 にも示したように複数材料を積層した構造を取っており、それらの接合には「はんだ」が、またチップ表面電極への電気配線には「Al ワイヤの超音波接合」が使用され、IGBT モジュールの長期信頼性を確保する上で重要な実装技術となっている。

a）はんだ接合技術

2006 年 7 月 1 日の RoHS（Restriction of Hazardous Substances）指令以降は、鉛フリーはんだを使用した接合技術が必須になり、接合面積が大きいパワーモジュールでは独自の技術開発が進められて来た[10-12]。

当社では、SnAg 系はんだに微量の添加元素を添加した SnAgCuNiGe はんだ[11]をはじめ、接合面積の大きな DCB 基板接合などに SnAgIn 系や SnSb 系はんだの実装技術を確立して来た。ここでは、今後のパワー半導体の高信頼性、高耐熱化への対応も期待できる SnSb 系はんだに関して紹介をする。

①引張り強度および熱時効特性

一般に多く使用されている鉛フリーはんだの SnAg 系は、金属間化合物 Ag_3Sn によるネットワーク構造で分散強化型であるのに対して、SnSb 系は固溶強化型である。

図 3.63 に SnAg と SnSb はんだの SEM 観察像を示す。これらの 2 つの合金では組織が大きく異なることが確認できる。SnAg では Ag_3Sn の分散が確認できるが、SnSb では析出物は観察されない。図 3.64 に高温放置試験による引張り強度の変化を示す。

第3章 パワー半導体

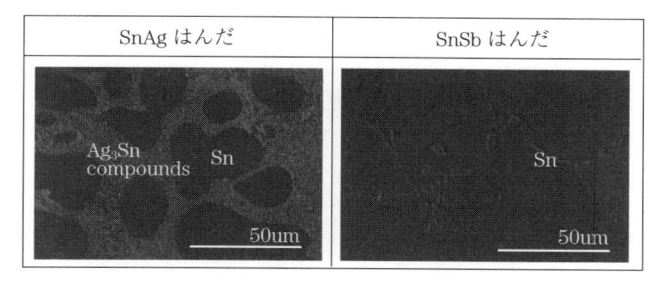

図3.63 SnAgとSnSbはんだのSEM観察像

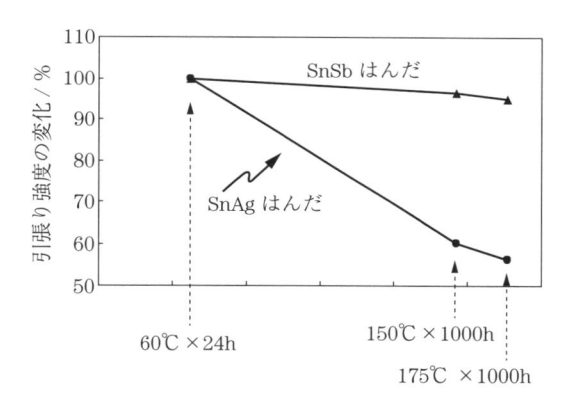

図3.64 高温放置試験による引張り強度の変化

　SnSbはんだとSnAgはんだでは初期的な引張り強度は同等であるが、SnSbはんだは175℃/1000hの高温放置試験後でも強度低下が少ないことがわかる。高温放置試験後の組織観察でも、SnAgはんだでは金属間化合物Ag_3Snの凝集やSn結晶粒の粗大化が目立つが、SnSbでは大きな変化はない。これらの結果から、SnSb系はんだは耐熱疲労に優れているものと考える。

②長期信頼性

　IGBTモジュールは線膨張係数の異なる材料を積層しているため、実動作時や周囲温度の変化によって熱応力が発生する。これらに対する耐久試験として、実動作を模擬したP/C (Power Cycling) 試験と、環境変化を想定したT/C (Thermal Cycling) 試験などがある。図3.65はDCB基板下にSnAg、SnSb

| SnAgはんだ | SnSbはんだ |

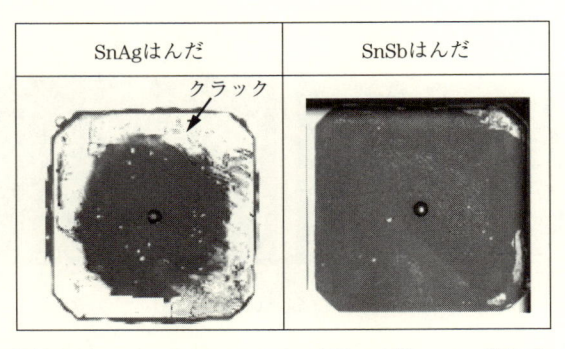

図3.65　DCB基板下にSnAg、SnSbはんだを適用した際のT/C試験後の超音波探傷像

はんだを適用した際のT/C試験後の超音波探傷像である。この結果からSnSbはんだを適用することで、SnAgはんだと比較して、明らかにクラック進展が抑制されていることが確認できる。

b) 電極膜技術

　IGBTをはじめ多くのパワー半導体で表面電極膜にはAl電極が採用され、Al電極上にΦ400μm程度のAlワイヤがボンディングされている。これまで、IGBTモジュールは動作保証温度150℃以下であった。しかし、今後、ハイブリッドカー/電気自動車用途を含めインバーターの小型化や大容量化には、より高温動作が必要となって来るものと考える。Siパワー半導体においては、高温動作に伴う電極膜の課題はあまり議論されていないが、実動作時のエレクトロマイグレーション、ストレスマイグレーションが懸念される[13]。

　図3.66はΔT_j=125℃(25〜150℃)で高温P/C試験を実施した際のAl電極をSEM観察したものである。このSEM像から、高温パワーサイクル動作時にはAl電極が劣化するものと予測される。この課題に対して、バリア膜を積層することで劣化抑制を可能にする技術を開発し適用を検討している[14]。ここでは、電極膜の劣化要因は、Al電極とSiチップとの線膨張係数差に起因する熱応力と推定し、Al電極表面にAl（約24×10^{-6} [1/K]）より線膨張係数の低いNi（約11×10^{-6} [1/K]）を成膜することで発生応力の軽減を狙った。図3.66の下段がNiバリア膜を追加したIGBTモジュールのP/C試験での表面電極の変化を観察したものである。電極表面の劣化が明らかに抑制され、バリ

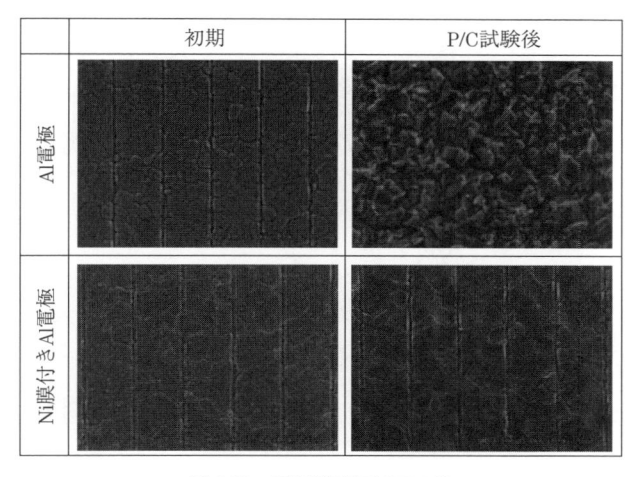

	初期	P/C試験後
Al電極		
Ni膜付きAl電極		

図 3.66　電極膜表面 SEM 像

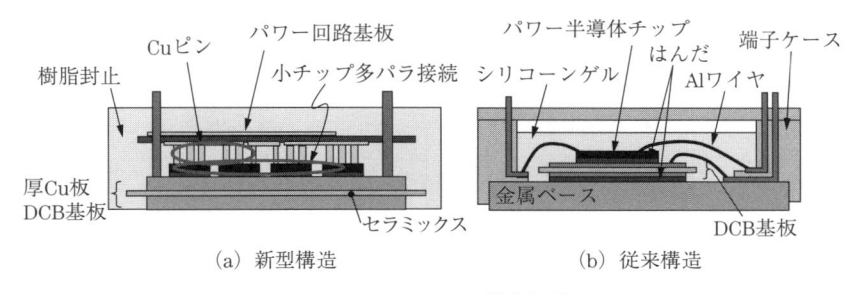

図 3.67　パッケージ構造比較
(a) 新型構造　(b) 従来構造

ア効果が確認できる。

　以上、長期信頼性の観点ではんだ接合、表面電極膜に関して紹介をした。高温動作に注目をすると、パワー半導体の動作温度は、鉛フリーはんだの融点に迫って来ている。SiC などの WBG デバイスでは動作温度が 300 ℃以上も可能である。現在、Ag をはじめとする金属ナノ粒子を使用した低温焼結技術の開発が盛んに進められているが[15]、はんだ代替材料として早期の製品・実用化が期待されている。

(4) 次世代デバイスに向けたパッケージ・コンセプト

　図 3.67 に Al ワイヤボンディングを用いた従来のモジュール構造と、高温動

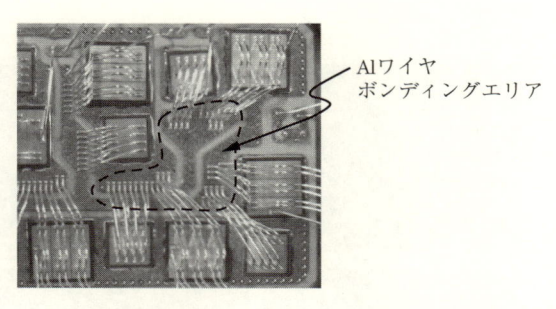

図 3.68　DCB 基板回路パターン部での Al ワイヤボンディングエリア

作を目的に開発をした新型のモジュール構造の断面構造比較図を示す。従来構造モジュールは、パワー半導体チップ、Al ワイヤ、DCB 基板、端子ケース、金属ベース（主に Cu）、はんだ、さらに封止材のシリコーンゲルから構成されている。一方、新型構造モジュールは Al ワイヤ配線を無くし、替わりに複数個の Cu ピンを備えたパワー回路基板、厚 Cu 板 DCB 基板、そしてエポキシ樹脂でパッケージ全体を封止した構成となっている。現在、SiC はウェハ内の結晶欠陥が Si ウェハと比較して多いため、モジュールの大電流化を実現するためには小型チップを複数個並列接続する必要がある。新型構造は、Si デバイスは勿論のこと、SiC デバイスなどの小型チップを複数個接続してもモジュールサイズが大きくならず、高信頼性の確保も期待できる Cu ピン電気接続と樹脂封止構造とした。以下に具体的なパッケージ・コンセプトについて述べる[16-17]。

a) 小型化（高パワー密度）技術の検討

　従来のパワーモジュールでは Al ワイヤボンディングによる電気配線方式が主流であるが、Al ワイヤボンディング配線には高密度実装において次の 2 点の制約がある。1 つは、パワーモジュールを構成するチップ、DCB 基板、端子の各部材を配線する上で、図 3.68 に示すような、ある一定のボンディング領域の確保が必要である。もう 1 つは、信頼性の観点から、ワイヤの長さと径に依存した許容電流値が存在する点である。これはジュール発熱によって Al ワイヤが溶断に至るためである。そのため、パワー密度（電流密度）向上によるチップサイズのシュリンク（小型化）は、チップ上に必要なワイヤ本数を打

てないという問題が起こる。高密度パッケージングを実現するためには、この課題を解決できる図 3.67 に示した新しい電気配線技術が必要となると考えている。

今回開発をした新しいモジュール構造は複数の Cu ピンを有するパワー回路基板があり、この基板に接続された Cu ピンはチップ表面電極に対し垂直に接続し電気配線を形成するため、チップ同士の近接配置が可能になる。また、Cu ピンは同一径の Al ワイヤと比較し、電気抵抗が低く（Cu 電気抵抗率 $\rho = 1.68 \times 10^{-8}$ Ω・m、Al 電気抵抗率 $\rho = 2.65 \times 10^{-8}$ Ω・m）、さらに配線の長さも短いため、パワー半導体チップ当たりに求められる Cu ピンの本数は Al ワイヤより少なくできる。また、このパワー回路基板は DCB 基板の Cu 回路パターンに次ぐ第 2 の電気配線になり、従来ワイヤボンディング構造と比較し、電気配線をこの基板でも構成することができ、パワーモジュールの大幅な小型化を可能にしている。

b）低熱抵抗化の検討

パワーモジュールの小型化を実現するために、電気配線の集約だけでなく低熱抵抗構造の開発が必要不可欠である。基板内での熱広がりを考慮した熱抵抗は（2）の式(3.3)で表すことができる。

今回の新型構造モジュールでは、ヒートスプレッダ効果と構成材料の高熱伝導化の 2 つの技術を積極的に取り入れ、厚さ 1mm 以上の厚 Cu 板 DCB 基板を採用し、発熱体（チップ）直下での熱拡散を利用して低熱抵抗化を実現している。厚 Cu 板の採用は、パワーチップの損失（発熱）をモジュール構造内で効率的に熱拡散をし、熱密度が下がった状態で冷却フィンへ熱移動できることになり、低熱抵抗、低 T_j を可能にしている。また、DCB 基板の絶縁基板に高熱伝導セラミックスである窒化ケイ素（Si_3N_4：$\lambda \fallingdotseq 80W/m \cdot K$）を適用している。図 3.69 は従来構造でアルミナ基板（Al_2O_3：$\lambda \fallingdotseq 20W/m \cdot K$）、新型構造で Al_2O_3 および Si_3N_4 を適用した場合の熱抵抗を比較したシミュレーション結果である。Al_2O_3 使用の比較より、従来構造から厚 Cu 板 DCB 基板構造にすることでモジュールの全熱抵抗は 37 ％減少する。さらに、Si_3N_4 を適用することで従来構造よりモジュール熱抵抗は 55 ％低減することが可能になる。この試算結果を検証するため、従来構造（適用セラミックス：Al_2O_3）と新型構造（適

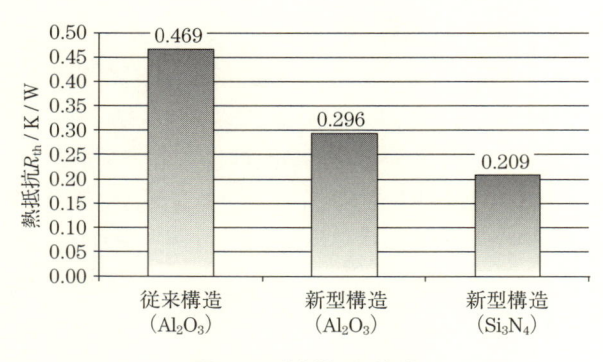

図3.69 熱抵抗 R_{jc} 比較

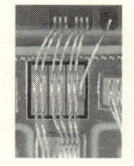

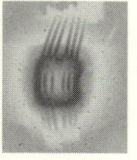

図3.70 熱抵抗測定結果

従来構造（Alワイヤ）
$R_{th}(j-c) : 0.473[K/W]$
$(FEM)R_{th}(j-c) : 0.469[K/W]$

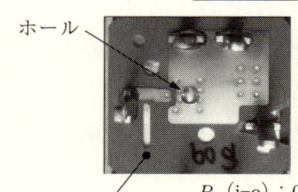

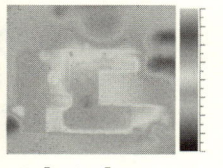

新型構造（パワー回路基板）
ホール
パワー回路基板
$R_{th}(j-c) : 0.194[K/W]$
$(FEM)R_{th}(j-c) : 0.209[K/W]$

用セラミックス：Si_3N_4）のサンプルを試作し、熱抵抗測定を実施した。図3.70にその実験結果を示す。

実測の結果、熱抵抗は従来構造が0.473K/Wであるのに対し、新型構造は0.194K/Wとなり、大幅な熱抵抗低減が確認できた。また、実験から得られた熱抵抗値は熱抵抗試算結果とよく一致し、新型構造モジュールが低熱抵抗構造であることが立証できた。

c）高信頼性確保の検討

パワーモジュールの高温動作を実現するにあたり、信頼性確保は大きな課題である。そして、信頼性確保にはモジュールに適用されている封止構造も大きな影響を持っている。従来構造モジュールは図3.67に示したように、シリコーンゲルが充填された構造を採っている。しかし、高温環境下では、耐熱性が

低いシリコーンゲルでは材料の熱劣化によって、パワーモジュールの寿命も短くなる。そこで、本研究では高耐熱性と高信頼性の両立を狙いエポキシ樹脂封止構造の採用を検討した。新型構造モジュールでは、Si デバイスおよび WBG デバイスが 175 ℃以上の高温領域で使用されることを想定し、ガラス転移温度(T_g)が 200 ℃以上を有する新しいエポキシ樹脂材料を開発し適用をした。また、接合材料には（3）の a)で議論をした熱疲労に優れている SnSb はんだを、さらにチップ表面電極には（3）の a)の③で構造設計をした Ni めっきバリア膜を適用し、パッケージ全体で高温動作保証を実現できるモジュール構造の開発を進めた。

①パッケージ構造設計

パワーモジュールの信頼性評価において、パワーサイクル（P/C）試験は最も重要な信頼性項目の1つである。従来構造モジュールの P/C 耐量はチップ表面電極と Al ワイヤの接合部、はんだ接合材、チップ表面電極の寿命に大きく依存をする[18]。また、Horio らの研究から、P/C 試験において$\Delta T_j \geqq 100$ ℃の温度負荷環境下では、モジュールの寿命は Al ワイヤとチップ表面電極の接合に強く影響を受けることが示されている[19]。

これらの課題に対して、新型構造モジュールではチップ表面電極には Ni バリア膜を適用し電極膜自体の劣化を抑制し、Al ワイヤ（Al 線膨張係数：$\alpha = 24 \times 10^{-6}$1/K）を適用せず、Cu ピン（Cu 線膨張係数：$\alpha = 16 \times 10^{-6}$1/K）を採用することでチップ（Si 線膨張係数：$\alpha = 3 \times 10^{-6}$1/K）との線膨張係数差を低減し、P/C 試験時に発生する熱ひずみ（応力）を軽減し、チップ表面側の高耐熱信頼性を狙っている。このように新型構造モジュールでは、モジュール構成部材レベルにおいては線膨張係数差を低減する技術が適用されている。新型構造モジュールでは構成部材レベルで線膨張係数差の低減は図られているため、P/C 耐量は部材間を接合する接合技術に影響されると考えられる。

そこで接合層の寿命を推定するため、従来シリコーンゲル構造とエポキシ樹脂封止の新型構造にて、パワー半導体チップ上下はんだの熱応力解析を汎用FEM 解析ソフト Adina を使用して行った。図 3.71 に 2D 解析モデルと解析結果のグラフを示す。この結果から、チップ上 Cu ピンはんだ接合部およびチップ下はんだ接合層とも、エポキシ樹脂封止を行うことで、従来シリコーンゲル

(a) 2D解析モデル　　　　　　　　(b) 解析結果

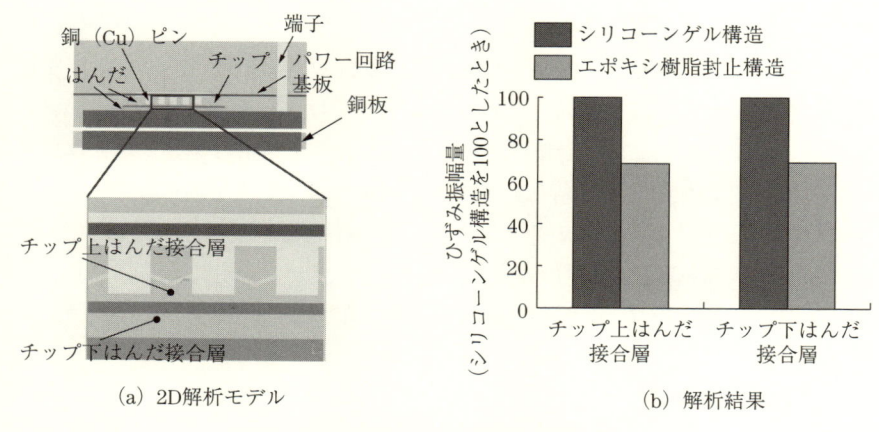

図 3.71　FEM 解析モデルおよび解析結果

構造に対し約 30 % のひずみ低減が期待できる。エポキシ樹脂封止構造では、樹脂が硬質であり、また線膨張係数を Cu に近づけた設計となっているため、封止部が拘束され変形を抑制することが可能であり、その結果、接合層のひずみおよび応力の低減が図られていると推測をしている。

d) 信頼性試験

前項までの構造設計検討で新型構造モジュールは熱応力低減に効果があり、高温動作が期待できる構造であることを示した。ここでは、新型構造モジュールの高温動作を検証するため、モジュールを試作し、パワーサイクル試験と温度サイクル試験を実施したので、その結果について述べる。

①パワーサイクル試験

新型構造自体の特性を検証するため、図 3.72 に示すパッケージにチップ表面電極には Al 電極膜表面に Ni バリア膜を施し電気配線には Cu ピン配線を、DCB 基板には厚 Cu 板と Si_3N_4 基板との組み合わせ、接合部材には SnSb はんだを、さらに封止材料には高耐熱エポキシ樹脂を適用したモジュールを試作し、P/C 試験を行った。P/C 試験は、高温動作保証を意識し、温度負荷 $\Delta T_j = 125$ ℃と 150 ℃で実施した。

図 3.73 に P/C 試験結果のワイブルプロットを示す。縦軸に P/C 試験のサイクル数、横軸に ΔT_j（温度振幅）を取っている。このグラフには、従来構造モ

第 3 章　パワー半導体

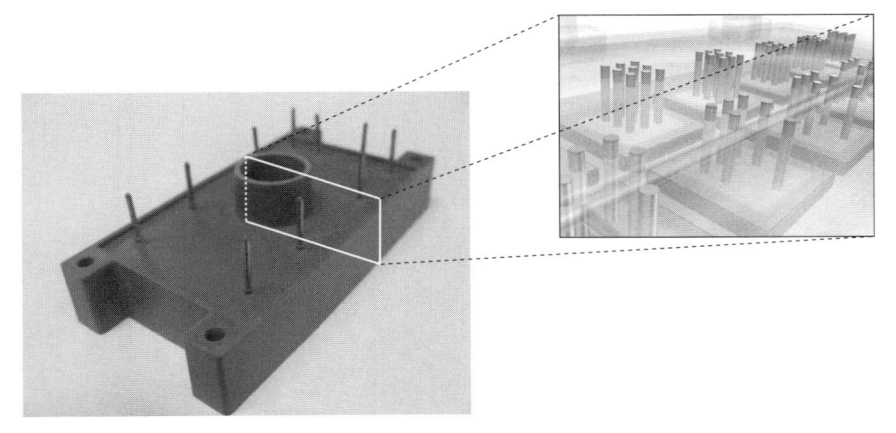

図 3.72　新型構造モジュールと内部構造イメージ

ジュールの $F(t)=1\%$（累積故障率 1 %）でのラインも併記をしているが、新型構造モジュールの P/C 耐量は、従来構造と比較して大幅に向上していることがわかる。まず、$\Delta T_j=125$ ℃での結果を見ると、新型構造モジュールの P/C 耐量は約 300kcyc であるのに対して、従来構造モジュールの耐量は 3kcyc 程度であり、新型構造は約 100 倍の P/C 耐量を持っていることがわかる。さらに、$\Delta T_j=150$ ℃では、新型構造は 30kcyc 程度であるが、従来構造は 1kcyc ほどであり、高温領域においても新型構造の P/C 耐量は従来構造と比較して 30 倍もの耐量を確保できることを確認した。

②温度サイクル試験

さらに、−40 ℃⇔150 ℃の温度サイクル試験もエポキシ樹脂封止の新型構造モジュールで実施をした。その試験結果を図 3.74 に示す。本グラフは縦軸に熱抵抗に相当するチップ電気特性（ΔV_{ge}）変化、横軸にサイクル数を取っている。このグラフからわかるように熱抵抗変化は 3000cyc まで 10 % 以内であり、大きな変動は見られない。一般的な IGBT モジュールの T/C 試験は −40 ℃⇔125 ℃で行われている。今回の T/C 試験結果からも、新型構造モジュールは高い信頼性を有していると言える。

今回の高温動作保証に注目をした P/C 試験および T/C 試験結果より、ワイヤボンディングを用いない新型構造は、従来構造における Al ワイヤ接合部の

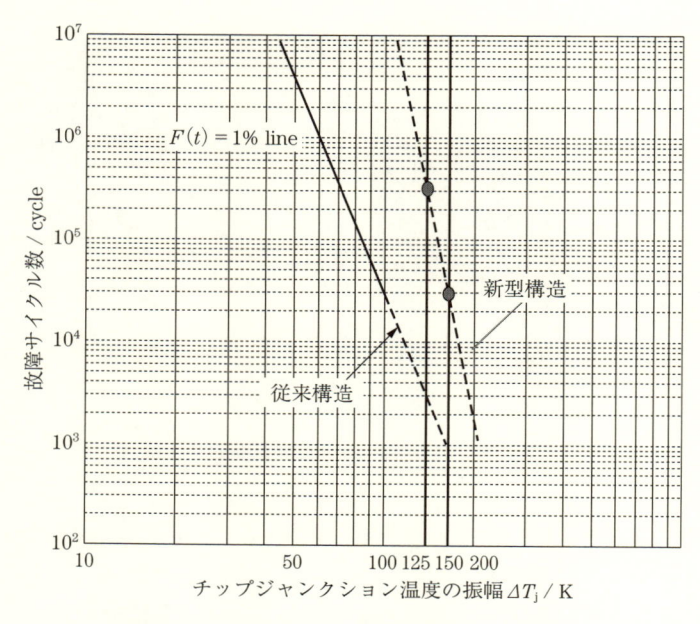

図 3.73　パワーサイクル試験結果のワイブル曲線

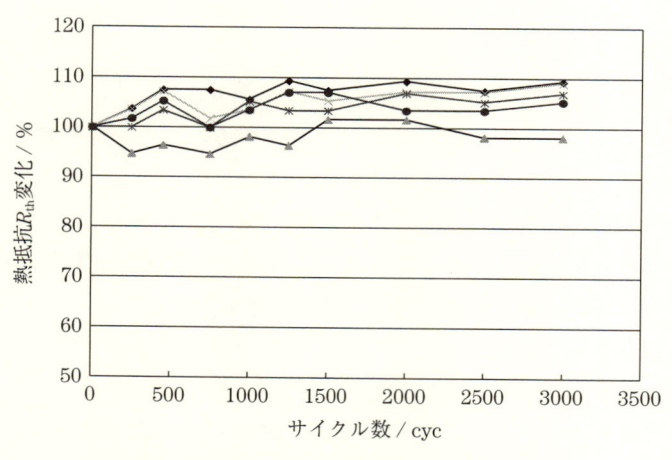

図 3.74　温度サイクル試験における熱抵抗推移

188

クラックによるモジュール故障はなく、またゲル封止の替わりにエポキシ樹脂封止を採用することにより、はんだ接合部での発生応力を低減することも可能となり、その結果、高温領域においても高寿命が確保できるモジュール構造であることが確認できた。

e）高耐熱モジュール構造への SiC デバイス搭載

　（4）の a）～c）に挙げたパッケージ・コンセプト「小型」、「低熱抵抗」、「高温動作」、「高信頼性」を実現した新型構造モジュールは、$T_{j\,op}=175\,℃$ の高温動作を実現できることを前項で実験確認した。高温動作に関するパッケージ技術の議論は前項までとなるが、高温動作が期待されている SiC デバイスを新型構造モジュールに実装をしたプロトタイプ・モジュールを製作し、モジュールとしての電気特性（スイッチング）試験を実施したので、その結果について以下に述べる。

① Hybrid（Si-IGBT + SiC-SBD）型モジュールでのスイッチング特性評価

　図 3.72 に示した新型構造モジュールに Si-IGBT と Si-FWD（Free Wheeling Diode）の替わりに SiC-SBD（Schottky Barrier Diode）を搭載した Hybrid モジュールを試作した。SiC-SBD は既に実用化が進んでおり、Cree 社、SiCED 社（現　Infineon 社）などからの購入も可能である[20-23]。新型構造を適用した Hybrid モジュールの大きさは、長さ 67.5mm、幅 33.5mm、高さ 19mm であり、従来構造 Si-IGBT モジュールと比較して、フットプリントサイズは約 3/4 であり小型化が図られている。このモジュールには Si-IGBT 1 チップと SiC-SBD 4 チップが 1 アームに実装されており、パッケージ構成はハーフブリッヂの 2in1 タイプで定格は 100A/1200V に相当する。

　図 3.75 にスイッチング試験で取得した波形を示す。ここでは比較のため従来構造の IGBT モジュールでも試験を行い、その波形も併記している。このスイッチング波形から、ユニポーラデバイスである SiC-SBD の特徴により、キャリア蓄積が少なくダイオード側での逆回復（T_{rr}）が発生しないためターンオン（T_{on}）時を含め Hybrid モジュールのサージ電流ピークは大幅に減少していることが確認できる。また、ターンオフ（T_{off}）時においても、サージ電圧の低減が確認できる。図 3.76 には従来モジュールと新型構造 Hybrid モジュールのスイッチング（SW）損失の比較を示す。新型構造の Hybrid モジュー

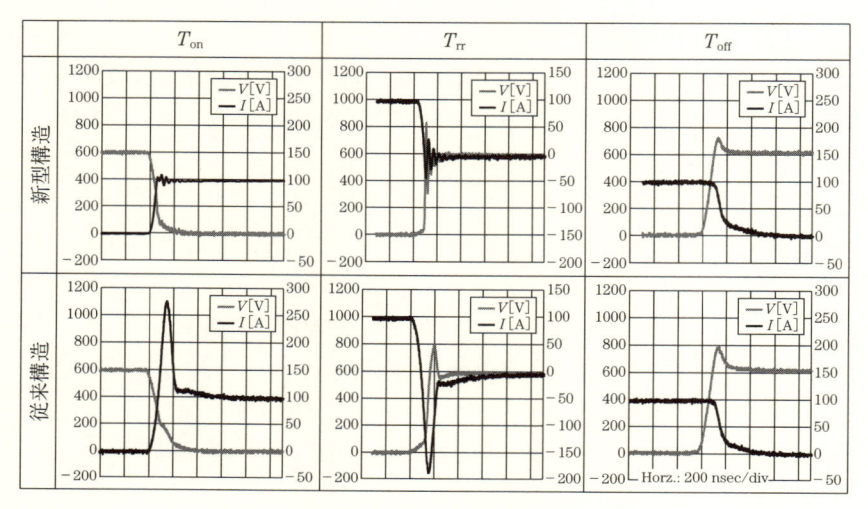

図 3.75　スイッチング波形

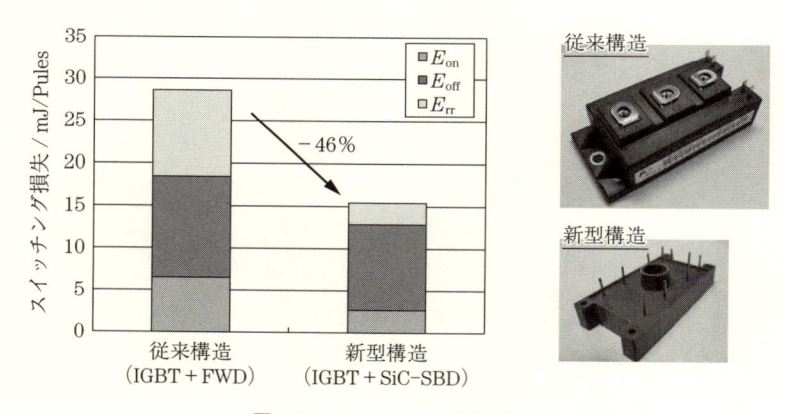

図 3.76　スイッチング損失比較

ルでは従来モジュールと比較して SW 損失は約 46 % も低減可能であることが明らかになった。
② All-SiC（SiC-MOSFET＋SiC-SBD）型モジュールでのスイッチング特性評価

さらに IGBT チップを SiC-MOSFET に入れ替え、SiC-SBD とともに新型

図 3.77　All-SiC モジュール

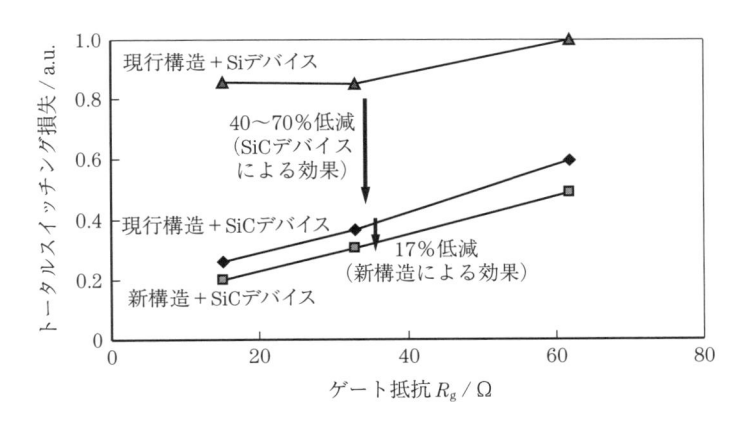

図 3.78　SiC モジュール・スイッチング損失比較

構造モジュールに搭載した All-SiC モジュールを試作した。All-SiC モジュールは長さ 62.6mm、幅 24.7mm で Hybrid モジュールよりさらに小型化されており、フットプリント比較では、従来 IGBT モジュールの 1/2 を実現できている（図 3.77）。今回、All-SiC モジュールを新型構造で試作をし、そのスイッチング（SW）特性を評価した。

図 3.78 に SW 試験結果を示す。縦軸はトータル SW 損失で、横軸はゲート抵抗 R_g である。従来構造に Si-IGBT ＆ Si-FWD を搭載したモジュールと比較をすると、新型構造に SiC-MOSFET ＆ SiC-SBD を搭載したモジュールでは、SW 損失が最大 77 ％も低減できていることがわかる。また、パッケージ構造

の違いだけに注目をして SW 損失を見ると、新型構造に SiC-MOSFET & SiC-SBD を搭載したものは、従来構造に SiC-MOSFET & SiC-SBD を搭載したものと比較して、約 20 % の SW 損失低減が確認できる。この要因に関しては、新型構造では Al ワイヤボンディング配線を排除し Cu ピンを適用し、また厚 Cu 板 DCB 基板（Si_3N_4）を採用することで低熱抵抗を図った小型パッケージを実現しており、これらの特長が低インダクタンス配線構造につながり、ターンオフ損失（E_{off}）低減を実現していると推測している。

(5) 高耐熱モジュールのまとめ

本節では、今後実用化が本格化すると期待されている SiC デバイスや GaN デバイスをモジュールに実装し高温動作での信頼性を得るためのパッケージ技術を組み合わせた新型構造モジュールを提案した。そして、プロトタイプ・モジュールを試作し、高温領域での P/C 試験および T/C 試験で高信頼性が得られることを紹介した。

さらに SiC-MOSFET および SiC-SBD を搭載した新型構造モジュールを作成し、その電気特性を評価した。SW 損失比較で、従来構造の Si デバイス搭載モジュールより最大で 77 % の損失低減を確認した。

現在、SiC-MOSFET の実用化開発が加速されており、今後、今回開発をした Al ワイヤを排除した新型構造モジュールでの検証を進め、実用化、さらに省エネルギー社会に貢献を出来るパワー半導体モジュールの継続的な開発が必要と考えている。

[3.5 の参考文献]
［1］ 岩谷一生、芳賀浩之、三野和明、「スイッチング電源における技術動向」、平成 21 年電気学会全国大会、2009 年
［2］ 荒井和雄、「SiC 半導体のパワーデバイス開発と実用化への戦略」、Synthesiology, Vol. 3, No. 4, 2010 年
［3］ 松波弘之著、「半導体 SiC 技術と応用」、日刊工業新聞社、2003 年
［4］ U. Schlapbach, M. Rahimo, C. von Arx, A. Mukhitdinov and S. Linder, "1200V IGBTs operating at 200 ℃ ? An investigation on the potentials and the design constraints", ISPSD, 2007
［5］ T. Stockmeier, "From Packaging to "Un" −Packaging−Trends in Power

Semiconductor Modules"、ISPSD, 2008
[6]　藤平龍彦、宝泉徹、安部浩司、「パワーエレクトロニクスを支えるパワー半導体」、富士時報、第 85 巻第 1 号、2012
[7]　中澤治雄、脇本博樹、荻野正明、「アドバンスト NPC 変換器用 RB-IGBT」、富士時報、第 84 巻第 5 号、2011
[8]　髙橋良和、望月英司、池田良成、「次世代パワー半導体パッケージ・実装技術」、17th Symposium on "Microjoining and Assembly Technology in Electronics"、2011
[9]　日達貴久、郷原広道、長畦文男、「車載用直接水冷 IGBT　モジュール」、富士時報、第 84 巻第 5 号、2011
[10]　渡邉裕彦、「微量元素を添加した産業用鉛フリーはんだ」、エレクトロニクス実装学会誌、Vol. 8, No. 3, 2005
[11]　西村芳孝、大西一永、望月英司、「鉛フリー IGBT モジュール」、富士時報、第 78 巻第 4 号、2005
[12]　西浦彰、征矢野伸、両角朗、「ハイブリッド車用 IGBT　モジュール」、富士時報、第 79 巻第 5 号、2006 年
[13]　西澤潤一監修、丹呉浩侑編、「半導体プロセス技術」、培風館、1998
[14]　Y. Ikeda, H. Hokazono, S. Sakai, T. Nishimura and Y. Takahashi, "A study of the bonding-wire reliability on the chip surface electrode in IGBT", ISPSD, 2010
[15]　Matthias Knoerr and Andreas Schletz, "Power Semiconductor Joining through Sintering of Silver Nanoparticles: Evaluation of Influence of Parameters Times, Temperature and Pressure on Density, Strength and Reliability", CIPS (Conference on Integrated Power Electronics Systems), 2010
[16]　Y. Ikeda, N. Nashida, M. Horio, H. Takubo and Y. Takahashi, "Ultra compact, low thermal impedance and high reliability module structure with SiC Schottky Barrier Diodes", APEC, 2011
[17]　Y. Ikeda, Y. Iizuka, Y. Hinata, M. Horio, M. Hori and Y. Takahashi, "Investigation on Wirebond-less Power Module Structure with High-Density Packaging and High Reliability", ISPSD, 2011
[18]　A. Morozumi, K. Yamada, T. Miyasaka and T. Seki, "Reliability of power cycling for IGBT power semiconductor modules", IAS, 2001
[19]　M. Horio, T. Nishizawa, Y. Ikeda, E. Mochizuki and Y. Takahashi, "Investigations of High Temperature IGBT Module Package Structure", PCIM Europe, 2007

第4章 太陽電池

▶4.1 はじめに

　太陽光発電システムをエネルギー変換工学的に見ると、光エネルギーを電気エネルギーに変換する発電機というエネルギー変換機器のひとつである。即ち、その機能は"発電"である。したがって、環境へ優しい、二酸化炭素の放出が少ないといったメリットを考慮しても最終的には、発電コストの引き下げが強く求められる。

　発電コストを下げる方法の第一は、システムを構成する太陽電池モジュール、パワーコンディショナー、配電線、架台といった各機器のコストを下げることである。第二は、システム運用中に発電する総発電量を増やすことである。このためには、モジュールの変換効率を上げる、パワーコンディショナーの変換効率を上げるといった効率向上が挙げられる。さらに、寿命を延ばすことも重要である。即ち、寿命を2倍に延ばすことができれば効率を2倍に上げるのと同等の効果がある。

　太陽電池モジュールの寿命に影響する信頼性を考えるとき、その作製工程を理解しておくと、どのような信頼性試験、加速試験が必要か検討する、あるいは、実際の不具合を観察したときに、どのような原因が考えられるか推定するための知見として有用である。

　本章では、太陽電池の原理、セル形成～モジュール化工程を簡単に説明した後に、信頼性評価技術について記す。

▶4.2 太陽電池の原理

読者の皆さんも最近よく**写真 4.1** に示したようなメガソーラーをテレビのニュースなどで目にされる機会が多いと思う。メガソーラーとは発電容量が1000kW（＝1メガワット）以上の大規模太陽光発電所のことである。一般に、太陽光の持つエネルギーを光電変換し、電力を供給するシステムを太陽光発電システムと呼ぶ。一般家庭に設置されている太陽光発電システム（住宅用太陽光発電システム）は、ほとんどが商用の電力系統と接続して電力のやりとり（売買電）を行っており、このようなシステムを系統連系型太陽光発電システムと呼ぶ。

住宅用太陽光発電システム（**図 4.1**）は、太陽電池モジュール（必要な電力

写真 4.1　メガソーラーの例

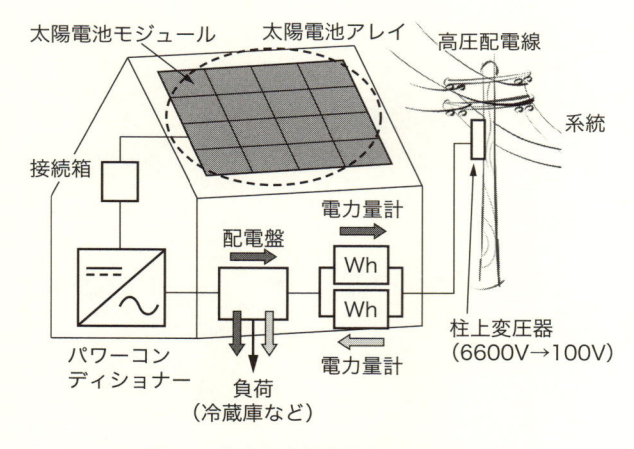

図 4.1　住宅用太陽光発電システムの例

を供給するために直並列接続された太陽電池モジュール群を太陽電池アレイと呼ぶ)、太陽電池モジュールからのケーブルを中継するための接続箱、直流電力を交流電力に変換するためのパワーコンディショナー、配電盤、電力量計などで構成される[1,2]。本章で対象とするのは、太陽電池モジュール(シリコン結晶系)である。太陽電池モジュールの例を**写真 4.2** に示す。これは、156mm角の多結晶シリコンのセルを 7×6＝42 枚直列接続した構成となっている。

　写真 4.3 は、太陽電池セルの例を示す。(a)が単結晶シリコン太陽電池セル、(b)が多結晶シリコン太陽電池セルである。**図 4.2** は結晶シリコン系太陽電池セルの構造および光が入ったときの動作を模式的に示したものである。p 型半導体と n 型半導体を接触させるとその界面には接触電位差が生じる(内蔵電場)。ここに光が入ると光電効果により、電子-正孔対が生成され、生成された電子は n 型層、正孔は p 型層を通過し、それぞれ表面電極、裏面電極へ向かう。このとき、電極を外部回路につなぐと電流が流れ、電力を取り出すことができる(図では豆電球が外部回路である)。

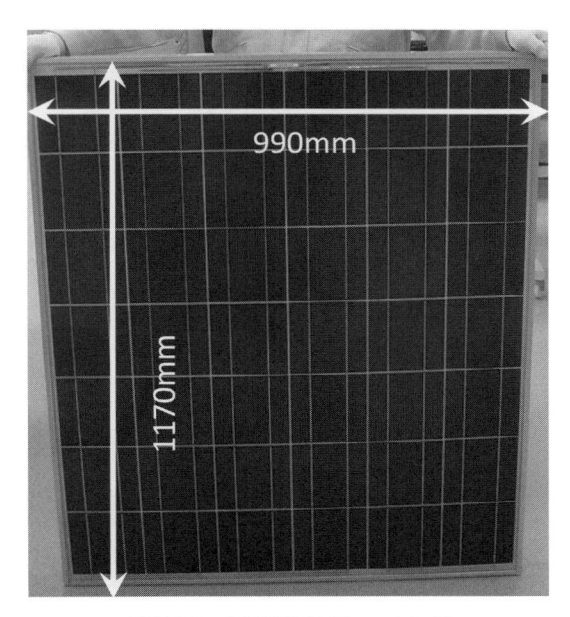

写真 4.2　太陽電池モジュールの例

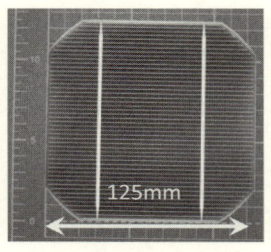

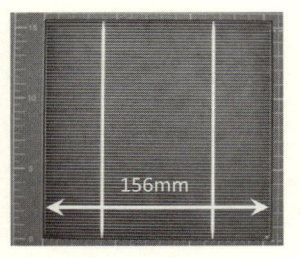

(a) 単結晶Si太陽電池セル　　(b) 多結晶Si太陽電池セル

写真 4.3　太陽電池セルの例

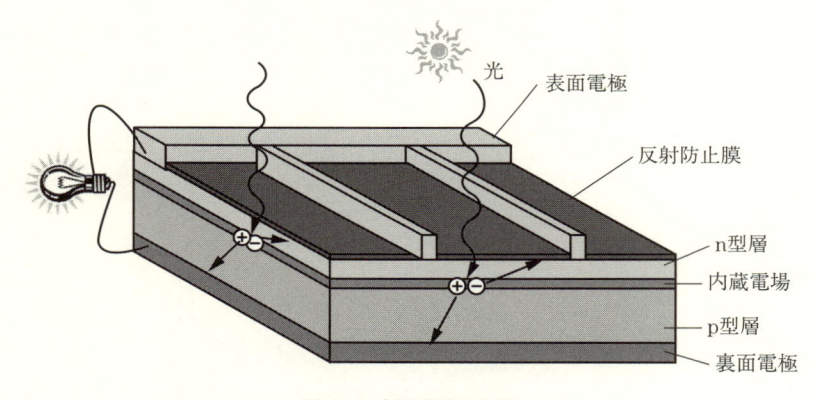

図 4.2　太陽電池の原理

4.3 セル形成〜モジュール化工程

4.3.1 セル化工程

結晶シリコン系太陽電池セルの製造工程を図 4.3 に示す[3,4]。まず、p 型の結晶シリコン基板の表面をエッチング（化学薬品などの腐食作用を利用した表面加工技術）し、表面の凹凸構造（入射光の反射防止と光閉じ込め効果のため）を作る。表面にりんを塗布後、900℃程度で過熱することで、りんが拡散し、pn 接合が形成される。その後、反射防止膜を CVD 法やスパッタ法などで付け、さらに表裏に電極を塗布後、焼成炉を通過させることで、表側の電極は反射防止膜を貫通し n 型層に到達し電極となる。一方、裏側は、塗布したアルミニウムが p 型層に拡散し、p＋層を形成し、電荷の分離（電子・正孔の再結合抑制）に寄与する。このような工程でセルが完成する。

このセルを必要な電圧に応じて（セル 1 枚で 0.5V 程度）直列に接続し、モジュールを構成する。結晶シリコン系太陽電池セルの場合、発生する電流はその面積に比例し、おおよそ次のような値である：100mm 角セルで 3A、

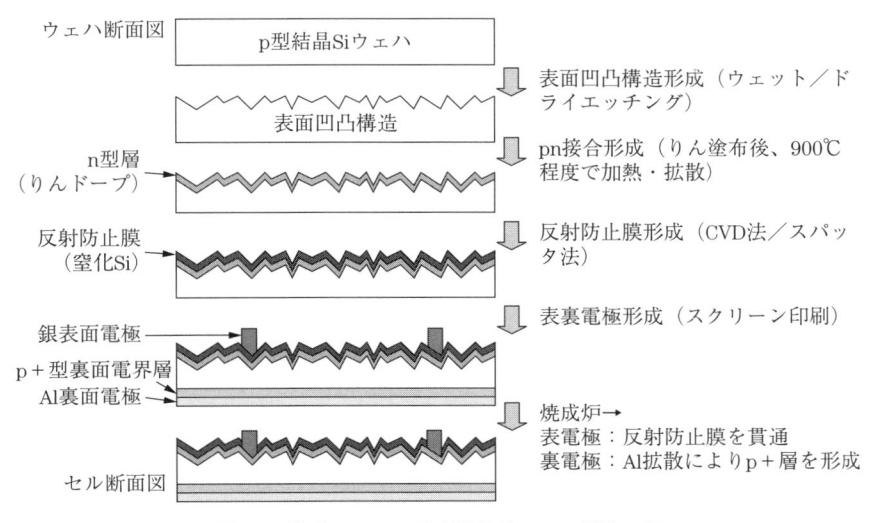

図 4.3 結晶シリコン系太陽電池セルの製造工程

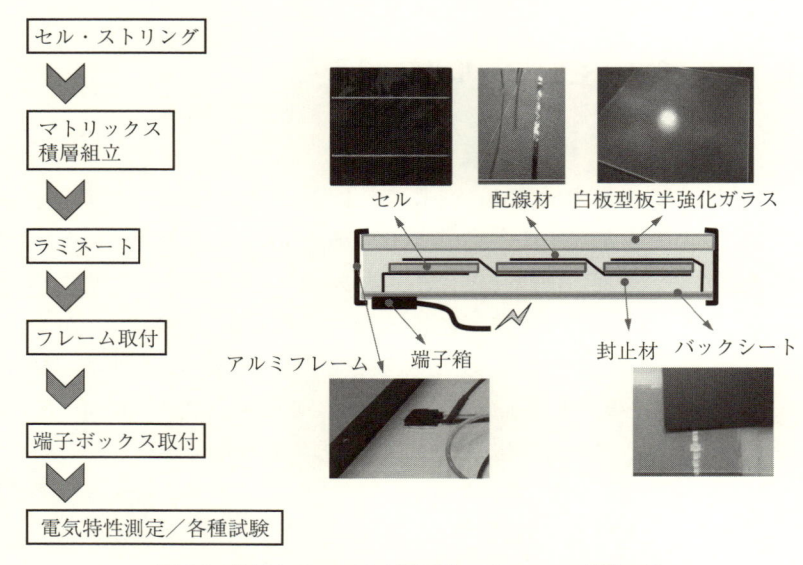

図 4.4　結晶シリコン系太陽電池モジュールの製造工程

125mm 角セルで 5A、156mm 角セルで 8A。

4.3.2　モジュール化工程

　結晶シリコン系太陽電池のモジュール化工程および使用される部材を図 4.4 に示す。太陽電池セルを所定の枚数直列接続（セルの表と裏を交互に接続）したものをセル・ストリングと呼ぶ。セルとセルの接続には、インターコネクタまたはリボンと呼ばれるはんだディップされた銅の配線材が使用される。鉛の有無で 2 種に分けることができる。鉛フリーはんだ（Sn-3.0wt % Ag-0.5wt % Cu）は溶融温度が鉛はんだに比べ数十℃高く、はんだ付けに必要な温度が高くなるとその分、はんだ接合時の熱応力も大きくなることに留意が必要である。また、最近ははんだを使用せずに、より低温での接続を可能とする導電性フィルム（Conductive Film、CF）の開発・商品化も進められている。
　セルの表面にはフィンガー電極（またはグリッド電極）と呼ぶ細い電極とこれらに直交するように設けられたやや太めのバスバー電極（または集電電極）がある。セル割れを防ぐためには、部材の柔らかいあるいは薄厚のインターコ

第 4 章　太陽電池

（断面方向から見た場合の模式図）

はんだ付け

溶着部　送り出し

（上方向から見た場合の模式図）

図 4.5　セル・ストリング作製工程

セル・ストリングを裏返し，表-裏が交互に繋がるようにストリングの向きを交互に180度回転させて配置する。

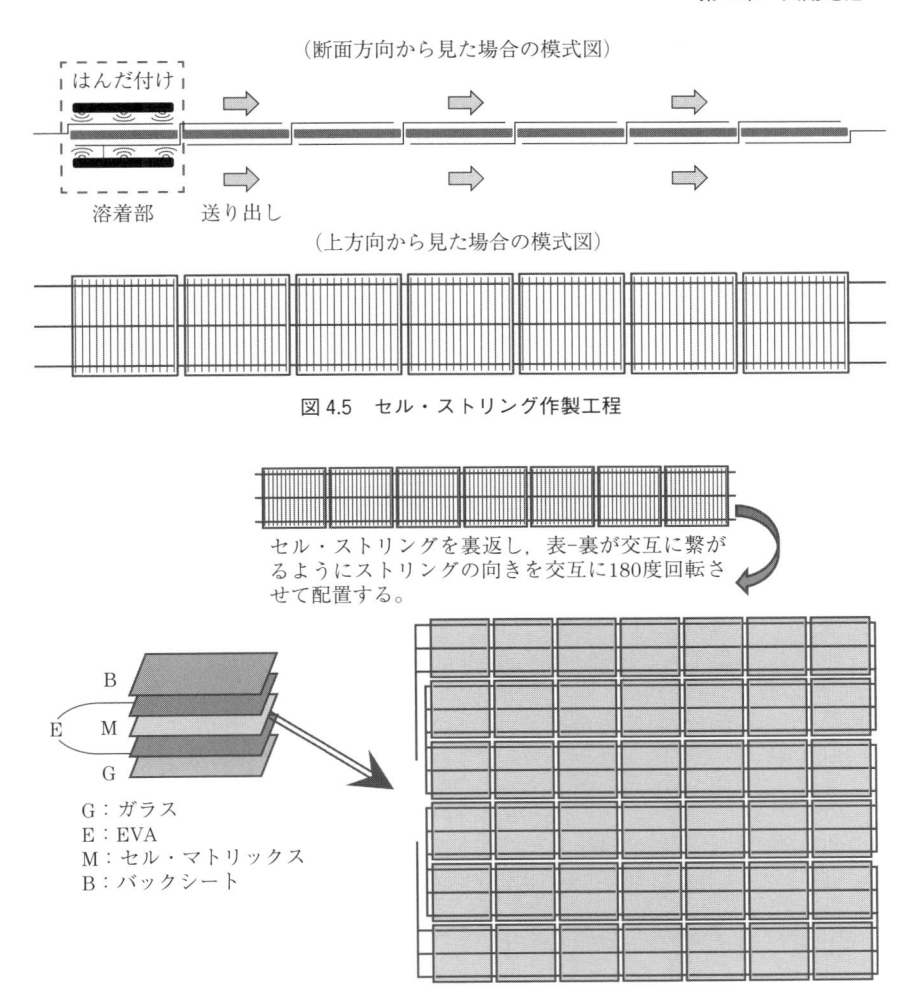

G：ガラス
E：EVA
M：セル・マトリックス
B：バックシート

図 4.6　マトリックス、積層組立工程

ネクタを選ぶことになるが、バスバー電極との相性（はんだ付け温度条件、接続しやすさ）あるいは配線材の抵抗率などを考慮して、適切なものが選定される。

　図 4.5 は、結晶シリコン系配線装置を使用して、セル・ストリングを作製する工程を示したものである。所定の長さ（156mm 角セルを使用し、図 4.5 に

示すような配線を行う場合、約 300mm）にカットされたインターコネクタを
セルの表側および裏側に配置し、熱風または加熱した金属棒などにより溶着し、
送り出し、次のセルとインターコネクタの溶着を逐次繰り返し、所定枚数のセ
ル・ストリングを形成する。

　図 4.6 にセル・マトリックスおよび積層組立の工程を示す。セル・ストリン
グを 2 組以上用い、面的に広げたものをセル・マトリックスと呼ぶ。図 4.6 で
は後述の積層組立工程の途中でマトリックスを作製する場合を示している。ま
ず、セル・ストリングを裏返し、次に別のセル・ストリングと接続するが、こ
のとき、一方を 180 度回転させ、セルの表側から出た接続線が次のセルの裏側
に接続されるように配線する。横配線用の配線材はセルとセルを接続するイン
ターコネクタよりもやや太めのものを使用する。

　さらに、横配線の両端から端子ボックスへの取り出し線をはんだ接続する。
このとき、端子ボックス内に設けるバイパスダイオードの数によってさらに取
り出し線を追加する場合もある。また、端子ボックスへの取り出し線とセルの
裏面の間には絶縁シート（透明テドラなど）を挟む。このようにしてセル・マ
トリックスが完成する（図 4.6）。なお、図 4.6 では端子ボックスへの取り出し線、
絶縁シートは省略してある。

　積層組立は、ガラス／封止材／セル・マトリックス／封止材／バックシート
の順に積み上げていく。ガラスは白板型板半強化ガラスといわれる太陽電池用
のものを使用する。強化ガラスは、ガラス板をいったん高温に加熱した後、急
冷する工程が必要であるが、冷却を空気で行う風冷強化法とオイルを用いた液
冷強化がある。後者のガラスを使用する場合は、積層組立の前にガラス洗浄工
程が必要な場合もある。封止材としては、一般的に EVA（ethylene vinyl
acetate、エチレン酢酸ビニル）が使用される。ガラスおよび EVA には、片面
にエンボス加工が施してある。これらは次のラミネート工程での脱気しやすさ
と接着力の確保に役立つものである。それぞれの部材は、エンボスの向きがセ
ル・マトリックスの側になるように置く。また、EVA とバックシートには端
子ボックスへの取り出し線が通る部分にあらかじめ切れ目を入れておく必要が
ある。

　積層組立が済んだ積層体は中身が動かないように、水平に移動させ、所定の

第4章　太陽電池

積層体断面模式図
G：ガラス、E：EVA、
C：セル、B：バックシート

1. 真空脱気
上気室・下気室ともに真空に引く。
積層体内の脱気とEVAの軟化。

蓋
シリコーンラバー
積層体
熱板

2. 加圧保持
上気室を大気圧に戻す。
所定時間保持し、ラミネート。

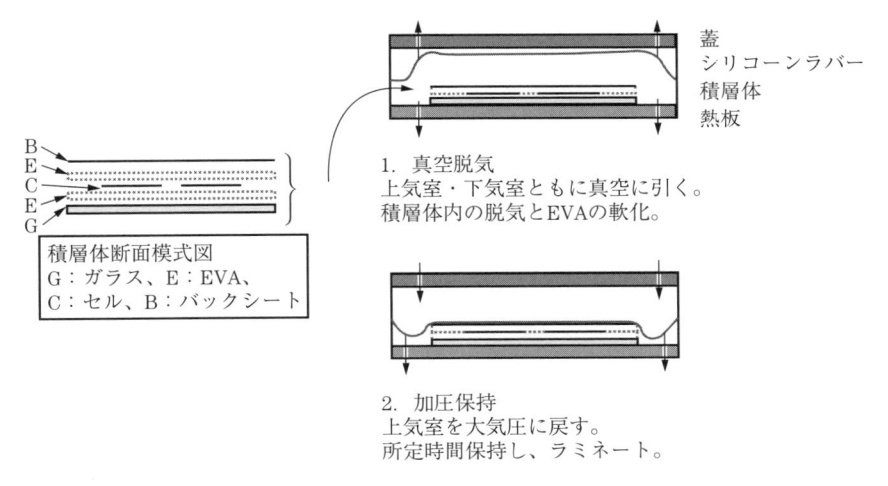

図4.7　ラミネート工程

　温度に保たれたラミネータの熱板の上に置く。ラミネータでは、積層体を置いた後、プログラムをスタートさせると蓋が閉まり、真空脱気の工程に入る。図4.7はここからの工程を説明するために、ラミネータの断面を模式的に示したものである。まず、蓋が閉まったラミネータは、熱板、積層体、シリコーンラバー、蓋という構成になる。ここで、内部はシリコーンラバーを境にして、上気室と下気室に分けられる。真空脱気は両方の気室が真空に引かれるため、シリコーンラバーは図4.7のように蓋側に密着していることになる。真空脱気中に積層体中の気体の脱気が行われ、次に、上気室を大気圧に戻すとシリコーンラバーが積層体を押さえつける形となり加圧加熱が行われる。所定時間加圧加熱を行い、ラミネートは終了する。

　ラミネート工程では、熱板の温度、真空脱気の時間、加圧加熱の時間が主なパラメータであるが、真空脱気中は同時にEVAの軟化も起こる。したがって、真空脱気時間が短いと加圧時に、圧力の偏りをEVAが吸収できないことによるセル割れや、空気が抜けないうちにEVAが軟化し、EVA内に気泡が残ることになる。逆に脱気時間が長すぎるとEVAが軟化しすぎ、加圧時にEVAが積層体の外へ流れ出ることになる。

　EVAの種類により、ラミネートの工程が1工程で済むもの（ファストキュ

アタイプ）と2工程目（キュア工程）が必要なもの（スタンダードキュアタイプ）がある。また、最近は EVA に代わる封止樹脂として、以下のものが開発されている[5]。

- ionomer（アイオノマー）：合わせガラス用中間膜として実績有り。
- silicone（シリコーン）：90年代に使用歴有り。コストとハンドリングが課題。
- polyolefin（ポリオレフィン）：キュア工程不要。低温での柔軟性が良い。
- PVB（polyvinyl butyral、ポリビニルブチラール）：自動車用合わせガラスの中間膜として長い実績有り。
- TPU（thermoplastic polyurethane、熱可塑性ポリウレタン樹脂）：熱をかけると軟化し、整形しやすい性質を有する。架橋不要、無黄変が特長。

ラミネート済みのガラス積層体は、ガラスの寸法よりはみ出た EVA やバックシートのバリ取りを行い、その後、アルミフレーム取付、端子ボックス取付を行う。アルミフレームとガラス積層体の間のシール方法としては、シリコーン・シーラントやブチルゴムを注入する方法や、ゴムブーツをガラス周辺に被せるものや防水テープを四辺に貼る方法もある。端子ボックスの取付は次のように行う。ガラス積層体のバックシート側から出たインターコネクタ取り出し線と端子ボックスの位置を合わせ、端子ボックスの位置を固定（テープやシリコーンシーラントを使用）し、インターコネクタと端子ボックス内のターミナルをはんだ付け接続する。次に、端子ボックスへ充填剤をポッティングする。

シール材や充填剤が固まった後、I-V 測定、絶縁抵抗などの電気的特性測定を行い、太陽電池モジュールの完成となる。

4.4 セル、モジュールの電気的特性測定方法

太陽電池の電気的な特性は、V_{oc}、I_{sc}、FF、P_{max} などのパラメータ値で評価される。ここで、V_{oc} はセルの出力端子を開放したときの両端子間の電圧（開放電圧）、I_{sc} はセルの出力端子を短絡したときに流れる電流（短絡電流）、FFは曲線因子またはフィルファクタと呼ばれるもので、セルの最大出力 P_{max} を I_{sc} と V_{oc} の積で除した値。P_{max} は太陽電池の電流電圧特性曲線（I-V カーブ）上で電流と電圧の積が最大となる点での出力。これらの関係を図 4.8 に示す。なお、太陽電池の変換効率は P_{max} をそのセルに入射した光のエネルギーで除した値で定義される。

太陽電池の出力は、セルに入射する光の強度（照度）やスペクトル、セルの温度、接続する負荷により変化する。測定方法は、JIS C 8913（結晶系太陽電池セル出力測定方法）および、JIS C 8914（結晶系太陽電池モジュール出力測定方法）に規定されている。これらの測定においては、JIS C 8912（結晶系太陽電池測定用ソーラーシミュレータ）で規定されるソーラーシミュレータが使用され、ソーラーシミュレータの分光放射照度を調整するために、JIS C 8911 に規定される二次基準結晶系太陽電池セル（基準セル）が用いられる。ソーラーシミュレータおよび基準セルの一例を写真 4.4、写真 4.5 に示す。

セル・モジュールの測定は、通常 STC（Standard Test Condition、標準試

I-V カーブ

最適動作点

開放電圧 V_{oc}

短絡電流 I_{sc}

最大出力 $P_{max} = \text{FF} \times V_{oc} \times I_{sc}$

曲線因子 $\text{FF} = \dfrac{V_{pm} I_{pm}}{V_{oc} I_{sc}} = \dfrac{P_{max}}{V_{oc} I_{sc}}$

太陽電池の変換効率 $\eta = P_{max}/$入射した光のエネルギー

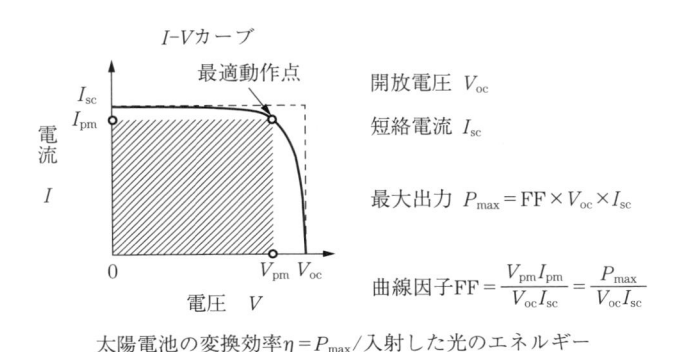

図 4.8　太陽電池の電気的特性

(a) ソーラーシミュレータ（連続光型）　　(b) ソーラーシミュレータ（フラッシュ型）

写真 4.4　ソーラーシミュレータの例

写真 4.5　基準セルの例

験条件）と呼ばれる条件で行う。これは、セル・モジュール温度 25℃、放射照度 1kW/m^2、分光分布 AM1.5G の条件である。最後の AM はエア・マスといい、太陽光が通過してくる大気の厚み（垂直の場合が AM1、宇宙空間では AM0）を、G は全天放射照度を意味し、その条件での分光放射照度分布を使

第 4 章　太陽電池

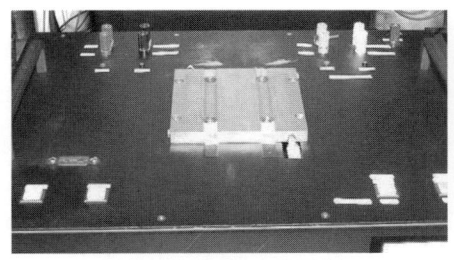

(a) 測定台（セル設置前）　　　　　　(b) セル設置後

写真 4.6　セル測定台

用するということである。

　セルの測定には、**写真 4.6** のような測定台を使用する。セルを乗せる台を熱伝導の良い銅などの金属で作り、内部を冷却水が循環するようにし、さらに、セルと金属台を密着できるような吸引機構も備えている。これは測定時のセルの温度を一定に保つことを目的にしたものである。ソーラーシミュレータには通常シャッター機構が備えられており、測定時以外はシャッターを閉じ、セルへの光照射時間を必要最小限にすることでセルの温度上昇を最小とするようになっている。また、このときのセルの温度は熱容量の大きな金属台に密着しているため、金属台中に埋め込んである熱電対の温度と同等と考えても良い。

　モジュールの測定の場合は注意が必要である。JIS C 8914 では太陽電池モジュール温度は「太陽電池モジュールを構成する太陽電池セルが全て一定温度になったときの温度。太陽電池モジュールの中央付近のセル温度で代替しても良い」となっているが、これ以上の具体的な方法は示されていない。実際に使用するモジュールの 1 枚 1 枚に穴をあけて熱電対を接着して測定することは不可能ではないが、現実的ではない。

　そこで、筆者は以下のような方法を採っていた。これは 1 枚のセルで構成される単セル・モジュールを多数試作する場合に限定される方法である。まず、裏面に熱電対を貼付したセルを用意し、多数試作するモジュールと同じ構成・構造でモジュールを試作し、実際にソーラーシミュレータで電気特性を測定するとともに内部の温度変化を記録し、セル裏面の温度が所定内に収まる条件を見出し、その条件で多数試作品の測定を行う。

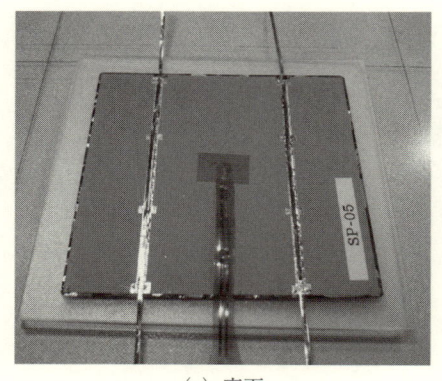

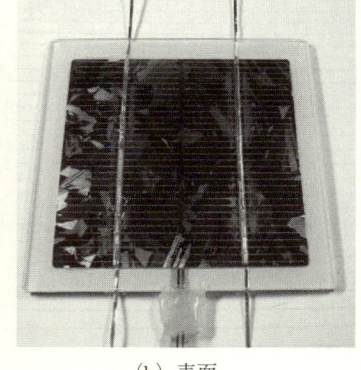

(a) 裏面　　　　　　　　　　　　　　(b) 表面

極薄熱電対（Omega社製、熱電対ホイル0.013mm厚、リードリボン0.05mm厚）をカプトンテープ（0.05mm厚）で両面から挟んだものを使用

写真 4.7　熱電対入りモジュール

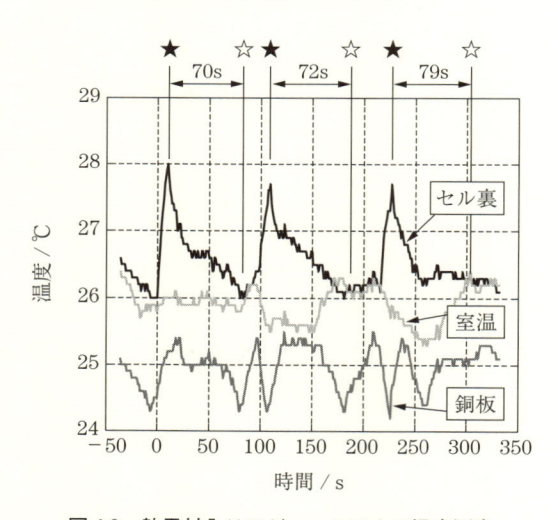

図 4.9　熱電対入りモジュールによる温度測定

　写真 4.7 に熱電対の貼付状況と完成した熱電対入りモジュールを示す。また、この熱電対入りモジュールで測定したモジュール内のセル温度の変化を図 4.9 に示す。ソーラーシミュレータのシャッターを開けるとセル裏の温度が上昇し、測定終了後シャッターを閉じると（★の位置）温度が下降する。この温度が初

期の状態（この例では 26℃）まで戻る（☆の位置）までの時間は、70〜80 秒であることがわかる。したがって、1 回の測定が終わって、次の測定を開始するまでは 90 秒以上の間隔をあければ良いことがわかる。また、図 4.9 から温度の上昇幅は 2℃以内であることがわかる。温度係数から計算される誤差に基づき、JIS ではモジュールの温度が 25±2℃であれば、電気的特性値の温度補正を行わなくても良いと許容されている（正確には補正を行った方が良い）。したがって、この図から類推して、室温、銅板の温度をともに 24℃になるように調整して光照射を行った。

　より大きなサイズの市販の太陽電池モジュールについては、光照射時の熱収支が等価となるような単セル・モジュール（熱電対入り）を用意し、この温度をモニターしながら対象の太陽電池モジュールを測定するなどの工夫が必要である。

▶4.5 劣化・不具合事例、劣化・故障モード

4.5.1 屋外運転中の劣化・不具合事例

　実際に運転中の太陽電池モジュールの劣化・不具合事例として、茨城県つくば市にある産業技術総合研究所内で運用中のメガソーラーの一部システムについて全数外観検査を行った結果を紹介する。調査は2008年5月22日～2008年7月10日にかけて実施した。表 4.1 に調査したシステムの場所とモジュール台数を示す。4カ所にある6つのシステム（組み合わせにより便宜上8つに分けてある）、モジュール総数1726台について、表側および裏側から観察調査を行い、表裏同一箇所の劣化・不具合も同定した。表 4.1 で示したシステム別に劣化症状の発生とその割合を表側からの観察、裏側からの観察、さらに両面（表裏同一箇所に特定）をまとめた結果を表 4.2～表 4.4 にまとめた。

　システム 2-P（A）では、モジュール表側からの観察では、EVA の剥離（デラミネーション）、コゲが多く、この2つの症状だけで発生している症状の8

表 4.1　屋外運転中の劣化・不具合事例：調査実施場所別の
　　　　システム種別とモジュール台数

場所※1	システム※2	モジュール台数
2-P	A	587
3-P	A	480
3-5	B	96
3-5	C	96
3-5	D	96
3-5	E	108
3-5	F	128
3-9	E	135

※1：茨城県つくば市、産業技術総合研究所内運用中メガソーラー。2-P 等は、設置場所の位置を特定する記号。
※2：システムとは、モジュールおよびパワーコンディショナーの組合せを特定する記号。

第4章 太陽電池

表 4.2 屋外運転中の劣化・不具合事例：システム別症状の発生とその割合（表側）※1

症状別発生台数／下段カッコ内は症状の割合

システム※2	全台数	何らかの症状有	並べ替え台数	アデミ	コゲ	コゲ(タブショート)	キズ	気泡(セルより上)	気泡(セル間)	クラック	割れ	穴	変色(EVA)	変色(セルより上)	内部デノードの焦くれ	セル同士の接触消失	インガー電極の消失	治具で押さえた痕跡	バスバー不良	はんだ不良	はんだよこだれ	セルよこだれ	ブチルはみ出し	セルの色ムラ	分類不能
2-P (A)	587	79	82	58 (70.7%)	9 (11.0%)	0 (0.0%)	1 (1.2%)	1 (1.2%)	0 (0.0%)	1 (1.2%)	2 (2.4%)	0 (0.0%)	2 (2.4%)	2 (2.4%)	0 (0.0%)	0 (0.0%)	0 (0.0%)	0 (0.0%)	1 (1.2%)	1 (1.2%)	1 (1.2%)	0 (0.0%)	1 (1.2%)	0 (0.0%)	2 (2.4%)
3-P (A)	480	19	24	14 (58.3%)	5 (20.8%)	1 (4.2%)	0 (0.0%)	0 (0.0%)	0 (0.0%)	0 (0.0%)	0 (0.0%)	0 (0.0%)	0 (0.0%)	2 (8.3%)	0 (0.0%)	0 (4.2%)	1 (4.2%)	0 (0.0%)	0 (0.0%)	0 (0.0%)	0 (0.0%)	0 (0.0%)	0 (0.0%)	0 (0.0%)	0 (0.0%)
3-5 (B)	96	14	16	12 (75.0%)	0 (0.0%)	0 (0.0%)	1 (6.3%)	0 (0.0%)	0 (0.0%)	1 (6.3%)	0 (0.0%)	0 (0.0%)	0 (0.0%)	0 (0.0%)	0 (0.0%)	0 (0.0%)	0 (0.0%)	0 (0.0%)	0 (0.0%)	0 (0.0%)	0 (0.0%)	0 (0.0%)	0 (0.0%)	1 (6.3%)	1 (6.3%)
3-5 (C)	96	1	1	0 (0.0%)	0 (0.0%)	0 (0.0%)	0 (0.0%)	0 (0.0%)	1 (100.0%)	0 (0.0%)	0 (0.0%)	0 (0.0%)	0 (0.0%)	0 (0.0%)	0 (0.0%)	0 (0.0%)	0 (0.0%)	0 (0.0%)	0 (0.0%)	0 (0.0%)	0 (0.0%)	0 (0.0%)	0 (0.0%)	0 (0.0%)	0 (0.0%)
3-5 (D)	96	17	20	10 (50.0%)	2 (10.0%)	0 (0.0%)	1 (5.0%)	0 (0.0%)	0 (0.0%)	3 (15.0%)	0 (0.0%)	1 (5.0%)	0 (0.0%)	2 (10.0%)	0 (0.0%)	0 (0.0%)	0 (0.0%)	0 (0.0%)	0 (0.0%)	0 (0.0%)	1 (5.0%)	0 (0.0%)	0 (0.0%)	0 (0.0%)	0 (0.0%)
3-5 (E)	108	6	6	0 (0.0%)	0 (0.0%)	0 (0.0%)	0 (0.0%)	1 (16.7%)	0 (0.0%)	0 (0.0%)	0 (0.0%)	0 (0.0%)	0 (0.0%)	0 (0.0%)	5 (83.3%)	0 (0.0%)	0 (0.0%)	0 (0.0%)	0 (0.0%)	0 (0.0%)	0 (0.0%)	0 (0.0%)	0 (0.0%)	0 (0.0%)	0 (0.0%)
3-5 (F)	128	9	9	1 (11.1%)	0 (0.0%)	0 (0.0%)	0 (0.0%)	0 (0.0%)	0 (0.0%)	2 (22.2%)	1 (11.1%)	0 (0.0%)	0 (0.0%)	0 (0.0%)	0 (0.0%)	0 (0.0%)	0 (0.0%)	0 (0.0%)	0 (0.0%)	0 (0.0%)	0 (0.0%)	5 (55.6%)	0 (0.0%)	0 (0.0%)	0 (0.0%)
3-9 (E)	135	2	2	0 (0.0%)	0 (0.0%)	0 (0.0%)	0 (0.0%)	0 (0.0%)	0 (0.0%)	0 (0.0%)	0 (0.0%)	0 (0.0%)	0 (0.0%)	0 (0.0%)	0 (0.0%)	0 (0.0%)	0 (0.0%)	2 (100.0%)	0 (0.0%)	0 (0.0%)	0 (0.0%)	0 (0.0%)	0 (0.0%)	0 (0.0%)	0 (0.0%)

※1：茨城県つくば市、産業技術総合研究所内運用中メガソーラー。
※2：システムの、2-P 等は、設置場所の位置を示す記号。（英字）はモジュールおよびパワーコンディショナーの組合せを特定する記号。

211

表 4.3 屋外運転中の劣化・不具合事例：システム別症状の発生とその割合（裏側）[※1]

裏側 システム[※2]	全台数	何らかの症状有	延べ台数	症状別発生台数／下段カッコ内は症状の割合									
				コゲ	穴	キズ	気泡（セル間）	ふくらみ	変色（EVA）	変色（BS）	ヒビ割れ	内部テープめくれ	分類不能
2-P (A)	587	58	71	21 (29.6%)	1 (1.4%)	25 (35.2%)	0 (0.0%)	14 (19.7%)	2 (2.8%)	7 (9.9%)	1 (1.4%)	0 (0.0%)	0 (0.0%)
3-P (A)	480	19	20	5 (25.0%)	0 (0.0%)	12 (60.0%)	0 (0.0%)	0 (0.0%)	0 (0.0%)	2 (10.0%)	0 (0.0%)	0 (0.0%)	1 (5.0%)
3-5 (B)	96	2	2	0 (0.0%)	1 (50.0%)	0 (0.0%)	0 (0.0%)	0 (0.0%)	0 (0.0%)	0 (0.0%)	0 (0.0%)	1 (50.0%)	0 (0.0%)
3-5 (C)	96	6	6	0 (0.0%)	0 (0.0%)	0 (0.0%)	6 (100.0%)	0 (0.0%)	0 (0.0%)	0 (0.0%)	0 (0.0%)	0 (0.0%)	0 (0.0%)
3-5 (D)	96	2	2	0 (0.0%)	2 (100.0%)	0 (0.0%)	0 (0.0%)	0 (0.0%)	0 (0.0%)	0 (0.0%)	0 (0.0%)	0 (0.0%)	0 (0.0%)
3-5 (E)	108	1	1	0 (0.0%)	0 (0.0%)	1 (100.0%)	0 (0.0%)	0 (0.0%)	0 (0.0%)	0 (0.0%)	0 (0.0%)	0 (0.0%)	0 (0.0%)
3-5 (F)	128	5	5	0 (0.0%)	2 (40.0%)	1 (20.0%)	0 (0.0%)	1 (20.0%)	0 (0.0%)	1 (20.0%)	0 (0.0%)	0 (0.0%)	0 (0.0%)
3-9 (E)	135	0	0	0	0	0	0	0	0	0	0	0	0

※1：茨城県つくば市、産業技術総合研究所内運用中メガソーラー。
※2：システムの、2-P 等は、設置場所の位置を示す記号。（英字）はモジュールおよびパワーコンディショナーの組合せを特定する記号。

割を超える。モジュール裏側からの観察では、コゲ、キズ、バックシートのふくらみが三大症状である。また、両面で特定できたものは、デラミ&コゲ、コゲ&コゲが多いため、何らかの原因で特定のセルが高温になり、コゲやデラミを発生させたものと考えられる。

システム 3-5（B）や 3-5（D）にもデラミは発生しているが、裏面との場所の一致は見られない。両システムにおいて、両面で位置を特定できたものは、セルのクラックとバックシートの穴であり、これらは施工時あるいは施工後にモジュール裏面に何かがぶつかったものと推定される。

その他では、全体的に見て発生数は少ないが、EVA 内の気泡やセルのクラックや割れなどの症状も見られた。

各症状の例を以下にいくつか示す。写真 4.8 に剥離の例を示す。このモジュールはバスバー電極の脇にセル割れも見られ、モジュール裏面を確認したところ、表側に対応する位置にバックシートのキズが確認された。このキズがどのようにできたのかは不明であるが、ここから EVA／セルのキズを通過して水

第4章 太陽電池

表 4.4 屋外運転中の劣化・不具合事例：システム別症状の発生とその割合（両面）[※1]

両面				症状別発生台数／下段カッコ内は症状の割合								
システム[※2]	全台数	何らかの症状有	延べ台数	デラミ&コゲ	変色(EVA)&変色(EVA)	コゲ&コゲ	割れ&ヒビ割れ	コゲ&変色(BS)	デラミ&変色(BS)	クラック&穴	気泡(セル間)&気泡(セル間)	デラミ&穴
2-P (A)	587	17	22	10 (45.5 %)	2 (9.1 %)	6 (27.3 %)	1 (4.5 %)	1 (4.5 %)	1 (4.5 %)	0 (0.0 %)	0 (0.0 %)	1 (4.5 %)
3-P (A)	480	4	4	1 (25.0 %)	0 (0.0 %)	3 (75.0 %)	0 (0.0 %)	0 (0.0 %)	0 (0.0 %)	0 (0.0 %)	0 (0.0 %)	0 (0.0 %)
3-5 (B)	96	1	1	0 (0.0 %)	0 (0.0 %)	0 (0.0 %)	0 (0.0 %)	0 (0.0 %)	0 (0.0 %)	1 (100.0 %)	0 (0.0 %)	0 (0.0 %)
3-5 (C)	96	1	1	0 (0.0 %)	0 (0.0 %)	0 (0.0 %)	0 (0.0 %)	0 (0.0 %)	0 (0.0 %)	1 (100.0 %)	0 (0.0 %)	0 (0.0 %)
3-5 (D)	96	2	2	0 (0.0 %)	0 (0.0 %)	0 (0.0 %)	0 (0.0 %)	0 (0.0 %)	0 (0.0 %)	2 (100.0 %)	0 (0.0 %)	0 (0.0 %)
3-5 (E)	108	0	0	0 —	0 —	0 —	0 —	0 —	0 —	0 —	0 —	0 —
3-5 (F)	128	2	2	0 (0.0 %)	0 (0.0 %)	0 (0.0 %)	0 (0.0 %)	0 (0.0 %)	0 (0.0 %)	2 (100.0 %)	0 (0.0 %)	0 (0.0 %)
3-9 (E)	135	0	0	0 —	0 —	0 —	0 —	0 —	0 —	0 —	0 —	0 —

※1：茨城県つくば市、産業技術総合研究所内運用中メガソーラー。
※2：システムの、2-P 等は、設置場所の位置を示す記号。（英字）はモジュールおよびパワーコンディショナーの組合せを特定する記号。

(a) 表面　　　　　　　　　　(b) 対応する裏面

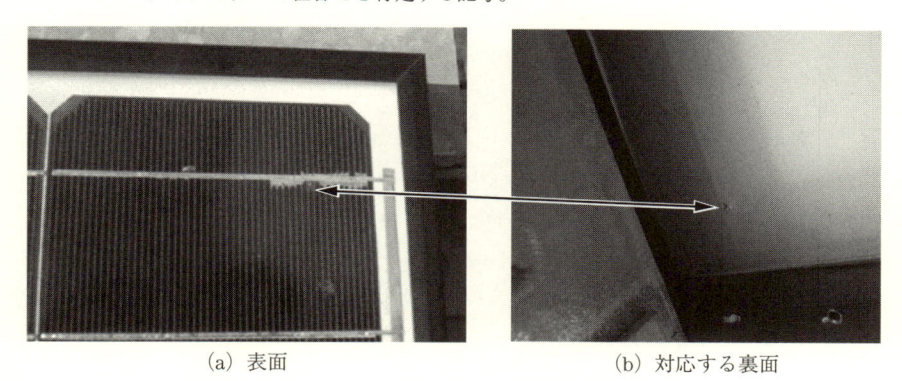

写真 4.8　剥離と対応する裏面のキズ

分が侵入して、セル表面上の剥離を誘発したものと推定される。写真 4.9 はセルのエッジ部のコゲの例である。このようなコゲは、セル・エッジ部における pn 界面の不十分な絶縁に伴う漏れ電流に起因するあるいはインターコネクタのエッジ部での応力によりセル・クラックなどによる抵抗増加による発熱など

213

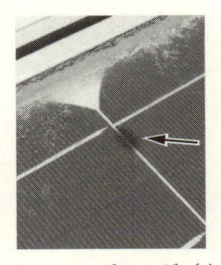

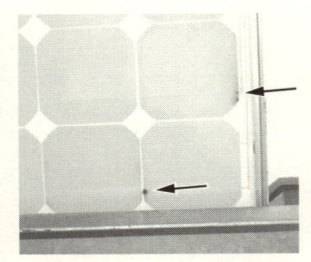

セル・エッジのコゲ（表）　セル・エッジのコゲ（裏）　　バックシートコゲ

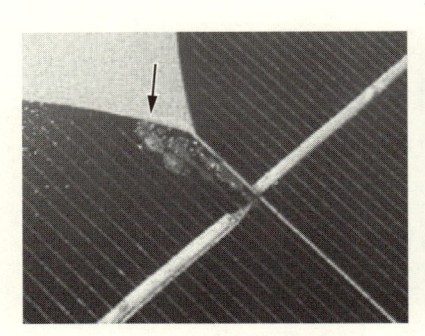

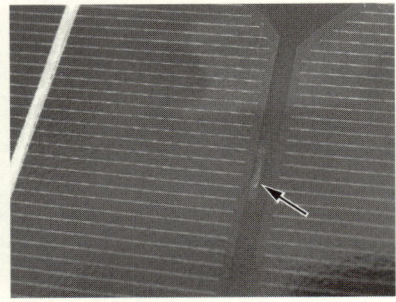

写真 4.9　コゲの例

写真 4.10　EVA 内気泡の例

が推定される。写真 4.10 は EVA 内の気泡の例である。ラミネーション時の脱気が不十分であったかあるいは運転中に該当部位が高温になり EVA からガスが発生した可能性もある。写真 4.11 はセル表面上の変色の例である。この変色はセル表面あるいは EVA の着色と思われる。

4.5.2　海外での不具合事例報告

　Wohlgemuth は、BP Solar の持つ Solarex 製（BP Solarex は BP Solar の前身）結晶シリコンモジュールのデータベースから、1994～2002 年の 9 年間に市場から回収された不具合モジュール（この期間に市場には 200 万台以上のモジュールがあり、そのうちの 0.13 ％に相当する）を解析した（**表 4.5**）[6]。全不具合に占める割合は、腐食（45.3 ％）、セルまたはインターコネクタ破損（40.7 ％）、出力ケーブルの問題（3.9 ％）、端子ボックスの問題（3.6 ％）、剥離（3.4 ％）

第 4 章 太陽電池

写真 4.11 変色の例

表 4.5 市場で見られる不具合（BP Solar 報告）

不具合の種類	全不具合中に占める割合（%）
腐食	45.3
セルまたはインターコネクタ破損	40.7
出力ケーブルの問題	3.9
端子ボックスの問題	3.6
剥離	3.4
配線、ダイオード、端子板の過熱	1.5
機械的損傷	1.4
バイパスダイオードの欠陥	0.2

がトップ 5 である。

また、Dhere らの資料[7]では、市場での不具合の例として、以下のものが挙げられている。
- インターコネクタ破損
- セル破損
- 腐食（PVB）
- デラミ、弾性の失活
- 封止材の変色
- はんだ接合の不具合

- ガラスの割れ
- ホットスポット
- 接地不具合
- 端子ボックスとモジュール接続の不具合
- 構造上の不具合
- アーキングと火災

　ここで示されたような不具合・故障モードについては、その発生頻度と発生した場合の危険度を考慮したリスク評価が今後必要である。

▶4.6 加速劣化試験と評価技術

表 4.6 に太陽電池モジュールの性能・信頼性の評価用規格を示す。IEC 61215/61646 は屋外での長期運転に適したモジュールの設計適性と形式認可に必要な試験を規定している。

しかしながら、太陽電池モジュールの寿命を評価するための加速試験方法はまだ確立されていない。その理由は、太陽電池モジュールは複数の構成材料からなる複層体であり、その寿命は材料単体の寿命を単純に重ね合わせても推定できないこと、単体間界面での相互作用なども考慮しなければならないこと、製品としてのサイズが大きいため試験体数（n 数）を大きく採った試験による統計的扱いが困難なことなどが原因である。

既存規格に含まれる試験の中には、加速試験的要素が含まれているため、本節ではまずこれを説明し、次節で筆者らの研究事例を紹介する。

4.6.1 温度サイクル試験　Thermal cycling test［TC50、TC200］

試験条件は、温度サイクル（-40℃～$+85$℃）を50回または200回繰り返す。200回の方は、STC[注]ピーク出力電流をモジュール温度が25℃以上のと

表 4.6　性能・信頼性の評価用規格

規格番号	内　容
IEC 61215（JIS C 8990）	設計承認と型式認証（結晶 Si 系）
IEC 61646（JIS C 8991）	設計承認と型式認証（薄膜系）
IEC 61730-part 1	太陽電池モジュールの安全性認証（対構造要求事項）
IEC 61730-part 2	太陽電池モジュールの安全性認証（対試験要求事項）
UL1703	平板型太陽電池モジュールの安全性認証 （米国内販売には必要）

(注)　STC：Standard test condition（標準試験条件）の略。太陽電池モジュール温度25℃、放射照度1kW/m^2、分光分布 AM1.5G（基準太陽光スペクトル）という条件下で試験を行うこと。

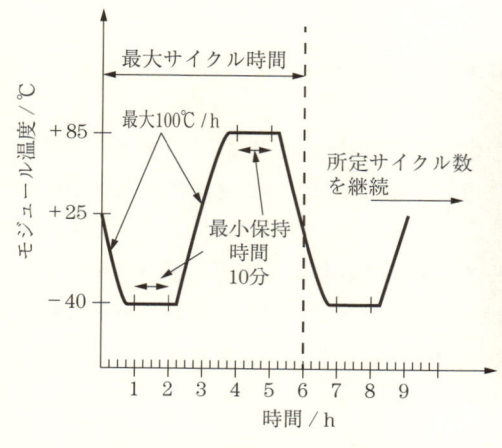

図4.10　温度サイクル試験

図4.11　エスペック（株）製 恒温恒湿器 FMチャンバ

きに通電する。本試験の温度–時間プロファイルを図4.10に示す。同図に記したように、昇温・降温時の温度変化は最大100℃/h、また、高温部、低温部の保持時間は10分以上とされており、1サイクル最短2時間50分必要である（最大6時間と制限されている）。試験終了後に満たすべき条件は下記、**要求事項［A］**にまとめて記す。

この試験はインターコネクタ接続部の強度やセル割れの評価が可能である。また、Wohlgemuthらの資料によれば、Solarex社（後にBPと統合）の20年保証を付けているモジュールはTC400を合格しており、また、Solarex/BP solarの25年保証を付けているモジュールはTC500を合格しているとのことである[8]。

要求事項［A］　試験中に電流の遮断が無いこと。外観に大きな欠陥の無いこと。最大出力の低下が試験前測定値の5％を超えないこと。絶縁抵抗が初期測定と同じ要求に合うこと。

4.6.2　結露凍結試験　Humidity–freeze test ［HF］

試験条件は、温度・湿度サイクル（＋85℃ 85％RH～－40℃）を10回繰り返す。図4.12に本試験の温度–時間プロファイルを示す。同図に記したように、

第 4 章　太陽電池

図 4.12　結露凍結試験

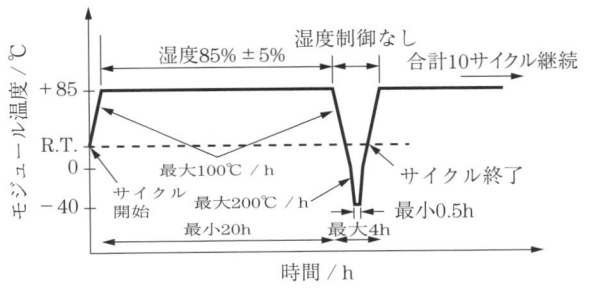

図 4.13　エスペック（株）製恒温恒湿器 FM チャンバ

　零度以上での温度変化は最大 100 ℃/h、零度以下では最大 200 ℃/h、また、高温部の保持時間は最小 20 時間、低温部の保持時間は最大 4 時間という制約付きであるため、最短でも 1 サイクルで 22 時間 36 分必要である。試験終了後に満たすべき条件は上記と同じく要求事項［A］である。この試験は、高温部で湿度が封止材の中に侵入していき、低温部で凍結することにより、封止系の強度、特に各積層界面の接着力を評価するものである。

4.6.3　高湿試験　Damp-heat test［DH］

　試験条件は、高温高湿（+85 ℃ 85 % RH）1000 時間保持。試験終了後に満たすべき条件は上記と同じく要求事項［A］である。DH1000 時間はマイアミで 20 年相当のセルの金属腐食（metallization corrosion＝MC）に相当し、DH5000 は 100 年相当の試験と考えられている[9]。

4.6.4　紫外線前処理試験　UV preconditioning test［UV］

　試験条件は、波長 280〜385nm の光（照度 250Wm^{-2} を超えないこと）で積算 15kWhm^{-2} の照射（ただし、波長 280〜320nm で少なくとも 5kWhm^{-2} の照射エネルギーを含む）。モジュール温度は 60 ℃ ±5 ℃に保持する。一例として、UV 部で太陽光線の 3 倍の照度（3UV と表記）が可能なキセノンランプの分光放射照度を図 4.14 に示す。この図から、波長 280〜320nm（UVB 図 4.14 ☆）と波長 320〜385nm（UVA 図 4.14 ★）の割合を質量面積法で求めた結果、UVB：UVA＝1：8.4 となった。したがって、UVB で 5kWhm^{-2} の照射を行う

219

図 4.14 紫外線前処理試験

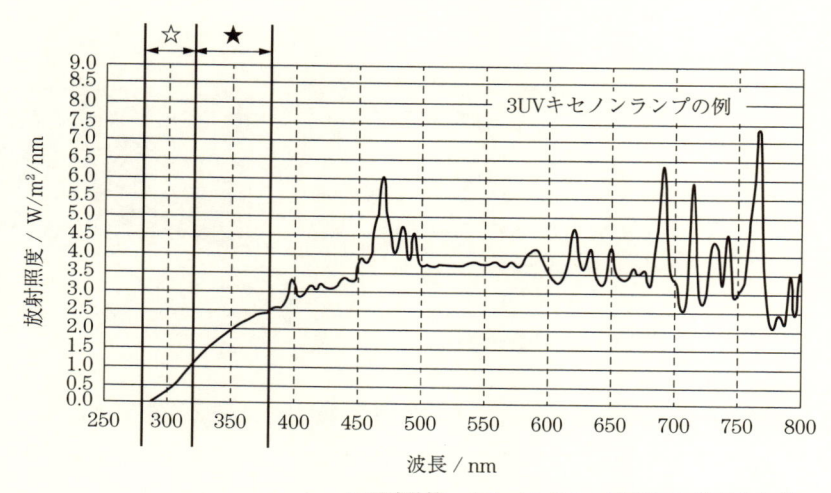

スガ試験機　キセノンランプ仕様図に筆者が加筆

ためには、このランプでは $5+5×8.4=475\mathrm{kWhm^{-2}}$ の照射が必要であり、これを 3UV の $180\mathrm{Wm^{-2}}$ で行うと、261 時間の試験時間となる。この試験は約 3 カ月の屋外暴露に相当すると考えられている[10]。

第4章　太陽電池

▶4.7　長期信頼性と加速試験（研究事例）

適切に製造された太陽電池モジュールの寿命は20年を超えると考えられており、今後、30年を超える高信頼太陽電池モジュールの開発も期待されている。これを評価するための加速試験においては、劣化のモード（メカニズム）が変わっては意味がないため、ストレスを大きくするにも限界がある。例えば、30年の寿命評価を200倍加速で試験を行ったとしても55日を要する。ここでは、筆者らの研究事例をいくつか紹介する。

4.7.1　温度と光照射の複合加速試験

上述の既存規格の試験は型式認証の試験であり、光照射を伴わない温度サイクル試験等で構成されている点で実使用条件とは異なっている。

実使用下では、封止材の変色・白濁、直列抵抗増加などの性能劣化につながる現象が生じている。そこで、劣化要因と考えられるパラメータ（光照射量、温度、温度変動幅、サイクル数など）を変化させた光照射下での高温保持や温度サイクル等の試験により、各種劣化現象についての加速劣化係数を明らかにすることが、実環境での太陽電池モジュールの寿命の算出を可能にし、またその試験方法が太陽電池モジュールの長期信頼性の保証を実現する手立ての1つになると考えられる。筆者らは市販太陽電池モジュールを用いて加速劣化試験を行い、寿命算出に資するための加速劣化係数の導出を試みたので、以下に結果を紹介する。

(1) 試験装置および手順

写真4.12に複合加速劣化試験装置の全景を示す。光源は水冷式の交流点灯型ロングアークキセノンランプを使用し、紫外線換算で最大3UVの光照射（3UV=180W/m^2 @ 300〜400nm）が可能で、ランプを長手方向に2灯配置した状態でランプ周辺に曲面および平面反射板、ランプ前面に遮光板を設置することで、H1218mm×W445mmの領域における光照射強度の場所むらを15％以内としている。また、同様の光照射槽を3列装備することで、同時に3枚の太陽電池モジュールの試験が可能な仕様となっている。さらに、熱交換機・空

221

写真 4.12　複合加速劣化試験装置全景

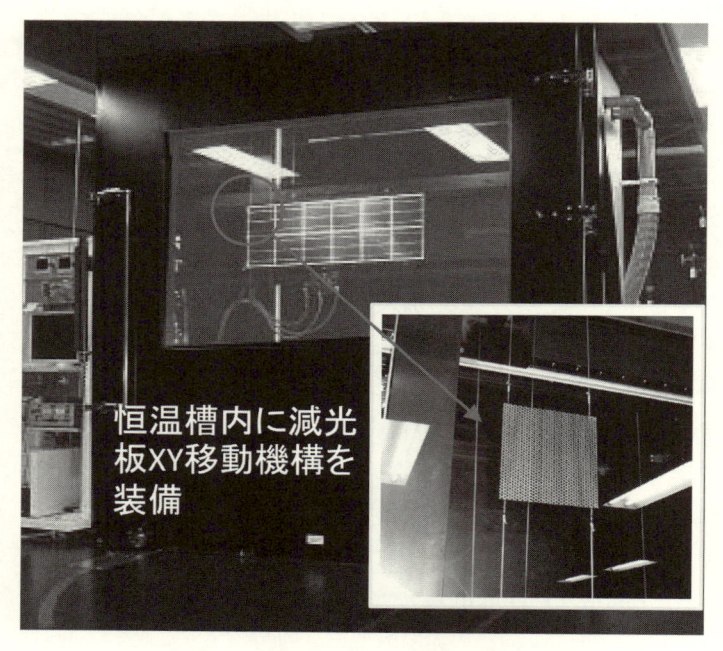

写真 4.13　恒温槽付き減光板精密移動装置

冷ユニットの使用により、光照射の無い状態でIEC61215（-40～85℃）相当の環境試験に対応する。また、本研究では、恒温槽付き減光板精密移動装置（**写真4.13**）を設計・製作し、より精度の高い測定を行い、モジュール内のセル毎の特性を求め、これによりセルごとにI_{sc}の変化量を評価した。

加速試験は、光照射・高温連続試験および高温時光照射・温度サイクル試験を実施し、温度についてはアレニウス則、光照度についてはn乗則が成り立つとして、各劣化因子を算出し、加速係数を求めた。

(2) 複合加速試験の結果

A社製モジュールA（多結晶156mm角セル12枚、サイズ：H972×W345（mm））を試験した結果を一例として記す。光照射強度とモジュール温度の組み合わせを［光照射強度、モジュール温度］の形に表すことにする。モジュールAを用いて、［3UV、90℃］、［3UV、65℃］、［1UV、90℃］の3条件について、それぞれ300時間、1100時間、1200時間の試験を各試験につき1枚のモジュールについて、光照射・高温連続試験を実施した結果を**図4.15**に示す。

短絡電流値（I_{sc}）が試験時間の増加に伴って低下することがセル、モジュールについての測定でともに観察された。ただし、低下の傾向は2段階あり、概ね試験100時間頃を境に急峻な低下から緩やかな低下に移行していたため、100時間以前を初期低下、100時間以降を通常低下と区別した。I_{sc}以外の電気的特性値については顕著な変動は見られなかった。

一部試験では、100時間の時点でセル-封止材間に剥離が観察され、試験時間の増加とともに剥離領域は拡大した。剥離箇所の背面には端子箱があることから、何らかの影響があったと考える。剥離については、高温光照射時［3UV、75℃］、低温無照射時［0UV、-40℃］の設定をそれぞれ1時間ずつ合計2時間のサイクル条件で、250時間（125周期）の試験においても同様な結果が見られた（**写真4.14**）。

これら試験結果から、それぞれの活性化エネルギーおよび照度に関する因子を算出した（**図4.16**）。モジュールAに関する［3UV、90℃］の光照射・高温連続試験での加速劣化係数をそれぞれ45～150倍と算出した。

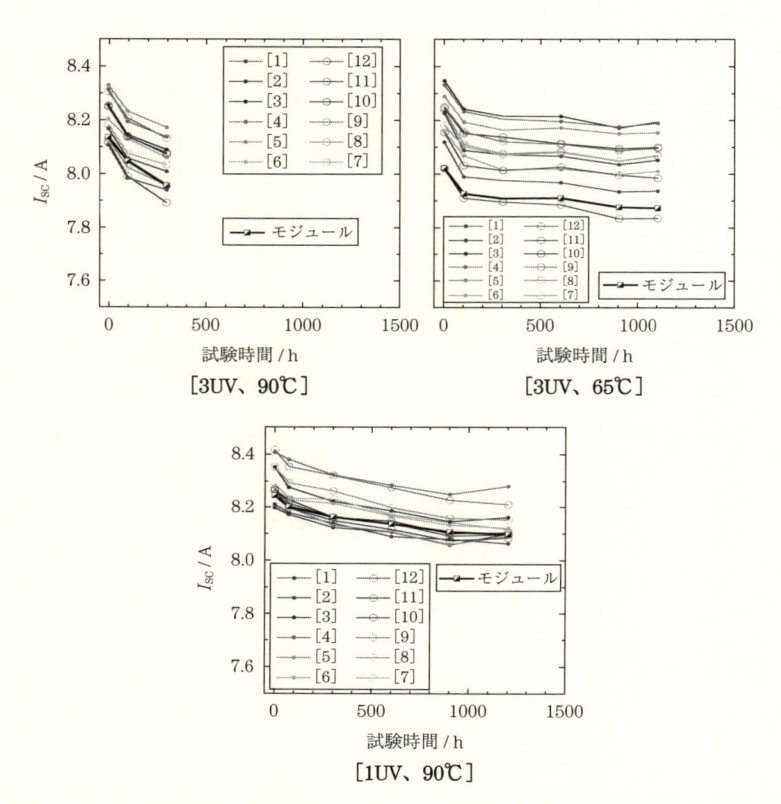

図 4.15　温度と光照射の複合加速試験：各試験条件における試験時間に対する I_{sc} の時間変化（※[数字] は、セル番号）。I_{sc} は試験時間の増加に伴い低下。

4.7.2　順方向・逆方向の電圧・電流サイクリック試験

　結晶系シリコン太陽電池モジュールではセル相互の接続にインターコネクタと呼ばれるはんだめっきを施した銅線を使う。熱膨張係数は多結晶 Si＝2.6 [ppm/K]、鉛はんだ＝24 [ppm/K] であり、約 9 倍の差がある。日が当たる昼間は、発電に寄与しないエネルギーが熱となりモジュールの温度を 70 ℃ 程度まで上げることもある。また、太陽電池モジュール内に特性の悪いセルがある場合やモジュールに陰がかかる場合、セルに逆バイアスがかかりホットスポットといわれる局所的な高温部が生じることも知られている。このような温度ストレスはセルとインターコネクタの接合部へ機械的なひずみを与え、最終的

第4章　太陽電池

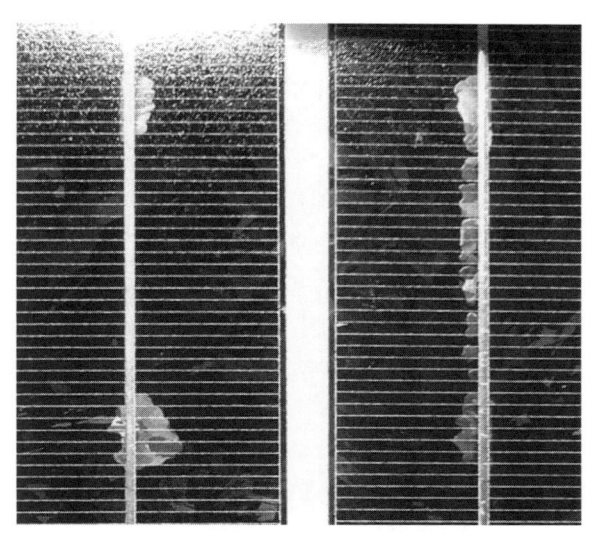

3UV、75℃〜−20℃サイクル、250時間試験（125周期）後

写真 4.14　サイクル試験での剥離

モジュールA

活性化エネルギー　　　　$E_a = 0.75 \pm 0.05\text{eV}$

照度に関する因子　　　　$n = 0.75 \pm 0.15$

加速劣化係数　　　　　　45〜150

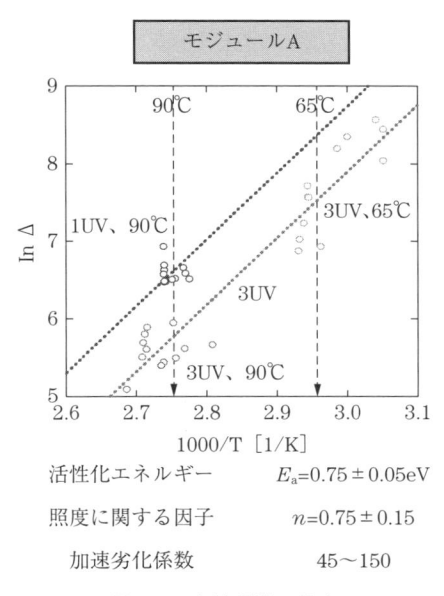

図 4.16　加速係数の算出

225

にはインターコネクタ／セル界面のはがれやはんだクラックへとつながる。そこで、太陽電池セルまたはモジュールに周期的に変化する順方向・逆方向の電圧を印加することで、セル／インターコネクタ界面へストレスを与える劣化試験が可能ではないかと考えた。

著者らは、劣化試験の予備実験、即ち、順方向電圧印加試験、逆バイアス降伏試験、印加電圧サイクリック試験を単セルおよび単セル・モジュールを試験対象として、サイクリック劣化試験の基礎データの収集を行った。その結果、負荷条件が 80W 付近に短時間で降伏するか否かの閾値があることがわかった。連続サイクル試験の結果、本試験は直列抵抗の増加を加速する試験が可能であることを示唆する結果が得られた。

(1) 試験装置および手順

図 4.17 に実験装置の概略を示す。この装置は、①入力電圧源（直流：アドバンテスト製 R6243、サイン波：エヌエフ回路設計ブロック製 WF1966）、②バイポーラ電源（KEPCO 製 BOP36〜12M、2 台並列接続）、③太陽電池セルステージ、④抵抗（ARCOL 製メタルクラッド抵抗器 0.1 Ω-200W、2 直×2 並列）、⑤データロガー（オムロン製 ZR-RX40）、⑥ PC、⑦赤外線サーモカメラ（アピステ製 FSV-7000SLO）、⑧ビデオデッキで構成される。

実験手順は以下の通りである。試験用セル（国産製多結晶 126mm 角）にインターコネクタをはんだ付けしたものを用意し、試料台に配置後バイポーラ電源と接続する。バイポーラ電源へは、直流またはサイン波の入力電圧を与え、直流の場合はデータロガーをモニターしつつ手動でセルへの入力電圧を調整する。サイン波の場合は周期、振幅、オフセット量を設定後、バイポーラ電源へ入力する。バイポーラ電源は十分な電流を流せるように同形式のものを 2 台並列に接続し 22A 程度まで流すことが可能である。セルにかかる電圧と流れる電流はデータロガーを経由して PC に記録される。セルの温度状態はサーモカメラからの映像出力をビデオテープに録画し、試験後、最高温度の読み取りやブレイクダウン位置の確認に用いた。なお、今回の実験はセルを暗条件下で行った。

(2) サイクリック試験の結果

入力電圧を周期的に変化させたときにセルの温度がどのように変化するか調

第 4 章　太陽電池

①入力電圧源
②バイポーラ電源
③太陽電池セルステージ
④抵抗
⑤データロガー
⑥PC
⑦赤外線サーモカメラ
⑧ビデオデッキ

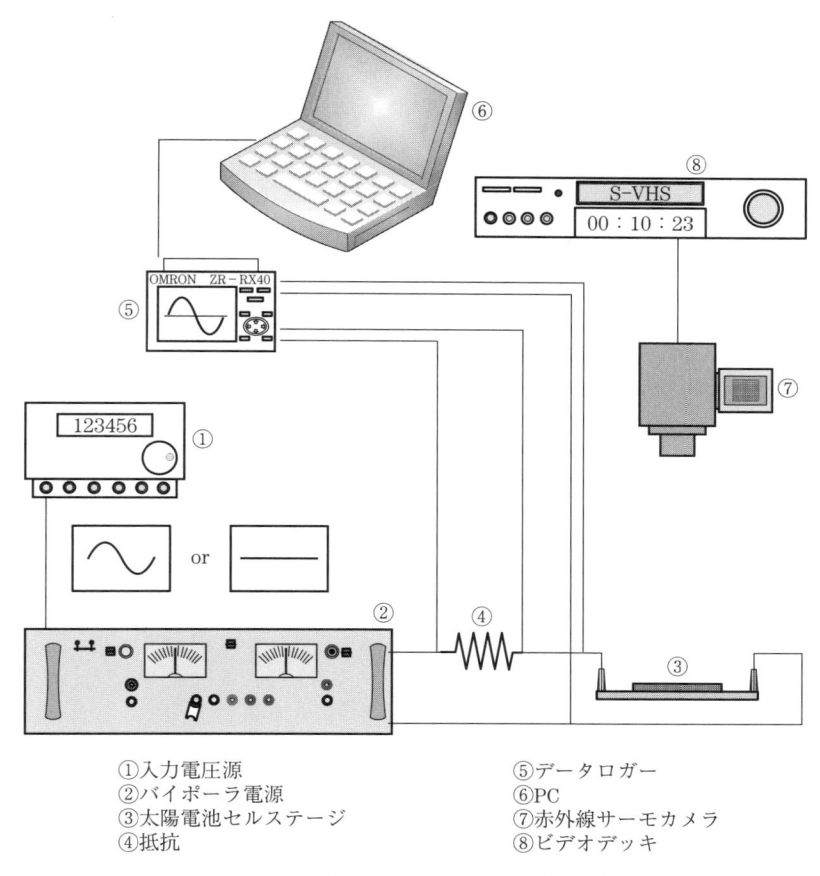

図 4.17　電圧・電流サイクリック試験装置

べるために、サーモ画像による観察を行った。図 4.18 は実測の電圧と電流の時間変化を示したものである。入力電圧源（WF1966）の調整は、順方向側＋1V、逆バイアス側－10V、周期 200 秒となるように、WF1966 の設定値は次のようにした；f（ピーク to ピーク）＝0.005Hz、AMPTD（アンプリチュード）＝3.71V、OFS（オフセット）＝1.04V。電圧・電流の波形がきれいなサイン波にならないのは、上記の範囲内では、電圧と電流は傾きが一定でない太陽電池セルの I-V カーブ上しか動けないという制約があり、電圧の極性が変わると I-V カーブの傾きが異なることによる。

227

図4.18 サイクリック試験の電圧・電流変化
（入力電圧を周期的に変化させたときにセルの温度がどのように変化するか調査）

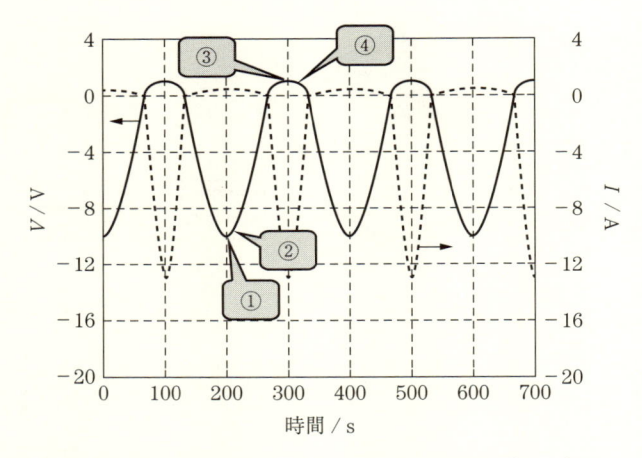

※図中番号は、電圧プラス・マイナスそれぞれのピークとその後に遅れて温度がピークとなる箇所、合計4点を示す。同時刻のサーモ画像を図4.19に示す。

　図4.18に示した番号は、電圧のプラス・マイナスそれぞれのピークとその後に遅れて温度がピークとなるところ、合計4点を示しており、その時刻のサーモ画像を図4.19に示す。温度のピークは電圧ピークより7～11秒程度遅れることが多かったが、時間差が無い場合も数回観察された。

(3) 逆バイアス降伏破壊試験の結果

　逆バイアス試験後、ブレイクダウンしたセルの I–V 測定の結果、PVセルとして機能することが確認できたので、2回目の電圧印加試験を行った。したがって、試験は以下の手順で行った。

　（1回目）I–V 測定→順方向試験→ I–V 測定→（2回目）I–V 測定…以下同様。

　順方向電圧印加試験時の電流電圧特性を図4.20に示す。(a)は1回目の、(b)は2回目の結果である。試験にはそれぞれ10枚のセルを用いたが、データロガーの操作ミスなどにより表示できないデータがある（1回目のSH01、2回目のSH01～SH03）。比較可能なSH04～SH10では、1回目と2回目を比べると2回目の方が全てグラフが右側に移動しているとともに、電圧を上げたとき

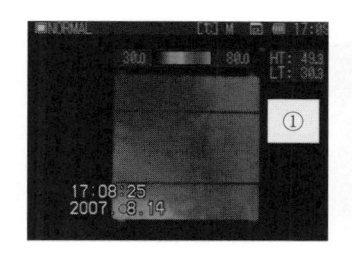

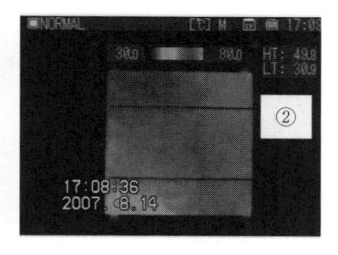

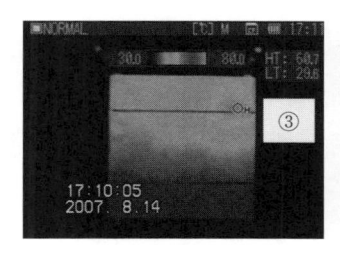

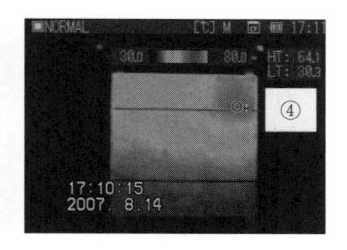

※図中番号①〜④は、図 4.18 の電気的特性①〜④に対応。

図 4.19 サイクリック試験での温度ピークの遅れ
（入力電圧を周期的に変化させたときにセルの温度がどのように変化するか調査）

の電流降下の傾きが小さくなっていることがわかる。

　図 4.20 と同様に逆バイアス試験時の電流電圧特性を図 4.21 に示す。1 回目、最も耐圧の低いセルは −14.3V、最も耐圧の高いセルは −21.9V であった。2 回目は同様に −7.0V と −14.7V であった。比較可能なセルでは、2 回目の方が全てグラフが右側にあることがわかる。

　逆バイアス試験後、セルの両面とインターコネクタを観察したところ、ブレイクダウンが起こった周辺ではフィンガー電極やインターコネクタの変色（茶褐色）やインターコネクタのはがれもいくつかのセルで見られた。このことから、順方向試験で 2 回目の電流降下の傾きが小さくなっているのは、直列抵抗分が増加しているためと考えられる。また、2 回目の逆バイアス試験から、一度ブレイクダウンを経験したセルはその後の耐圧が低くなることがわかった。このことは、実モジュールでは隣のセルへの悪影響も懸念される。

　試験体を単セル・モジュールへ変更して逆バイアス降伏試験を行った場合も電気特性においては同様な結果が得られたが、セルが EVA に封止されている

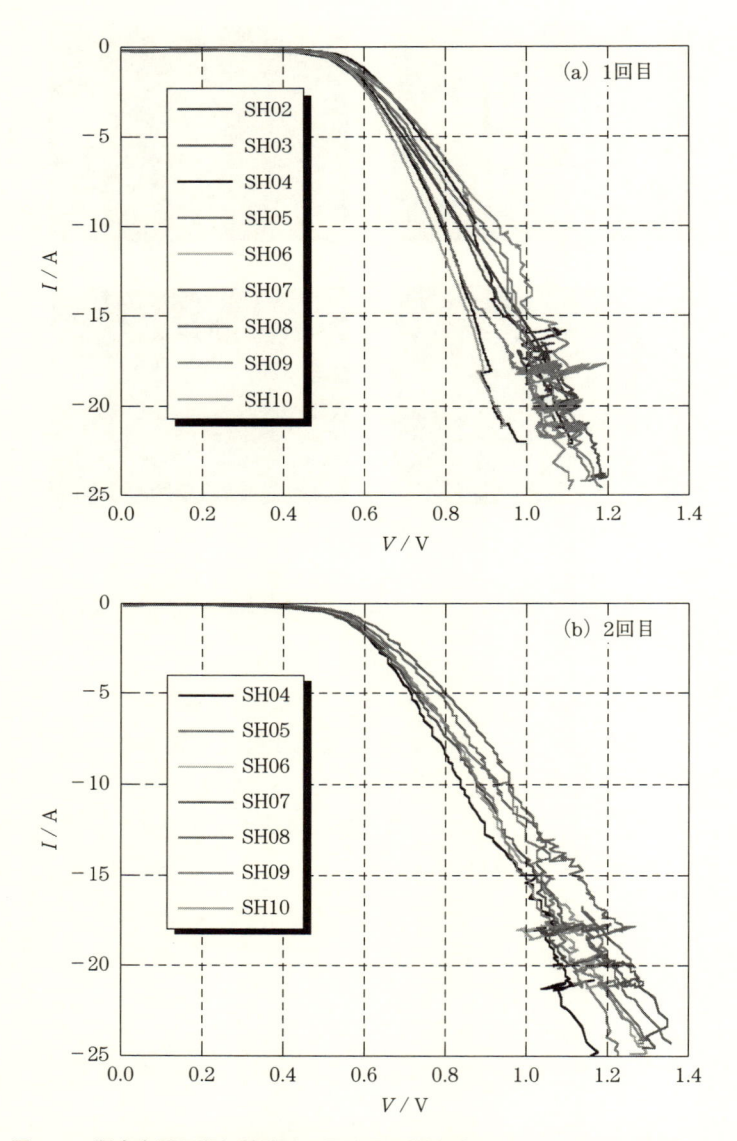

図 4.20 順方向電圧印加試験時の電流電圧特性（※：SH02〜10 は、試料番号）
(a)は 1 回目、(b)は 2 回目の測定結果（2 回目表示なしの試料有）。
2 回目の方が、電圧を上げたときの電流降下の傾きが小さくなっている。

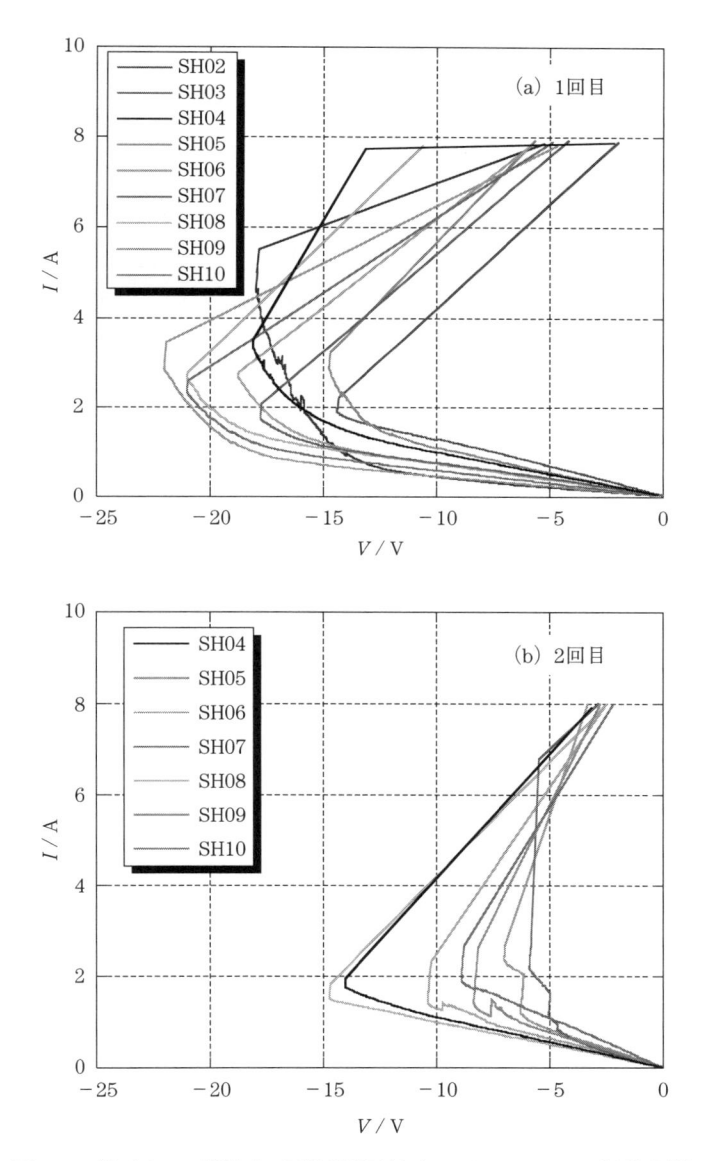

図 4.21　逆バイアス試験時の電流電圧特性（※：SH02～10 は、試料番号）
　　　　(a)は 1 回目、(b)は 2 回目の測定結果（2 回目表示なしの試料有）。
　　　　2 回目の方が全てグラフが右側に移動している。

写真 4.15　降伏箇所の例

ために、最終的には EVA やバックシートが焦げたり燃えたりした。**写真 4.15** に一例を示す。

(4) **サイクリック試験の条件**

　降伏破壊を起こさない条件で、サイクリック試験を行うために、サイクリック試験中のセルにかかる実際の電気的負荷を求めた（実測値）。種々の条件下で行った試験 No. とその電気的負荷条件（＝逆バイアスで試料にかかる電力 [Watt]）を図 4.22 に示す。

　同図の等高線は試料にかかる電力の絶対値を示している。また、同図において、塗りつぶしマークは試験中に降伏が起こったことを示している（降伏はほぼ短時間で起こっている）。この図より、電気的負荷条件が 80W 付近に短時間で降伏するか否かの閾値があることがわかった。一方、白抜きマークは試験中に降伏は起こらず、長時間のサイクリック試験でモジュールの性能がだんだん低下した。

　本研究の目的は破壊試験ではなく、加速試験であるので、短時間で降伏が起こらず、性能が劣化する速度とそれに対応するストレスを探索することが重要であり、ここで示したような条件下で試験を実施する必要がある。

　図 4.23 に電気的負荷条件が 60〜80W のものを選んで、I–V カーブの経時変化と抵抗成分の経時変化を示した。この結果、電気的負荷条件がこの範囲での

第 4 章 太陽電池

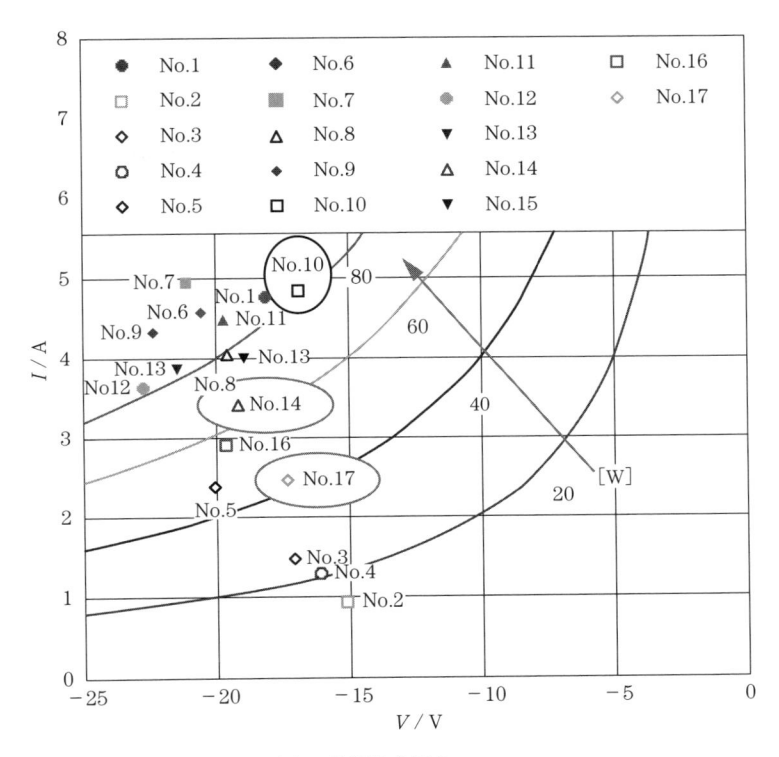

・図の等高線は試料にかかる電力の絶対値を示す。
・塗りつぶしマークは試験中に降伏が発生（降伏はほぼ短時間で起こっている）。
　電気的負荷条件が 80W 付近に短時間で降伏するか否かの閾値がある。
・白抜きマークは試験中に降伏は起こらず、長時間のサイクリック試験でモジュール
　の性能が徐々に低下。

図 4.22　サイクリック試験中のセルにかかる実際の電気的負荷測定結果

劣化試験においては、劣化の主要因は直列抵抗の増大であることが理解できる。このことは、連続サイクル試験が直列抵抗の増加を加速する試験として活用できることを示唆している。

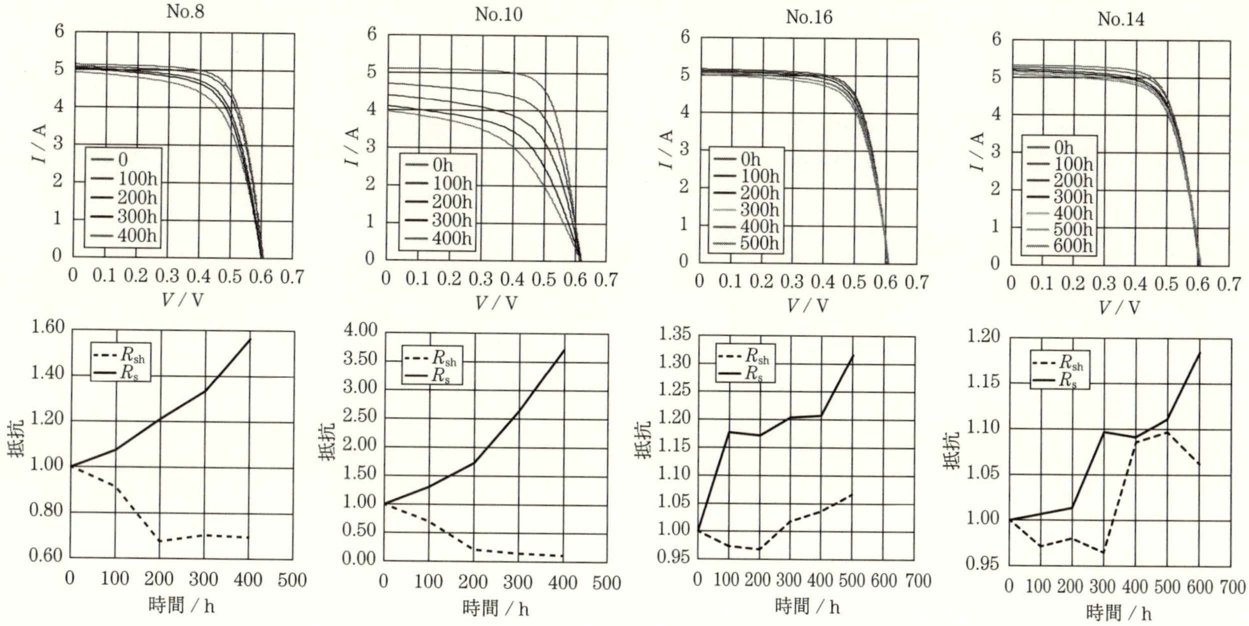

R_{sh}：シャント抵抗，R_s：直列抵抗．No. は図 4.22 に示したものに対応する試料番号．劣化の主要因は直列抵抗の増大であり，連続サイクル試験が直列抵抗の増加を加速する試験として活用できることを示唆．

図 4.23　I-V カーブの経時変化と抵抗成分の経時変化（電気的負荷条件が 60〜80W を選択）

▶4.8 太陽電池モジュール信頼性試験の歴史と今後の動向・可能性

　太陽電池モジュール（以下、モジュールと略記）の信頼性は、前節でも触れられているように、発電コストに大きく関わっている。長期的に安定した発電能力を維持できるモジュールを使用することで、単位発電量（kWh）当たりの発電コストが低下することは言うまでもない。また、太陽電池アレイ（モジュールを直並列に繋ぎ合わせた状態）では最も出力の低いモジュールにアレイ総出力が影響されるため、個々のモジュールが良好な状態で稼働する必要があり、個々のモジュールについての信頼性に重点をおいて確認・検証する必要性が高い。

　本節では、このようなモジュール信頼性を確認する試験開発の歴史を振り返るとともに、今後のモジュール信頼性試験方法についての動向・可能性について紹介する。

4.8.1　太陽電池モジュール信頼性試験：事始めから現在まで

　太陽電池（結晶シリコン系）は1954年に発明され、人工衛星での利用（バンガード1号による初めての利用は1958年）や電力系統から隔離されている海上設備などでの独立電源として利用されてきた。その後、オイルショックの影響もあって、1970年代から始まる（地上に設置した）平板型太陽電池モジュールによる発電利用と並行して、電気製品としての製品信頼性試験が検討されてきた[11]。

　アポロ11号の月面着陸（1969年7月）に代表される米国：アポロ計画が終了した後、サターン型ロケットを用いたスカイラブ計画（1973～1979年：乗員の軌道上滞在は1974年まで）を記憶されている方々も多いであろう（スペースシャトル計画は、1981～2011年）。このスカイラブ計画が終了した頃に、米国：ジェット推進研究所（JPL）ではFSAプロジェクト（Flat-Plate Solar Array Project）が開始された（1975～1985年：最終報告書は1986年に出版）。このFSAプロジェクトにおいて、太陽電池の発電素子に関する基盤的研究や

使用部材に関する検討とならんで、モジュール信頼性も中核研究テーマに位置づけられ、現在の試験規格につながる信頼性試験方法の開発が開始された[12]。欧州においても同時期に、EC-JRC（Joint Research Center of European Commotion）において、モジュール信頼性に関する試験方法開発が同様にスタートした。その後、FSAプロジェクトにおいてはJPL Block I〜JPL Block Vにわたる試験方法の提案が実施され、欧州においてはCEC 201規格（1980年）が作成された。

　これらの研究成果や、その後の検討結果を総合して、1981年からIEC TC82/WG2において審議が開始された試験方法の規格化が、4.6に紹介されているIEC規格（IEC 61215：初版は1993年発行、IEC 61646：初版は1996年発行）として整備されてきた（図4.24にIEC 61215［2005年発行版］の試験体系図を示す）。これらの試験規格体系においては、高温高湿試験や温度サイクル試験・結露凍結試験などが屋外環境を加速する環境試験方法と位置づけられてい

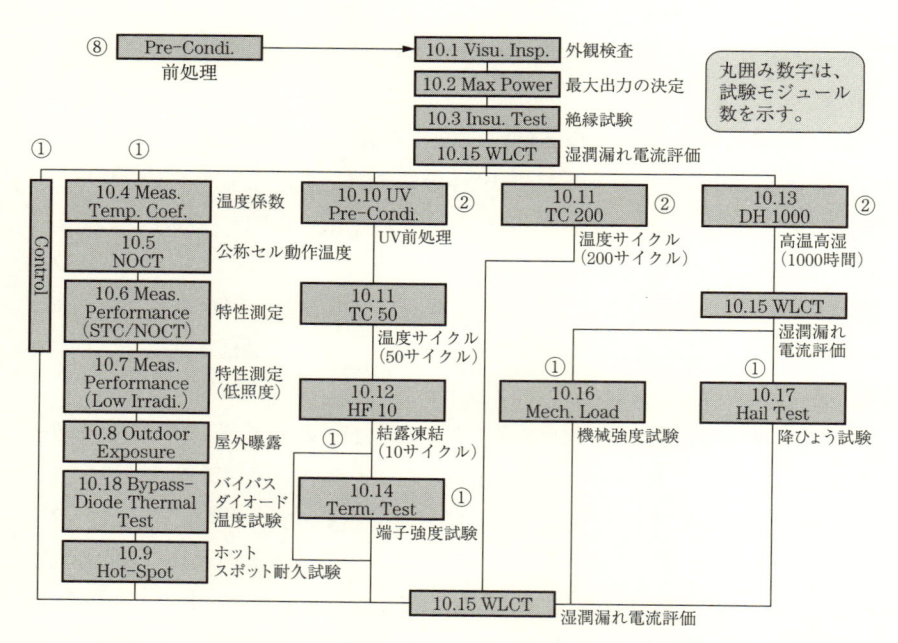

図4.24　結晶シリコン系太陽電池モジュールの設計適格性確認試験および型式認証試験体系：IEC 61215

第4章　太陽電池

る（これら試験に利用される試験装置を図 4.25 に示す）。日本も、信頼性試験方法の開発では米国・欧州を凌駕する貢献を行い、1989 年には JIS 規格（JIS C 8917「結晶系太陽電池モジュールの環境試験方法及び耐久性試験方法」）を発行しており、当時としては進取的な試験方法が各種含まれている（塩水噴霧試験や耐風圧試験など）。

　JPL における試験方法の開発当初は、環境試験方法として 70 ℃/90 % RH の高温高湿試験（7 日間）と温度サイクル試験（-40 ℃/90 ℃：100 サイクル）のみが設定されていたが（JPL Block I）、その後の検討により、高温高湿試験の温度・湿度の見直しや、温度サイクル試験の温度・サイクル数の改訂、さらには温度サイクル試験と結露凍結試験の組合せ試験の付加が行われている。また、これら温度・湿度ストレスを負荷する試験だけではなく、機械的負荷による強度試験や、雹（ひょう）によるストレスを想定した試験およびホットスポット試験などが付加されてきた。JPL での試験方法に関する開発が進んだ段階（JPL Block V）とそれ以前では、故障率が 45 % から 0.1 % 以下に低減されたとの報告もあり、これらの試験方法開発および規格化は、モジュール信頼性向上に大きな役割を果たしているものと考えられる[13]。また、近年で特徴的なのは、結晶シリコン系モジュールの試験体系に「湿潤漏れ電流」という新しい

図 4.25　高温高湿試験・温度サイクル試験および結露凍結試験に用いられる環境試験装置（エスペック製　FM チャンバ）

評価基準が導入されたことで（IEC 61215：2005年）、高温高湿試験・結露凍結試験などにおける不具合発見率が以前に比べて上昇したと報告されたことである[14]。これらの例からも、モジュールの更なる信頼性向上に、新たな試験方法・評価方法の導入が必要との認識が生じてくる。

なお、現在の試験規格は「設計適格性確認試験及び形式認証のための要求事項」という名称からも明らかなように、直接的にモジュール寿命や耐久性を確認する試験方法ではない点に留意が必要である。現状の認識では、これら試験規格により確認される故障・不具合は、屋外環境で使用された場合の5～10年程度の初期不良を検出するレベルと位置づけられている（スクリーニング様試験）。太陽電池メーカの出力保証（25年間稼働後でも80％以上の出力保証など）に対応した、より長期の信頼性を確認する試験方法については、各方面で現在検討が進められており、これらを国際連携して促進しようとする取組みも注目を集めている（太陽電池モジュール信頼性国際基準認証フォーラム：略称「PV-QAフォーラム」）[15]。

4.8.2　太陽電池モジュールの試験装置

本論とは少し外れるが、ここで現状の試験規格に対応した試験装置についてまとめておきたい。上記した規格自体は各種改訂が行われてきたが、温度・湿度ストレスについては過酷な環境条件に曝す方向に変わりはない。このような過酷な試験環境を実現するためには、精密な温度・湿度制御が可能で、かつ堅牢な試験装置が求められる。以下に、太陽電池モジュール試験装置の要求項目をまとめた。

①コンパクトな試料収納（大型モジュール）と正確な温度・湿度制御

　大量のモジュールを同時に試験する際には、試料の熱容量に起因する熱的負荷が大きな課題となり、精密な温度・湿度の制御が困難になる。これを解決するためには、試験槽内の風量・風向を考慮した設計を行い（図4.26）、試験する太陽電池モジュールの表面温度や供試体付近の相対湿度を正確にコントロールする必要がある。

②長期間の連続運転の可能化

　規格に則る試験では、1000時間を超えるような長期試験が必要である。

第4章　太陽電池

図4.26　太陽電池モジュール用試験装置の槽内風速分布（流体シミュレーション）

また、大量の供試品の温度変化を素早く行う（100℃/h）ことのできる高出力の温度・湿度調節機構が求められる。これに対応するためには、加熱・加湿・冷却に高い能力を有するアクチュエータを用いるとともに、高温高湿状態などでモジュール部材から放散される産生物（酢酸など）に対応して、冷凍回路などで耐腐食性を考慮した設計を行う必要がある。

③省エネルギー

発電自体では温暖化ガスを発生しない太陽電池モジュールの開発・生産に関わる試験において、化石燃料に由来する大量の電気エネルギーを使用することは本末転倒であり、できるだけ避けなければならない。また、太陽電池システムのエネルギーペイバックタイム（EPT）やエネルギー収支比率（EPR）をより良くするためにも、試験におけるエネルギー利用は最小化されなければならない。

基本的には、太陽電池モジュール以外の試料についての要求事項と変わらないが、大型の試料を大量に取り扱う必要がある点などを考慮した設計が重要と思われる。

4.8.3 次世代のモジュール信頼性試験をめざして

　現在の試験規格では対応が困難と考えられているモジュールの長期信頼性を簡便に検証するために、太陽電池モジュールを構成する個々の部材の特性・物性を評価することで、モジュール全体の長期信頼性・寿命を推定することはできないのだろうか？　また、プレッシャクッカ試験や高温高湿試験において、たとえば5000時間で物性の変わらない部材を組み合わせることで、30年以上のモジュール耐久性を保証することはできないのだろうか？　このような考え方での検討も行われていると考えられるが、現状では「否」との考え方が根強いものと思われる。例えば、封止材として用いられた部材から発生するガス（酸）などが他部材に及ぼす影響は確認が困難であるとともに、モジュール化によって不均一な引張り力などが加わった状態での水蒸気透過性の経時変化などは推定が難しい。また、部材間の接着性などの相互作用は確定できない。

　したがって、多種の部材を統合した複合材としてのモジュール自体に温度・湿度ストレスを付加して実際の劣化・不具合発生を観測・観察することが必要となるが、これまでの試験方法では、上記したように太陽電池モジュールの信頼性・寿命に関する定量的情報を直接得ることはできない。このため、近年においては、Test-to—Failure Protocol（TTFプロトコル）と呼ばれる試験・評価方法が提案されている[16]。これは、温湿度環境ストレスを増加した場合のモジュール寿命から、信頼性・寿命の定量的評価基準を導き出そうとする試みである。具体的には、高温高湿試験（1000時間単位）あるいは温度サイクル試験（200サイクル単位）において、発電特性の破壊的低下（50%以上の低下など）が生じるまで、それぞれの試験を繰り返すパターンや、高温高湿試験（1000時間）に引き続いて温度サイクル試験（200サイクル）を行った後の発電特性の低下が少ない場合は、さらに同様の組合せ試験（高温高湿試験＋温度サイクル試験）を繰り返すパターンである。これら試験プロトコルによって得られた結果（繰返し回数）は直接的に長期信頼性や寿命を意味するものではないが、測定結果を基に太陽電池モジュールの信頼性を半定量的に議論できる試験方法として注目されている。ただし、この試験プロトコルにおいては、温度・湿度のストレス付加時間は現行規格試験の場合より長くなり、また劣化メカニズムとの関連も明確でないため、短時間の試験が可能で、かつ劣化メカニ

第 4 章　太陽電池

図 4.27　急速温度サイクル試験に用いられる試験装置（エスペック製　TSA シリーズおよび導体抵抗評価システム）

ズムとの相関が明確な「新規加速試験方法」が求められている。これら新規加速試験方法の例を以下に紹介する。

(1) 急速温度サイクル試験[17]

　現在の試験規格で用いられている温度サイクルストレス（－40 ℃/85 ℃：200 サイクル）の試験温度幅を拡げること（高温側の昇温）は、高分子樹脂よりなる封止材などに悪影響を及ぼす可能性がある。このため、サイクル数を延長することで、より強いストレスを供試モジュールに与えて劣化を加速する方法が検討されてきた。これまで、サイクル数の延長により、通常の温度サイクル試験に比して数％の出力低下が報告されているが、試験時間が大幅に伸びるために、実用的試験としての利用価値には疑問が残っている。そこで、温度変化速度を増加させる急速温度サイクル試験法を用い、通常の試験に比して強い温度ストレスを太陽電池ミニモジュールに与えることで、短時間に明確なモジュール出力の劣化が生じるか否かが検討された（図 4.27 に、この試験で利用された急速温度サイクル試験装置と、モジュール回路の抵抗をオンラインで試験中に継続的測定できる導体抵抗測定システムを示す）。

　その結果、この急速温度サイクル試験に供することで、高温時のモジュールインピーダンスが有意に増加した。この現象の明確な原因は不明であるが、は

241

んだ接合部の急速温度サイクル試験でも同様の現象が生じることが知られており、インターコネクタ部／はんだ接合部の損傷・劣化に依っている可能性が高い。このような温度ストレスを与えたモジュールの試験前後の I-V 特性を比較したところ、V_{oc}・I_{sc} はほとんど変化していないが、P_{max}・FF の（直列抵抗の増大による）大きな低下が観測された。これらの結果から、急速温度サイクル試験は、金属配線の接合部損傷・劣化を短時間で検出する新たな試験法となる可能性が示された。

(2) システム電圧負荷試験（高温高湿状態）

現在、大型太陽光発電システムの設置が各所で計画・実施されている。モジュール自体は、従来の小型（家庭用）システムに使用されていたモジュールとは大きく変わらないが、システムの大型化に伴う信頼性課題のひとつとして、高いシステム電圧が負荷された状態でのモジュール劣化（PID［Potential Induced Degradation］と呼ばれている）がクローズアップされている。その発生メカニズムなど、現在までに得られている知見については専門解説書を参照いただきたい[18]。

この PID に関する試験方法は、大きく分類して3種類の加速試験方法をもとにした評価が実施されている。これらは、高温高湿試験槽内にモジュールを設置してモジュールフレームとセルに高電圧を負荷する方式【チャンバ法】と、モジュール表面に水膜を形成して（試験槽法と同様に）高電圧を負荷する方法【水膜法】、および導電性ペーストをモジュール表面に塗布して（試験槽法と同様に）高電圧を負荷する方法【ペースト法】に分類されている。なお、アルミシートをモジュール表面に接触させるペースト法の変法なども存在する。これら3方法のメリットを検討すると、チャンバ法においては、多数のモジュールを同時に試験できる点や、温度・湿度コントロールが容易な点、均質に温度・湿度ストレスが負荷できる点、安全性が比較的高い点などが優れており、水膜法やペースト法が低コストで実施できるメリットを上回る便益が得られるものと考えられている（チャンバ法に利用される試験装置［チャンバ部と高電圧電源・微小電流測定装置などを組み合わせた計測システム部から構成される］を図 4.28 に示す）。

本試験方法の詳細については、国際規格化の検討が現在進められており、数

図 4.28　PID 試験評価システム（エスペック製　FM チャンバおよび計測システム部）

年内にも試験規格が確定するものと思われる。なお、この試験規格は、上記したスクリーニング様試験と位置づけての検討が進められているが、より長期の信頼性を確認できる試験条件への改良も検討されていくものと考えられる。

(3) 高圧条件下での高温高湿試験（HAST）

現在の試験規格での高温高湿試験は、85 ℃/85 % RH という温湿度条件でモジュールを 1000 時間曝露することが規定されている。1000 時間は約 1.5 カ月に相当し、モジュール部材の開発段階などで多種の試験を行う際には長時間の試験期間が必要となり、次々に開発される新規部材を利用した新しいモジュールの開発スピードの鈍化を招くことが考えられる。また、長期のモジュール信頼性を確認するために、より厳しい温湿度環境にモジュールを曝す（1000 時間を超えて、2000 時間、3000 時間、あるいはそれ以上の期間）試験を課す場合もある。

このような長期間の試験を避けるために、温湿度ストレス自体を増大することが考えられ、プレッシャクッカ試験や HAST（Highly Accelerated Stress Test：高度加速寿命試験）と呼ばれるほぼ 100 % の相対湿度条件と 100 ℃ 以上の温度条件を組み合わせた加速試験が、電気・電子部品の加速試験方法として従来から実施されてきた。太陽電池の信頼性試験分野においても、同様な効果をねらって HAST が試みられて[19]、一般的な高温高湿試験に比べて、劣化

図 4.29　HAST 装置の外観と試験槽（エスペック製　高度加速寿命試験装置）

が加速されて観測されるという報告も行われている（大型モジュールでの HAST に用いられる試験装置例を図 4.29 に示す）。屋外条件や一般的な高温高湿試験で生じるモジュール劣化と相関する劣化状況が再現されるか（劣化モードが共通か否か）などについて、より深い検証が必要ではあるが、試験時間の短縮へ向けての興味深い加速試験方法として注目される。

　あわせて注目されるのは、本試験方法のバリエーションとして、Air-HAST が考えられている点である。これは、通常の HAST ではモジュール曝露環境（試験槽内）は水蒸気で満たされているが（空気は無い）、ここに空気を一定比率で導入して、通常の高温高湿試験環境と同比率の試験条件（水蒸気分圧≒空気分圧）を高温で実現しようとする試験方法である。このように試験槽内に空気を導入することで、酸素を含む高温高湿環境での酸化・腐食などのモジュール劣化を早期に確認しようという試みである。屋外でのモジュール使用環境は、もちろん水分（湿度）とともに酸素を含む空気に曝されており、これらの複合的要因による劣化をまとめて加速できる試験となる可能性もある。

(4)　連続試験

　現状の試験規格においては、UV 照射試験（プレコンディショニング）と温度サイクル試験および結露凍結試験が同一モジュールに連続して課せられているが、大きく分類して高温高湿試験・温度サイクル試験・結露凍結試験が、それぞれ独立に実施され、劣化度合いが評価されている（図 4.24）。これは、湿度や温度などの影響を個別に確認する狙いと解釈できる。

第4章　太陽電池

　これに対して、高温高湿試験や温度サイクル試験、および結露凍結試験を連続的に行い、モジュールの耐久性を総合的に評価しようという試み（モジュールに影がかかった場合の影響を確認するバイパスダイオード試験も付加）が提案されている[20]。これには様々な変法も提案されており、試験に長期間を要する点や、試験の複合化による意図しないストレスの増大や、さらなる長期試験化などの課題もあるが、製品耐久性のひとつの指標としての利用価値もあり、今後の検討が注目される。

　このような新規な加速試験方法をはじめとした検討が進むことは、様々な劣化メカニズムとの相関関係の明確化という問題点を残しながらも、長期の太陽光発電システムの安定的な運用を可能にするモジュール信頼性の向上に直接結びつくものと考えられる。
　本稿では、結晶シリコン系太陽電池モジュールの信頼性試験について概説した。紙幅から詳細を解説できなかった部分もあるため、本分野についての更なる詳細な解説は、別書籍をご参照いただきたい[21]。また、薄膜太陽電池モジュールの信頼性試験などについては、他の書籍にまとめられているので、合わせてご参照いただきたい[22]。
　日本では電力固定価格買取制度（全量買取）が2012年7月より開始され、本制度で先行している欧州などの状況を見ながらも、確実に大型太陽光発電システムが拡大していくことは間違いなさそうである。ただし、このように拡大する太陽光発電システムは、長期の運用を前提にしたFiT制度（Feed-in-Tariff）を基盤として、電力利用者からの賦課金（サーチャージ）により拡大が図られている社会システムにも注目する必要がある。上記したような長期信頼性試験方法に関する取組みを活用して、この社会システムを破壊する太陽光発電システム・モジュールの劣化（特に、例えば10年後などに突然劣化が進むなど、現状の試験規格で対応が困難なモジュール劣化）を、事前に防止あるいは排除する仕組みを確立することは、安定した社会基盤（電力供給）の維持や低炭素化社会実現へ向けての喫緊かつ重要度の高い課題であると考えられる。筆者たちも、この点を大きく心に留めて、この課題解決に微力ながら寄与していきたいと考えている。

[4.8 の参考文献]

[11] Osterwald, C.R. and McMahon, T.J.: History of Accelerated and Qualification Testing of Terrestrial Photovoltaic Modules: a Literature Review, Progress in Photovoltaics: Research Applications 17: 11-33 (2009).

[12] Ross, R. G., Jr. and Smokler, M. I.: Electricity from Photovoltaic Solar Cells: Flat-Plate Solar Array Project Final Report. Volume VI: Engineering Sciences and Reliability. JPL Publication, 86-31, volume VI. NASA, Springfield (1986).

[13] Kurtz, S., Granata, J., and Quintana, M.: Photovoltaic-Reliability R&D toward a Solar-Powered World, Proc. SPIE 7412, Reliability of Photovoltaic Cells, Modules, Components, and Systems II, 74120Z (2009).

[14] TamizhMani, G., Li, B., Arends, T., Kuitche, J., Raghuraman, B., Shisler, W., Farnsworth, K., Gonzales, J., Voropayev, A., and Symanski, P.: Failure Analysis of Design Qualification Testing: 2007 vs. 2005, 33rd IEEE Photovoltaic Specialist Conference, pp.1-4, (2008).

[15] International PV Module Quality Assurance Forum: http://nreldev.nrel.gov/ce/ipvmqa_forum/

[16] Osterwald, C.: Terrestrial PV Module Accelerated Test-to-Failure Protocol, NREL/TP-520-42893 (2008).

[17] Aoki, Y., Okamoto, M., Masuda, A., Doi, T., and Tanahashi, T.: Early Failure Detection of Interconnection with Rapid Thermal Cycling in Photovoltaic Modules, Japanese Journal of Applied Physics, 51: 10NF13 (2012).

[18] 棚橋 紀悟:「Potential Induced Degradation (PID)」、(小長井 誠・植田 譲 共編 『太陽電池技術ハンドブック』 オーム社)、in press

[19] Cole Rickers, J. and Garth Jensen, D.: Highly Accelerated Weathering of CIGS Photovoltaics. Photovoltaic Module Reliability Workshop 2011, Denver, (2011).

[20] TamizhMani, G.: Long-Term Sequential Testing, International PV Module Quality Assurance Forum, San Francisco, (2011).

[21] 棚橋 紀悟:「太陽電池モジュールにおける信頼性加速試験の現状と評価条件最適化」、(『太陽電池モジュールの信頼性試験と寿命評価』、技術情報協会)、2011.

[22] 棚橋 紀悟:「太陽電池モジュールの信頼性試験」、(金原 粲・吉田 貞史 監修 『薄膜の評価技術ハンドブック』、テクノシステム)、in press

▶4.9　太陽電池の改善改良の方向性

(1) バラツキ拡大の抑制

　太陽光発電システムは、極小規模を除き、複数台〜多数台のモジュールで構成される。このモジュールが運用期間中の経年劣化で性能を低下させていく場合、モジュール毎のバラツキがどのように変化していくかが重要である。複数台のモジュールの中で1台だけ特性が早く劣化すると、そこへのストレスが増大し、モジュールが壊れてしまい、場合によっては安全性に関わる壊れ方をすることも想定される。

　図 4.30 に、横軸に時間、縦軸に性能指標をとり、バラツキを考慮した Box プロットを取った場合の概念図を示した。同図（a）のようにバラツキの拡大が初期のバラツキに対して増大しないのが理想であるが、現実的には同図（b）のようにバラツキは拡大していく。したがって、バラツキの拡大がなるべく大きくならないような太陽電池モジュールが開発されると太陽光発電システムの長期信頼性の向上に寄与すると考える。

(2) 初期向上効果

　モジュールの構成・作り方によっては、図 4.31 に示したように、実運転開始後しばらくして、初期の性能より向上した性能を示す可能性もある。これは、例えば、構成部材の樹脂などが太陽光を浴びて変化し、光線透過率が最適化さ

　　　　(a) バラツキの拡大がない　　　　　　　(b) バラツキの拡大が増大

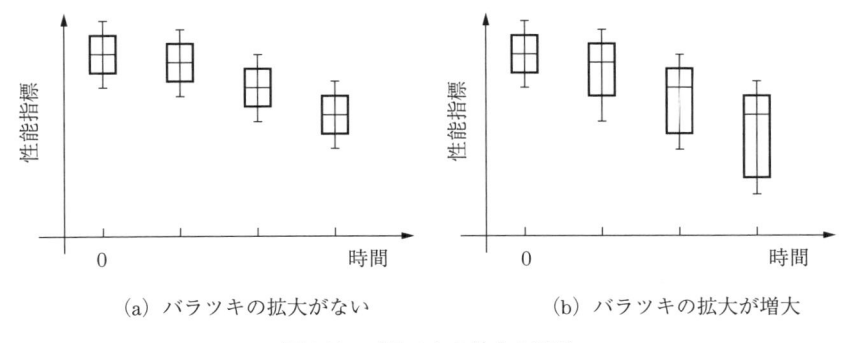

図 4.30　バラツキの拡大の問題

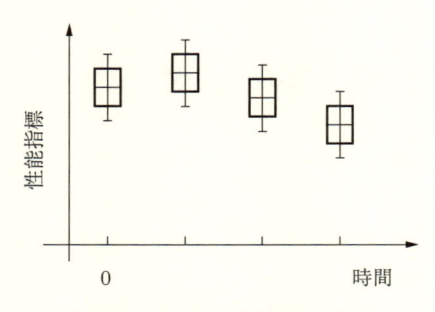

図 4.31　初期向上効果のある場合

れるとか、熱履歴や光履歴を経て電気的特性が最適化されるなどが考えられる。

　初期性能からの性能低下率で太陽電池モジュールの寿命を決めるなら、一度性能が向上した方が結果的に寿命は延びると考えられる。ただし、この場合、性能向上の程度を織り込んだシステム設計をしておく必要がある。

(3) **自己診断モジュール**

　メガソーラーのように多数台のモジュールが設置されている中で、不具合を示す1台のモジュールを探し出すのは至難の業である。そこで、該当するモジュール自身が自己診断を行い、異常を発する信号や通信を行える機能を低コストでモジュールに組み込むことができると、高信頼性システムへ寄与すると考える。

　以上、簡単ではあるが、太陽電池モジュール改善・改良の今後の方向性について、思いつくことを記した。

第4章　太陽電池

▶4.10　おわりに

　加速劣化試験は種々ある劣化モードに対応した試験方法が開発される必要があり、今後より多くの研究者・技術者が参加し、本分野の研究がより一層加速されることが期待される。

　太陽電池モジュールは、太陽光発電システムを構成する一部品である。現在国内で販売されている太陽電池モジュールの保証期間は、10年、15年、20年、25年とメーカにより様々である。保証期間が長いことはユーザーにとってはありがたいことであるが、一般にシステムの中で出力の低下した1台のモジュールを特定することは容易ではない。モジュール単体での信頼性を評価する技術とともにシステムの信頼性を評価する技術が今後ますます重要となってくる。

[謝辞]
　本章で紹介した成果の一部は、独立行政法人新エネルギー・産業技術総合開発機構（NEDO）の支援のもとに得られたものであり、関係各位へ感謝する。

[第4章（4.8を除く）の参考文献]
[1]　太陽光発電協会、「太陽光発電システムの設計と施工（改訂2版）」、p.2
[2]　植田ほか、「集中連系型太陽光発電システム実証研究におけるシステム運転性能の測定評価手法」、平成16年電気学会電力・エネルギー部門大会
[3]　電子ジャーナル、「2007太陽光発電技術大全」、pp.36-37
[4]　浜川圭弘編著、「太陽電池」（コロナ社）、pp.54-56
[5]　Richard D., Photon International, August 2010, pp.240-242, (2010)
[6]　Wohlgemuth JH., Long term photovoltaic module reliability, NCPV and Solar Program Review Meeting, (2003)
[7]　Dhere N. and Wohlgemuth J., "SC910: Design and Reliability of PV modules", SPIE2011, pp.94-109, (2011)
[8]　Wohlgemuth J. and Dhere N., "SC910: Design and reliability of photovoltaic modules", SPIE2009, p.225, (2009)
[9]　Wohlgemuth J. and Dhere N., "SC910: Design and reliability of photovoltaic modules", SPIE2009, pp.197 & 222, (2009)

[10] Wohlgemuth J. and Dhere N., "SC910: Design and reliability of photovoltaic modules", SPIE2009, p. 201, (2009)

索引

【数字・英字】

18650／113
300℃仕様／171
Air-HAST／244
Alワイヤボンディング／175, 182
All-SiC（SiC-MOSFET+SiC-SED）型モジュール／190
C／46
CEマーク／65
CO_2ガス消火装置／116
Coffin-Manson則／16, 109
DCB回路基板／175
DCB基板／174
DOT（米国運輸省）／65
EIAJ ED-4701／161
EMIノイズ／130
EVA／202
FEM解析／175
FF／205
FSAプロジェクト／235
FWD／157
FZウェハ／127
GaN／130
HAST／243
Hybrid（Si-IGBT+SiC-SBD）型モジュール／189
IATA（国際航空輸送協会）／65
IEC（国際電気標準会議、International electrotechnical commission）規格／65, 89
IEC61215／236
IEC61646／236
IEC62133／89
IEC62660-1／89, 92, 94, 95
IEC62660-2／89
IGBT／126
IGBTモジュールの断面構造／147
I_{sc}／205
ISO（国際標準化機構）／90
ISO規格／89
ISO12405-1／95
I-Vカーブ／205
JIS／62, 88

JIS規格／89
JIS C／96
JIS C 8917／237
JPL Block／236
MOSFET／126, 129
n型／135
n乗則／109
nチャネル／135
nチャネル型パワーMOSFET／134
nドリフト／137
p型／136
Pベース／134
PID／242
PIM（Power Integrated Module）／139
P_{max}／205
PTC（positive temperature coefficient resistance、温度ヒューズ）／57
PTC素子／57
PWMインバータ／129
PWMコンバータ／130
RB-IGBT／129, 172
RC-IGBT／172
RoHS／130
SAE（Society of Automotive Engineers）／65
SAT（超音波映像装置）／169
SEI／52
Si／126
Si-BJT（Bipolar Junction Transistor）／130
SiC／125, 130
SiC-SBD／130
SiCショットキーバリアーダイオード／130
SJ-MOSFET／126, 136
S-N曲線／15
SnAgはんだ／179
SnSbはんだ／179
STC／205
TTFプロトコル／240
UL（Underwriters Laboratories Inc.、米国）／63
UL（米国保険業者安全試験所）／88
UL規格／89
UN（国際連合危険物輸送勧告）／88
UN（国連）／65

251

UN 勧告試験／96, 98, 101
UN 規格／89
UN3480／101
UN3481／101
UPS／127
V_{oc}／205
WBG デバイス／125
ΔT_j／156
ΔT_j パワーサイクル／156

【あ】

アイリングモデル／109
圧　壊／91, 96, 98
圧壊試験／79, 94, 119
アノード反応／33
アーム短絡／143
アルミワイヤ／138
アレニウスモデル／107, 108, 109
安全機構／115, 116, 117
安全機構付き恒温器／99
安全性／10
安全性ガイドライン／62
安全性試験／90, 91, 94, 98, 99, 100, 113, 114, 116
安全性評価／62
イオン液体／123
イオンマイグレーション／152
一次電池／26
インダクタンス／192
インターコネクタ／200
インバータ／130
インバータエアコン／125
インピーダンス／113, 115
インピーダンス測定／112
インピーダンス法／92
ウェハ／126
液槽式／104
エチレン酢酸ビニル／202
エネルギー密度／29
エポキシ樹脂／149
エミッタ-コレクタ間／137
エレクトロマイグレーション／180
応　力／12, 15
応力緩和／12
応力振幅／15
大型電池／85
オフ状態／135
オリビン構造／36

オン状態／135
オン抵抗／136
オン電圧／137
温度サイクル／91, 97, 98, 99
温度サイクル試験／101, 104, 154, 162, 187, 217, 237
温度サイクル試験装置／163
温度試験／102
温度特性／88
温度特性試験／90, 91, 93

【か】

外部短絡／91, 94, 97, 98, 102
外部短絡試験／81, 94
開放電圧／205
回路導体剥離／151
化学電池／26
加湿＋実装ストレスシリーズ試験／168
過充電／90, 91, 94, 96, 97, 102, 116, 117, 118
過充電試験／83
過充電電池／69
過充電保護回路／58
加速式／14
加速試験／10, 12, 108, 221
加速試験方法／105
加速速度熱量計（ARC、accelerating rate calorimeter)／73
加速モデル／107, 108
カソード反応／33
活物質／106
加　熱／91, 97
加熱試験／71, 94, 98
過放電／90, 91, 94, 96
過放電試験／83
過放電保護回路／58
ガラス転移温度（T_g）／185
カレンダ寿命／107
カレントインタラプタ法／110
環境試験／97, 99, 161
環境試験器／16
間接冷却／176
機械衝撃／90
機械的試験／90, 91, 94, 96, 98
キ　ズ／212
気槽式／104
逆回復／189
逆充電／97

索　引

逆阻止／129, 172
逆導通／172
キャリア／189
急速温度サイクル試験／241
急排気ダンパ／116
強制内部短絡／91, 96
強制放電／97, 102
曲線因子／205
亀　裂／152
空乏層／135
釘刺し試験／77, 97, 119
組電池／27, 101, 105, 110
ケース温度（T_c）／166
結　露／90
結露（温湿度サイクル）／100
結露凍結試験／218, 237
ゲート-エミッタ間電圧／141
ゲート電圧／135
ゲート電極／135
減圧試験／169
限界ストレス／114
恒圧恒温器／170
恒圧恒温槽／100
恒温器／162
高温逆バイアス試験／164, 165
高温ゲートバイアス試験／164
恒温恒湿器／100, 163
高温高湿試験／237
高温高湿バイアス試験／166
高温高湿保存試験／162
恒温試験／114
高温保存試験／161
高湿試験／219
高周波／131
公称電圧／44
構造シミュレーション／159
構造設計／159
高耐熱モジュール／192
高電圧／131
高パワー密度／182
高放熱化／172
交流インピーダンス／113
交流インピーダンス特性／109
交流インピーダンス法／107, 110, 111, 112
交流モータ／133
国連勧告輸送安全試験／103
コ　ゲ／212

故障モード／13
故障率／14
故障率曲線／8
固体電解質／123
コフィン・マンソン／16, 109
コールコールプロット／112, 113, 114
コレクタ-エミッタ間／137
コレクタ電流／141
コンバータ／129

【さ】

サイクル寿命／88, 95
サイクル寿命試験／91, 92
サイクル寿命特性試験／92
最大出力／205
最適化／140
サージ電圧／144
サーマルグリース／176
サーマルコンパウンド／158, 160
サーミスタ／139
酸化還元反応／27
酸化膜／135
残存容量／49
サンプル数／22
紫外線前処理試験／219
時間率／46
自己発熱／74
市場環境／107
湿潤漏れ電流／237
社団法人電子情報技術産業協会（JEITA）／63
シャットダウン／58, 82
集電体／106
充電状態（State of Charge（SOC））／92
充電負荷特性／94
充電レート／92
周波数応答解析装置（Frequency Response Analyzer：FRA）／112
充放電サイクル／49, 107
充放電サイクル試験／114
充放電サイクル寿命／107, 108
充放電試験システム／94
充放電装置／92
充放電レート／107
出力密度／47
シミュレーション／168
寿　命／10
寿命試験／107, 113

253

寿命推定／14
寿命判定方法／156
寿命予測／15, 106, 108
衝　撃／91, 96, 98, 102
衝　突／91, 96, 102
初期性能／161
シリコン／126
シリコンカーバイド／125
シリコーンゲル／182
シリコーン樹脂／149
シリコンチップ／147
試料数／22
真空オーブン／101
振　動／90, 91, 96, 98, 100, 102
振動試験／169
信頼性試験／161
信頼性評価／7
水素吸蔵合金／38
スイッチング損失／172, 191
スイッチングデバイス／172
スイッチング特性／140, 189
スイッチング波形／131, 190
水溶液電解液／42
水冷プレート／167
スタンダードキュアタイプ／204
ストレスマイグレーション／180
スパイク電圧／144
スーパージャンクション（Superjunction：SJ）構造／136
スーパージャンクション MOSFET／126
スピネル構造／36
正極活物質／27
正弦波／133
正　孔／137
静特性／140
性能試験／91, 92, 107
絶縁回路基板／147
絶縁基板／147
絶縁ゲート型バイポーラトランジスタ／129
絶縁耐圧／174
絶縁評価装置／166
絶縁不良／13
接合温度／132
セパレータ／27, 106
セーフティードアロック機能／115
セラミックス破壊／151
セル・ストリング／200

線膨張係数／159
相関性／14
早期検出／109
素子接合部温度（T_j）／166
ソース-ドレイン間／135
塑性ひずみ幅／16
粗大化／179
ソーラーシミュレータ／205

【た】

ダイオード／161
耐久限度／15
耐久性／10
耐久性試験／161
大電流／91, 94, 131
大電流ソケット／168
耐熱ソケット／165
耐用寿命／8
太陽電池セル／197
太陽電池モジュール／197
多結晶シリコン太陽電池セル／197
ダニエル電池／27
ターンオフ／131
ターンオフ損失／131
ターンオン／131
ターンオン損失／131
単結晶シリコン太陽電池セル／197
端子台一体構造／138
断続動作試験／154, 166
単電池／26, 98, 101, 105, 107
短　絡／90
短絡電流／205
治　具／165
窒化アルミニウム／148
窒化ケイ素／148
チップジャンクション温度／141
蓄電池／113
チャネル／135
超音波振動／138
超音波探傷像／180
直接冷却／176
直流抵抗法（DC-IR）／107, 110
低　圧／91, 97, 98, 102
低圧（高度シミュレーション）／100
低温保存試験／161
定格電流／141
定常損失／172

ディスクリートタイプ／138
定速温度変化試験／105
低損失化／172
定電流負荷特性／88
定電流負荷特性試験／90, 91, 93
低熱抵抗化／172, 183
低ノイズ／127
デッドタイム／143
電解液添加剤／123
電気自動車／113
電気的試験／90, 91, 94
電気用品安全法（電安法）／88, 96
電極電位／29
電極反応速度／31
電極膜／181
電池工業会（BAJ）／63
電流電圧特性曲線／205
電流密度／32, 137, 173
電流レート／93
電力変換装置／134
等価回路／111
同期モータ／133
統計的仮説検定／22
動作状態／135
導体抵抗評価装置／163
導通損失／140, 141
動特性／140
特性試験／113
扉ロック／115, 116
トリクル充電／53
ドリフト層／135
ドレイン-ソース間／135
ドレイン電流／166
トレンチゲート構造／140

【な】

内部短絡／98
内部短絡試験／76, 94
内部抵抗／106, 110
ナトリウム硫黄電池／26
鉛蓄電池／26
鉛フリーはんだ／178
難燃性／68
ニッケルカドミウム電池／45
ニッケル水素電池／45
日本工業規格（JIS）／62, 88
日本自動車研究所（JARI）／65

熱応力／12
熱解析／175
熱拡散／160
熱時効特性／178
熱シミュレーション／159
熱衝撃／90, 91, 97, 102
熱衝撃試験／98, 101, 104, 164
熱衝撃試験器／164
熱衝撃試験装置／98
熱設計／156
熱抵抗／173, 184
熱抵抗測定／184
熱的物性値／158
熱伝導解析結果／159
熱伝導解析モデル／158
熱伝導率／173, 177
熱物性値／174
熱流束ベクトル図／176
熱流体解析／177

【は】

ハイブリッド自動車／113
バイポーラデバイス／137
バイポーラトランジスタ／130
バスタブカーブ／8, 146
バスバー電極／200
パッケージ構造／172, 181
パッケージ構造設計／185
パッケージ設計／157
発生損失／131
発熱反応／56
パワーサイクル／153, 154
パワーサイクル試験／166, 186
パワーサイクルテスター／167
パワー半導体／125
パワーMOSFET／134
はんだ亀裂／151
はんだ接合／178
はんだ付け／12
反転層／135
汎用インバータ／130
非危険物輸送／101
微細加工ルール／126
ひずみ／12
引張り強度／178, 179
ヒートシンク／147
被膜成長／107

255

標準化／10
標準試験条件／205
疲労限度／15
疲労破壊／12
ファストキュアタイプ／203
ファラデイの法則／29
フィルファクタ／205
フィンガー電極／200
負極活物質／27
複合加速試験／221
複合環境試験器／96
複合環境試験装置／100, 169
ふくらみ／212
不純物濃度／136
腐　食／152
物性値／149
物理電池／26
部分放電／153
フローティングゾーンウェハ／127
並列接続／182
放圧ベント／115
放電曲線／39
放電 I-R 特性／111
放電（充電）I-R 法／110
放電性能／95
放電負荷／94
放電負荷特性／93
放電容量／45
放電容量の測定／45
放電レート／92, 106
放熱性／157
放熱板／147
保管寿命試験／91
保護回路／68, 165
保護素子／68
保護・封止材料／149
ポストリチウムイオン電池／123
保存試験／114
保存（カレンダ）寿命／88, 107
保存（カレンダ）寿命特性試験／90, 92
ポテンショガルバノスタット（Potentio-Galvano Stat：P/G スタット）／112

【ま】

マイナー則／15

マンガン乾電池／26
メモリ効果／42
モジュールインピーダンス／241
モジュールタイプ／138

【や】

有害性物質／101
有機溶媒電解液／42
融　点／181
誘導モータ／133
ユニポーラデバイス／135
予測手法／109

【ら】

落　下／91, 96, 98
ラミネータ／203
リチウムイオン電池／25
リチウムイオン二次電池／25
リチウムイオンポリマー電池／36
リチウム空気二次電池／122
リードフレーム／174
リフロー／169
両面冷却／176
累積故障率／17
ループインダクタンス／144
冷却装置／176
冷却フィン／156
レート特性／47
冷熱衝撃装置／99
劣化・不具合事例／210
劣化メカニズム／101, 105
劣化要因／105
連続試験／244
連続充電／94
漏　液／96, 97, 98

【わ】

ワイド・バンドギャップデバイス／125
ワイブル解析／16
ワイブル分布／16
ワイヤ切れ／151
ワイヤ端子接続構造／138
ワイヤ剥離／151
ワイヤボンディング／175
ワイヤボンディング・レス配線／174

編著者／著者一覧

〈章〉	〈節〉	〈氏名〉	〈所属〉	〈区分〉
1章		髙橋 邦明	(エスペック㈱ 信頼性試験本部)	編著者
2章	2.1～2.4、2.6	鳶島 真一	(群馬大学 大学院 工学研究科)	編著者
	2.5.1～2.5.2	奥山 新	(エスペック㈱ 信頼性試験本部 テスト開発部)	著者
	2.5.3～2.5.5	青木 雄一	(エスペック㈱ 信頼性試験本部 テスト開発部)	著者
3章	3.1.1～3.1.2 3.1.4	高橋 良和	(富士電機㈱ 技術開発本部 電子デバイス研究所)	編著者
	3.1.3	中澤 治雄	(富士電機㈱ 技術開発本部 電子デバイス研究所)	著者
	3.1.3	大西 泰彦	(富士電機㈱ 電子デバイス事業本部 パワー半導体開発統括部)	著者
	3.2	堀尾 真史	(富士電機㈱ 技術開発本部 電子デバイス研究所)	著者
	3.3.1～3.3.6	両角 朗	(富士電機㈱ 技術開発本部 電子デバイス研究所)	著者
	3.3.7	堀 元人	(富士電機㈱ 技術開発本部 電子デバイス研究所	著者
	3.4	浜野 寿之	(エスペック㈱ 信頼性試験本部 テストコンサルティング部)	著者
	3.5	池田 良成	(富士電機㈱ 技術開発本部 電子デバイス研究所)	著者
4章	4.1～4.7、4.9 4.10	土井 卓也	((独)産業技術総合研究所 太陽光発電工学研究センター)	編著者
	4.8	棚橋 紀悟	(エスペック(株) 開発本部 技術管理部 ソリューション開発グループ)	著者

著者一覧

編著者　略歴

【編著者代表】
髙橋　邦明（たかはし　くにあき）
現在：エスペック株式会社　信頼性試験本部　本部長
プロフィール：
株式会社 東芝にてオフィスコンピュータ、ノートPC、HDDなどの半導体実装、電子機器実装の研究開発・設計に携わる。
2007年5月エスペック株式会社へ入社、現在に至る。
2004年度〜2012年度、(社)電子情報技術産業協会、実装技術ロードマップ実行委員会　委員長
2005年度〜2006年度、(社)電子情報技術産業協会、実装技術標準化委員会　委員長
2002年度〜2004年度、(社)エレクトロニクス実装学会、回路実装設計技術委員会　委員長
2005年9月　(社)電子情報技術産業協会から鉛フリーはんだ実用化／規格化に関する標準化活動に対して標準化総合委員会委員長特別賞を受賞
2006年度、2008年度、国立大学法人　東京工業大学　統合研究院　非常勤講師
2010年度、2011年度、2012年度、国立大学法人　大阪大学　大学院工学研究科　非常勤講師

【編著者】
鳶島　真一（とびしま　しんいち）
現在：国立大学法人 群馬大学 大学院 工学研究科 教授
プロフィール：
1979年、日本電信電話公社（現在、日本電信電話株式会社）入社。
2001年、現職。工学博士。
専門分野は、高エネルギー密度電池材料の研究。

髙橋　良和（たかはし　よしかず）
現在：富士電機株式会社　技術開発本部　電子デバイス研究所
　　　次世代モジュール開発センター　センター長
プロフィール：
1982年3月　早稲田大学理工学部卒業。
1982年4月　富士電機株式会社に入社。
以降　大容量半導体デバイスの研究／開発／製造　およびパッケージ・実装技術開発に従事し2008年から次世代パワー半導体の研究開発を担当、現在に至る。
2012年 現職。
所属学会：電気学会、応用物理学会、エレクトロニクス実装学会、日本デザイン学会。　工学博士。
2009年から早稲田大学　総合機械工学科　非常勤講師。

土井　卓也（どい　たくや）
現在：独立行政法人産業技術総合研究所　太陽光発電工学研究センター　太陽電池モジュール信頼性評
　　　価連携研究体　主任研究員
プロフィール：
1989年3月　筑波大学大学院修士課程修了
1989年4月　通商産業省工業技術院電子技術総合研究所入所
2001年4月　(独)産業技術総合研究所 電力エネルギー研究部門 主任研究員
2003年3月　博士（工学）（筑波大学）
2004年4月　(独)産業技術総合研究所 太陽光発電研究センター 主任研究員
2011年4月　より現職
受賞歴：日本太陽エネルギー学会奨励賞。電気学会優秀論文発表賞。

「エナジーデバイス」の信頼性入門
二次電池、パワー半導体、太陽電池の特性改善と信頼性試験　　　NDC 549

2012年11月27日　初版1刷発行

(定価はカバーに表示してあります)

　　　Ⓒ　編著者代表　　髙橋　邦明
　　　　　編著者　　　　鳶島　真一
　　　　　　　　　　　　髙橋　良和
　　　　　　　　　　　　土井　卓也
　　　　　発行者　　　　井水　治博
　　　　　発行所　　　　日刊工業新聞社
　　　　　　　　　　　　〒103-8548
　　　　　　　　　　　　東京都中央区日本橋小網町 14-1
　　　　　電　話　　　　書籍編集部　03（5644）7490
　　　　　　　　　　　　販売・管理部　03（5644）7410
　　　　　FAX　　　　　03（5644）7400
　　　　　振替口座　　　00190-2-186076
　　　　　URL　　　　　http://pub.nikkan.co.jp/
　　　　　e-mail　　　　info@media.nikkan.co.jp
　　　　　製　作　　　　㈱日刊工業出版プロダクション
　　　　　印刷・製本　　美研プリンティング㈱

落丁・乱丁本はお取り替えいたします。　　2012 Printied in Japan

ISBN978-4-526-06974-1

本書の無断複写は、著作権法上での例外を除き、禁じられています。

日刊工業新聞社の 好評図書

よくわかる エコ・デバイスのできるまで
〈照明用 LED / EL、バックライト光源、太陽電池〉の「できるまで」をこれ1冊で網羅！

鈴木　八十二　編著

A5 判 220 頁　定価（本体 2000 円＋税）

照明用 LED / EL、バックライト光源、太陽電池の「できるまで」をこれ1冊で網羅した、省エネ、節電時代のデバイス技術入門書の決定版。原理、作り方（設計、組み立て、製造プロセス）、特性、効率などを絵ときで丁寧に解説している。

省エネ LED / EL 照明設計入門

山崎　浩　著

A5 判 252 頁　定価（本体 2200 円＋税）

爆発的な普及期を迎えた LED 照明、および今後に期待されている有機 EL 照明。本書では、それぞれの半導体素子としての特徴を踏まえ、従来光源との違いを明示した上で、その考え方から基礎・応用技術に至るまで、電気的および回路的な観点から解説する。技術者のみならず、照明設計者、建築関係者にも読んで欲しい話題の本。

ノイズ対策のための 電磁気学再入門

鈴木　茂夫　著

A5 判 182 頁　定価（本体 2200 円＋税）

電磁気学と、そのノイズ対策への使われ方（ノイズ対策技術に応用される電磁気学の法則）を解説する本。「なぜそうなるのか」が、きちんと理解できるようにノイズ対策を紹介。ノイズ対策に必要な技術と、その論理的な裏付けを、電磁気学の基本法則に則って理解できる。

読むだけで力がつく ノイズ対策再入門

鈴木　茂夫　著

A5 判 168 頁　定価（本体 2200 円＋税）

もう一度、基本から理解し直したい技術者のためのノイズ対策入門書。ノイズの元となる放射電磁波を電荷の流れで紹介し、電磁気学の法則を利用して、なぜそうなるのかをやさしく解説している。主な目次は「電界と磁界の発生」「電荷の動きで見るコモンモードノイズ電流が発生するメカニズム」「ノイズ電荷の移動、ノイズ放射・誤動作のメカニズムと技術対策」など。

わかりやすい CCD / CMOS カメラ信号処理技術入門

鈴木　茂夫　著

B5 判 164 頁　定価（本体 2200 円＋税）

イメージセンサを用いたカメラシステムの基礎である光学系、CCD / CMOS イメージセンサ、信号処理系、電子回路の基礎などをわかりやすく書いた入門書。カメラ信号の伝送やシステムの評価、色の再現性にまで言及、カメラ回路の全体を解説した設計者のためのカメラシステムの本。

読むだけで力がつく アナログ回路再入門

山崎　浩　著

A5 判 272 頁　定価（本体 2500 円＋税）

アナログ回路設計者として必要な基礎知識を、実務のために、再度入門から勉強するための本。最低限身につけるべき基礎回路と数式がわかりやすく紹介されている。主な目次は「電気回路の基礎」「半導体素子」「増幅回路の基礎」「定電流回路と定電圧回路」「オペアンプ」「パワー回路」「信頼性設計」「ノイズ問題」など。

●ご注文の節は最寄りの書店または日刊工業新聞社販売部　FAX 03-5644-7400　まで
（定価は予告なしに変更する場合があります）